下水道管渠内反応
－生物・化学的処理施設として－

SEWER PROCESSES
Microbial and Chemical Process Engineering of Sewer Networks

訳 者

越智孝敏　田中修司　田中直也
三品文雄　森田弘昭

著 者

Thorkild Hvitved-Jacobsen

技報堂出版

Library of Congress Cataloging-in-Publication Data

Hvitved-Jacobsen, Thorkild.
  Sewer processes : microbial and chemical process engineering of sewer networks /
Thorkild Hvitved-Jacobsen.
     p. cm.
  Includes bibliographical references and index.
  ISBN 1-56676-926-4 (alk. paper)
  1. Sewage—Microbiology. 2. Sewage—Analysis. 3. Sewerage—Design and construction.
I. Title.

TD736 H85 2001
628.3—dc21   2001052524

This book contains information obtained from authentic and highly regarded sources. Reprinted material is quoted with permission, and sources are indicated. A wide variety of references are listed. Reasonable efforts have been made to publish reliable data and information, but the author and the publisher cannot assume responsibility for the validity of all materials or for the consequences of their use.

Neither this book nor any part may be reproduced or transmitted in any form or by any means, electronic or mechanical, including photocopying, microfilming, and recording, or by any information storage or retrieval system, without prior permission in writing from the publisher.

The consent of CRC Press LLC does not extend to copying for general distribution, for promotion, for creating new works, or for resale. Specific permission must be obtained in writing from CRC Press LLC for such copying.

Direct all inquiries to CRC Press LLC, 2000 N.W. Corporate Blvd., Boca Raton, Florida 33431.

Trademark Notice: Product or corporate names may be trademarks or registered trademarks, and are used only for identification and explanation, without intent to infringe.

Visit the CRC Press Web site at www.crcpress.com

© 2002 by CRC Press LLC

No claim to original U.S. Government works
International Standard Book Number 1-56676-926-4
Library of Congress Card Number 2001052524
Printed in the United States of America 1 2 3 4 5 6 7 8 9 0
Printed on acid-free paper

Sewer processes: microbial and chemical process engineering of sewer networks by Thorkild Hvitved-Jacobsen

Copyright © 2002 by CRC Press LLC.
Japanese translation copyright © 2005 by Gihodo Shuppan.

Japanese translation rights arranged with CRC Press LLC, Boca Raton, Florida through Tuttle-Mori Agency, Inc., Tokyo

はじめに

　この本の執筆には，2つの目的があります．第一の目的は，環境工学を学ぶ学生にとって役に立つことを意図しており，下水道管渠が反応工学的視野のなかで理解できるようにすることです．第二の目的は，実務的参考書であり，その狙いは計画技術者，管渠設計者および管渠維持管理者が下水道管渠のなかで生起している反応過程の効果について理解し制御できるようにすることにあります．実務に携わる技術者はこの本を読んでいただければ実際にその内容が役に立つことがわかるでしょうし，この本で得た知識をもとにして下水道管渠の設計や管理に反応工学の側面を考慮することができるようになります．

　従来，下水道管渠を扱っている本は，ほとんどが水理学と汚濁物の管渠内での輸送現象を対象としていました．そして，都市排水や雨天時の挙動，下水道管渠と処理場の相互作用や放流先へ与える影響などが主たる中心的な話題でした．

　この本は，今までの下水道管渠を扱った本と異なっており，管渠内の化学的および微生物的な反応過程と周辺に与える影響に特に重点を置いています．また，管渠内の反応理論を下水道経営と下水道工学に取り入れることができるように新しい側面を提示するものでもあります．よく知られた例として嫌気条件下での硫化物の生成があげられます．この本では，硫化物が生成される条件について研究し，また，嫌気性状態がどのように下水の水質に影響を与えるかを詳しく論じています．すなわち，嫌気性条件下での生物分解性が脱窒やりん除去を可能にする物質の保存に寄与しているのです．一方，好気的状態では，易生物分解性有機物は除去され生物分解しにくい粒子状の物質，すなわち微生物が生成されることが起こります．このことは，好気的な状態は管渠内で汚水の処理を行える可能性を示し，処理施設として機械的な処理および物理化学的処理を採用されている場合には望ましい相互作用を結果として生じさせていることになります．このような例は，下水道管渠が単に汚水の収集や輸送を行うシステムとしての役割だけでなく，化学的および生物的反応装置であり，都市排水システムの中で必須の部分であると考慮しておかなければならないことを意味しています．

下水の晴天時における管渠内での滞留時間は，処理施設での滞留時間と同程度の長さであることが多いでしょう．したがって，そのような状況においては管渠内での化学的および微生物的な反応過程は特に興味深いものとなります．この本全体にわたって詳細に論じているのは，管渠内の下水の微生物的な変質が直接に水処理全体に影響を与え，その結果として放流水質に変化をもたらすということです．

　この本では，家庭や工場から排出される下水から始まって広い範囲にわたって扱っていますが，処理施設の活性汚泥については対象としていません．反応過程に対する理解という観点で考えると，この両者の違いを認識していることはきわめて重要な点です．この本では，管渠内の反応過程を中心に扱っていますが，管渠内反応だけを扱っているわけではありません．むしろ，その理論とデータが下水やその他の廃棄物についての微生物学的変質について理解するために実際的な価値があるのです．

　この本を通して理解してもらいたいことは，下水道管渠は，下水に対する化学的および微生物的な反応装置であるということであり，このことが下水道管渠内だけにとどまらず下水道システム全体に影響を与えるという点なのです．下水の化学的および生物学的反応過程は，汚水を排出した「流し台」から始まっており，処理施設へ流入する段階から始まっているのではないということであり，あるいは合流式下水道からの越流した時点から始まるのでもないということなのです．

　管渠内で生じる化学的および微生物的反応の基礎を理解できるよう編集しており，下水道管渠網の中でこの反応過程を工学的にどのように組み込んでいくかについて示しています．反応工学は，下水道管渠に必要であり，管渠に関わる問題解決の工学的技術として使うこともできるわけです．この本は，総論と特論の2部から成り立っています．第1章は，概論であり，管渠を反応装置として理解するためのものです．第2章および第3章は，化学および微生物学の基礎理論であり，管渠内で生じる反応過程を理解するために必要なものです．第4章は，管渠内の下水とその上部にある空気との間での物質輸送現象を扱っています．特に再曝気と臭気物質の放出に関する事項です．第5章と第6章は，管渠内での好気的および嫌気的反応過程に関するものです．第5章と第6章の主要な目標は，硫化物の生成のほかに好気的および嫌気的反応過程についての概念を理解することと，それに対応するモデル化を行うことにあります．管渠内反応過程の要素，す

なわち下水の成分やモデルのパラメータを決めるためには，ベンチスケールならびにフィールドスケールの研究方法が必要となります．そのような方法論が第7章および第8章の主要なテーマであり，ケーススタディを通じてこの本の重要なテーマともなっています．

　この本を支えている理論や発見は，過去20年間に行われた多数の下水道管渠に関する調査研究から明らかになったことに基づいています．1980年代にデンマークで始まった一連の調査がきっかけとなりました．それは小さな田舎の処理施設で，広範囲の管渠網を持った施設でした．その施設における課題は硫化物の制御でしたが，多数の圧送管幹線が長距離から下水を集めるために建設されていることから生じていました．ここでの調査の結果から，好気的下水管渠内反応が下水中の易分解性有機物を除去することが段々とわかってきたのです．

　これらの調査の一部は，修士ならびに博士課程の学生の助力で成し遂げられたものでした．特に，博士課程にいた Per Halkjaer Nielsen 氏, Niels Aagaard Jensen 氏, Kamma Raunkjaer 氏, Hanne Loekkegaard 氏, Jes Vollertsen 氏および Naoya Tanaka（田中直也）氏の協力に特に感謝するものであります．これら諸氏は，それぞれ3年以上の期間にわたって管渠内反応の科学的理解を深めるための調査に協力してもらいました．

　また，同時に原稿を読み，重要なアドバイスをいただいた同僚の Aalborg 大学の Jes Vollerrsen 博士, Lisbon 大学の Jose Saldanha Matos 教授に謝意を表します．

　さらには Aalborg 大学からはこの本の執筆のために，調査の時間の提供と必要な援助をしていただきました．特に，秘書の Kirsten Andersen 氏は過去20年間にわたる文献ならびにこの本の原稿の清書などを注意深くかつ丹念に援助いただいたことに深く感謝いたします．

　さらには，Lizzi Levin 氏にはこの本ために図表を制作してもらいました．1冊の本を書くということは，その家族生活に多大な影響を与えるものですが，私の妻である Kirsten は，この本の執筆期間の2年間にわたって励まし理解してくれたことについて特に多大なる感謝をしています．

Thorkild Hvitred-Jacobsen

原著者について

著者の Thorkild Hvitved-Jacobsen（トーキル ヴィトヴィ・ヤコブセン）は，デンマークの Aalborg（オールボー）大学・生命科学部の環境工学科の教授です．都市排水収集と処理，雨水排除に関する環境反応工学について研究ならびに授業を行っています．研究成果は，主として国際的な，雑誌や予講集に 160 本以上発表されています．また IWA/IAHR の Sewer Systems & Processes ワーキング・グループのチェアマンを勤めていたこともあります．

詳しくは下記 URL で著者のプロフィールを知ることができます．
http://www.bio.auc.dk/en/environmental_eng/staff/thj/hp_thj.htm

目 次

第1章 管渠施設と水質変化 *1*
1.1 はじめに *1*
1.2 下水管渠の発達史 *4*
1.3 下水管渠の種類と性質 *6*
1.4 微生物反応装置としての下水管渠 *8*
1.5 新しい方法論 *10*

第2章 下水管渠内における化学および物理化学反応 *13*
2.1 酸化還元反応 *13*
  2.1.1 はじめに *13*
  2.1.2 酸化還元反応 *15*
  2.1.3 下水中の酸化還元反応 *17*
    2.1.3.1 反応の概要 *17*
    2.1.3.2 酸化還元反応の化学量論 *18*
2.2 微生物反応における化学動力学 *26*
  2.2.1 均一系反応 *26*
    2.2.1.1 ゼロ次反応 *27*
    2.2.1.2 1次反応 *27*
    2.2.1.3 増殖制限条件下における動力学 *28*
  2.2.2 不均一系反応 *30*
    2.2.2.1 生物膜動力学 *30*
    2.2.2.2 加水分解の動力学 *34*
  2.2.3 微生物反応速度，化学反応速度および物理化学反応速度の温度依存性 *36*
2.3 参考文献 *37*

第3章 下水管渠内の下水－基質と微生物 *39*
3.1 下水の水質 *39*
  3.1.1 はじめに *39*
  3.1.2 下水管渠における下水の基本的分類 *41*
3.2 微生物反応と基質の特性 *42*
  3.2.1 好気性および無酸素性の従属栄養微生物による反応 *42*
  3.2.2 嫌気性従属栄養微生物による反応 *43*
  3.2.3 基質の微生物利用と加水分解 *46*
  3.2.4 固形性および溶解性の有機物（基質） *47*
  3.2.5 下水管渠中の下水の有機成分 *49*

3.2.6 モデル化のための下水成分の概念 *52*
3.2.7 生物膜の特性と液相との相互作用 *56*
3.2.8 下水管渠堆積物の特性と生物化学的反応 *59*
　3.2.8.1 物理的特性と生物化学的反応 *59*
　3.2.8.2 化学的特性 *60*
　3.2.8.3 微生物学的特性と反応 *61*

3.3 参考文献 *61*

第4章　気液の平衡と物質移動－下水管渠における臭気問題と再曝気 *65*

4.1 気液の平衡状態 *66*
　4.1.1 単純な気液の平衡 *66*
　　4.1.1.1 分配係数 *66*
　　4.1.1.2 モル分率 *66*
　　4.1.1.3 相対平衡揮発定数 *67*
　　4.1.1.4 ヘンリー定数 *67*
　4.1.2 解離した物質に対する気液の平衡 *69*

4.2 気液間の移送プロセス *72*
　4.2.1 理論的考え方 *72*
　4.2.2 2重境膜理論 *72*

4.3 下水管渠内での臭気化合物 *75*
　4.3.1 下水管渠内での臭気物質の発生 *75*
　4.3.2 下水管渠内での臭気および有毒物質の拡散 *78*
　4.3.3 下水管渠内での揮発性化合物による臭気と健康問題の判定 *81*

4.4 下水管渠内での再曝気 *83*
　4.4.1 酸素溶解度 *83*
　4.4.2 下水管渠内での気液間の酸素移動に関する経験的モデル *84*
　4.4.3 下水管渠の段差部での再曝気 *85*

4.5 参考文献 *88*

第5章　好気・無酸素反応－反応の概念とモデル *91*

5.1 下水管渠中での酸素反応の例示 *92*
5.2 下水管渠内の好気性微生物反応の考え方 *94*
　5.2.1 考え方の基礎 *94*
　5.2.2 下水管渠内における微生物反応のための考え方 *97*

5.3 プロセスの数学的記述 *102*
　5.3.1 一般的な制約条件 *102*
　5.3.2 従属栄養浮遊微生物の増殖と，増殖のための酸素消費量 *103*
　5.3.3 浮遊微生物の自己維持エネルギー *103*

5.3.4　下水管渠内生物膜での従属栄養細菌の増殖と呼吸　104
       5.3.5　加水分解　106
　5.4　下水管渠内反応モデル　107
　5.5　下水管渠の酸素収支とモデリング　109
　5.6　下水管渠内での無酸素反応　115
       5.6.1　下水中の無酸素反応　116
       5.6.2　生物膜内における無酸素反応　117
       5.6.3　無酸素条件下の硝酸塩除去の予測　117
　5.7　参考文献　118

第6章　嫌気反応－硫化物生成と好気・嫌気統合モデル　123
　6.1　下水管渠における硫化水素問題－歴史と概論　123
　6.2　下水管渠における硫化水素　125
       6.2.1　下水管渠における硫黄循環の基本的事項　125
       6.2.2　硫化水素生成の基礎と化学量論　128
       6.2.3　硫化物生成への影響因子　129
           6.2.3.1　硫酸塩　131
           6.2.3.2　生物分解性有機物の量と質　131
           6.2.3.3　水　温　131
           6.2.3.4　pH　131
           6.2.3.5　管渠内表面積と下水容積の比　132
           6.2.3.6　流　速　132
           6.2.3.7　嫌気保持時間　132
       6.2.4　圧送管渠における硫化物の予測　132
       6.2.5　自然流下管渠における硫化物の予測　135
       6.2.6　効　果　138
           6.2.6.1　コンクリート腐食　139
           6.2.6.2　金属腐食　142
           6.2.6.3　下水処理場への影響　142
       6.2.7　下水管渠における硫化物の抑制　143
           6.2.7.1　硫化物問題への積極的設計対応　143
           6.2.7.2　硫化物問題への受動的設計対応　144
           6.2.7.3　硫化物対策のための維持管理方法　145
　6.3　下水管渠内における嫌気状態での有機物の変化　151
　6.4　微生物による下水変化に関する好気・嫌気統合モデルのコンセプト　153
　6.5　参考文献　158

第7章　下水管渠内生物化学反応の研究とモデルのキャリブレーション　163
　7.1　実施設，実験施設および試験室規模での方法　164

- 7.1.1 管渠内生物化学反応の研究に関する方法論 *164*
  - 7.1.1.1 試験室での分析と研究 *164*
  - 7.1.1.2 実験施設による研究 *165*
  - 7.1.1.3 現地調査 *166*
- 7.1.2 試料採取および取扱いの手順 *167*
- 7.1.3 下水中の酸素利用速度の測定 *167*
- 7.1.4 下水管渠における測定 *171*
  - 7.1.4.1 溶存酸素の測定 *171*
  - 7.1.4.2 再曝気の測定 *172*
  - 7.1.4.3 生物膜の呼吸に関する原位置測定 *172*
  - 7.1.4.4 臭気の測定 *173*

7.2 管渠内生物化学反応モデルの成分およびパラメータの決定方法 *174*
- 7.2.1 中心となるモデルパラメータの決定 *175*
- 7.2.2 下水中有機物の生物分解性の決定 *180*
- 7.2.3 反復計算によるモデルパラメータの決定 *183*
- 7.2.4 管渠内生物化学反応モデルのキャリブレーションと検証 *183*
- 7.2.5 管渠内嫌気条件下での微生物による反応に関するパラメータの推定 *184*
  - 7.2.5.1 VFA(揮発性有機酸) *188*
  - 7.2.5.2 硫化物と硫化物生成速度 *189*
  - 7.2.5.3 易生物分解性有機物の生成速度(嫌気性加水分解)の決定 *189*
  - 7.2.5.4 キャリブレーションによるパラメータの推定 *192*

7.3 まとめ *192*

7.4 参考文献 *193*

第8章 モデルの適用例－管渠内反応を考慮した管渠の統合的設計と運用 *195*

8.1 下水道システムの設計－下水処理のための統合的アプローチ *195*

8.2 管渠内水質変化に影響を及ぼす構造的側面と運用的側面 *196*

8.3 管渠内生物化学反応の予測ツール *201*
- 8.3.1 下水の反応モデル *201*
- 8.3.2 下水管渠内の水理 *203*

8.4 管渠と処理場の相互作用に関するモデルシミュレーション *203*
- 8.4.1 管渠内生物化学反応のモデル化 *203*
- 8.4.2 Costa do Estoril 下水道(ポルトガル) *205*
- 8.4.3 Emscher 遮集管渠(ドイツ) *207*

8.5 統合的かつ持続可能な観点から見た管渠内生物化学反応の展望 *211*
- 8.5.1 下水道システムにおける生物化学反応 *211*
- 8.5.2 管渠内生物化学反応と雨天時流出水 *212*
- 8.5.3 下水管渠内生物化学反応と持続可能な都市域下水管理 *214*

8.6　参考文献 *216*

付録 A　記　号 *217*

　　成　分 *217*

　　化学量論と動力学パラメータ *218*

　　水理・下水管諸元 *219*

　　その他のパラメータ *219*

　　単位の書式 *220*

あとがき *221*

索　引 *223*

第 1 章

管渠施設と水質変化

1.1 はじめに

　水道設備から供給された水は下水となり，降雨は都市の表面流出水となって，通常は集められ輸送され，処理・処分される．この目的のために使用される施設は，下水管渠あるいは収集施設と呼ばれ，収集と輸送を行うための個々の管渠（下水管渠），および取付け管やポンプのような多くの装置から構成されている．下水や都市流出水の効率的で安全でコスト効率が良い収集および輸送方法が，施設の設置にあたっての重要な基準であると認められるようになってきた．ここでは，「安全」という言葉は，公衆衛生，公共の福祉や環境保護に対する高い優先度を意味している．また持続可能な水管理に対する解決策を都市の中で見出すことは，新しい試みとなっている．

　下水管渠の中では，非常に大きな変化が生じる．すなわち，晴天時においては，流量は都市の活動を反映して，日中と夜間で 10 倍程度変動している．また雨天時においては，下水管渠に都市下水と雨水流出水の両方が排除され，合流式下水道では流量はしばしば増加し平均的な晴天時下水量に対して大雨の時には 100～1000 倍にもなる．このような大きな流量変動下での下水管渠の設計や維持管理の手法や手順の向上を図るために調査や検討が行われてきた．最近の 20～30 年間は，雨天時における次の 2 つの問題，すなわち下水管渠における流出特性および処理施設の処理効率と下水が排出される放流先への影響に対する総合的な対策に大きな関心が寄せられてきた．都市排水は調査研究と対策の両方の面にとって大きなテーマである．

下水管渠は，収集と輸送という基礎的な役割を担っており，このため物理的な視点，すなわち水理学と下水中の固形分の輸送過程が様々な検討の焦点となってきた．この視点から，新しい設計や維持管理の手法が開発されてきており，かなりの部分がコンピュータの計算能力および記憶容量が常に増大してきていることに支えられている．

雨天時においては，下水管渠内では水理学と固形分の輸送現象が重要な役割を演じ，管渠内の化学的および微生物学的な変化は重要度が小さくなっている．したがって当然のことではあるが，人々の都市排水に対する関心は，下水管渠での物理的な挙動に集まることになる．

しかしながら，多くの国では，晴天時は全体の約95％の時間を占めるのが実態であり，晴天時における下水管渠内での化学的および生物的な変化は，下水管渠の役割およびそれに続く処理過程にとって重要な影響を与えていると考えられる．おそらく，研究者と下水道管理者は雨天時の挙動に多くの関心を注いでいたので，下水管渠内における生物学的と化学的変化について，つまり下水管渠の「化学的および生物学的な反応装置（reactor）」としての役割に大きな関心が集まってこなかったのであろうと推測される．だが，今までの述べたことから明らかなように下水管渠の化学的ならびに生物学的な反応システムは無視することはできない．下水管渠内で起こる生物化学的変化は，様々な面で影響を及ぼす．すなわち，下水管渠そのもの，処理施設，環境および下水管渠に直接・間接に関わる人たちが影響を受けることになる．

下水管渠に関する教科書は，通常は計画，設計および維持管理についての物理的な過程に焦点を当てている．しかし，本書ではまず第一に下水管渠の中で晴天時にどのように化学的・生物学的変化が起こるのかについて関心を寄せており，特に微生物学的側面について重視しようとするものである．下水管渠内における変化の重要性やそれらの制御や検討を実際に必要としている実例が存在している．例えば，嫌気性状態下で硫化物が生産されるが，この硫化物の影響は最もよく知られている例である．硫化物は，人間の健康に対して深刻な危険性をもたらすとともに，悪臭物質であり，同時に下水管渠の中で腐食問題を引き起こす．嫌気性状態は，しかし，易生物分解性の基質を保存しさらには生産する．このことが（処理場において）脱窒および生物学的りん除去の高度処理施設が採用されている時には，有利な条件をつくり出している面もある．好気条件下の下水管渠の中

では，易生物分解性の有機物質は除去され，より生物分解されにくい固形分が生産されてくる．したがって，好気条件では，下水管渠内で下水が処理され，その後の処理場での機械的・物理化学的な処理に対しては好ましい影響を与えると考えられる．これらの例は，下水管渠が単に収集や輸送システムとして機能するだけではなく，下水道の重要な機能である水質変化システムそのものであることを示している．

従来の設計および維持管理では，下水の処理は処理施設内だけで行われると考えられ，一方，下水管渠は下水を発生源から処理場まで収集し輸送することが唯一の目的となっている．下水管渠を反応装置(process reactor)と考えることは，下水道についての従来の硬直した考え方を改めることになる．「流し台から出発」して質的な変化を考えていくと，我々は技術的に改善できる多数の側面をより正確に考慮することが可能となる．さらに，より総合的なアプローチを考慮することは重要となる．つまり持続可能性，公衆衛生，環境保全および全体の生活水準の向上というような観点に対する対応である．図1.1は，下水管渠，処理施設および放流先の水域を，生物化学的変化という観点から見て，それぞれ独立した要素として捉えるべきではないことを示している．

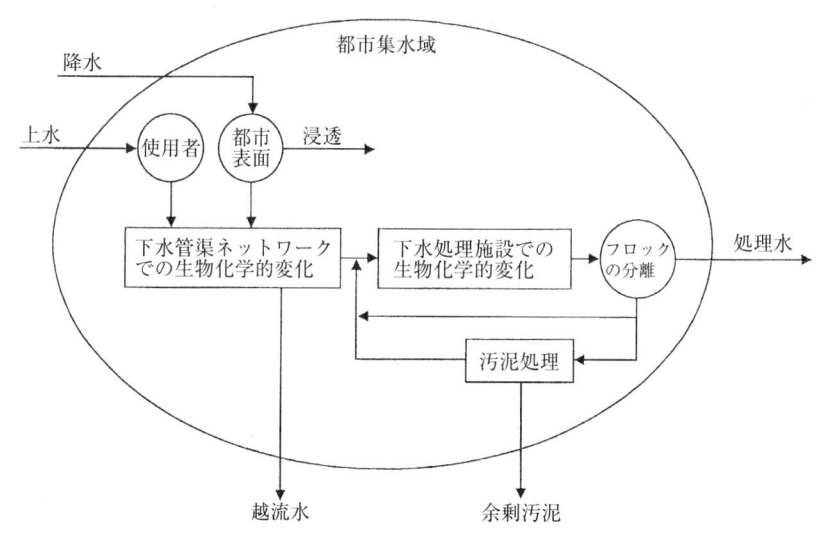

図1.1 下水管渠を化学的・生物学的変化過程と捉えた場合の統合化された下水道システム

本書の目的は，下水管渠における生物化学的変化の基礎理論を提供するとともに，この知識が実際に下水道管渠の設計や維持管理でどのように適用できるかを説明することにある．下水管渠に対する総合的な判断基準は，従来は周辺状況と調和しかつ効率的で安全でコスト効率の良い下水の収集および輸送をどのように行っているかということであった．もちろんこのような考え方は今でも十分に通用するが，さらに(管渠内で起こる)生物化学的変化という次元を考慮しておく必要がある．特に応用微生物学および応用化学の基礎原理を知っておくことは，本書を十分に理解するためにはどうしても必要となる．そこで，本文中で必要となれば，管渠内の質的変化を理解するために必要な微生物や化学の特定の知識を解説している．

以上述べてきたように，本書では基本的には下水管渠内の微生物学的な変化に焦点を当てているが，必要に応じて化学変化，特に物理化学的変化についても言及する．関連する環境工学的知識の習得も最終目的としてねらいに入っている．もちろん，水理学，固体輸送現象，施設の細部構造，材料，古典的な設計方法と維持管理手法なども生物学的および化学的な変化に関連ある場合には解説していく．

1.2　下水管渠の発達史

下水管渠の歴史をたどると，古代ローマ帝国まで遡る．古代ローマ帝国では，下水管渠とは都市から雨水流出水を排除し，内水の氾濫を防ぐものであった．このような雨水排水系統は，欧州や米国でも 16 世紀と 17 世紀に用いられるようになってきた．そして，一般的には，各家庭から汚水を雨水管渠に流すことは禁じられていた．

今日，我々が下水管渠と呼んでいる施設は，比較的歴史が浅い都市施設である．欧州の都市では，19 世紀半ばまで地下に下水収集システムを建設することは一般的ではなかった．ロンドンとパリにおいて手を付けられたのが最も早く，その後その他の都市に波及した．初めての下水管渠は，雨水管渠を合流管渠として機能させたものであり，今日では水洗トイレからの排水までも受け入れるようになっている．下水を収集するようになった理由は，どぶや汚水溜め，屋外便所からの不快な臭気の対策や人口稠密な都市での街路の有効利用を図ることにあった．

19 世紀半ばになって，コレラ発生の原因は，患者から排出されたものが何ら

かの経路を通り飲み水に入ることによると結論付けられた．しかしながら，下水が飲み水に入らないようにする工夫は行われず，また暗渠の下水管渠を敷設するきっかけとなることもなかった．下水管渠が伝染病を効果的に減らす衛生的な装置であることは，その後明らかになった．この特徴は現在でも変わりなく，このことが，地下に下水管渠の敷設が現在でも続けられている主要な理由である．そして財源が乏しい途上国においても下水道管渠敷設を促進する理由となっている．

収集された下水は，かつては処理されることなくほとんど生のまま放流されていた．放流された水域の下流では細菌汚染，臭気の発生，溶存酸素の減少や魚の死などの問題が生じていた．今日でも同様の問題は存在し，さらには富栄養化や有害な重金属汚染，微量有機化合物汚染までもが課題となっている．これらの問題に対して処理場という管渠の終末(end of pipe)での解決策が導入されることになった．下水処理場は，それぞれの国により処理程度に違いはあるものの，世界中で設置されるようになっており，処理方式に関してはその改善のための開発が今なお進められている．このような歴史的な経緯から，下水管渠は下水の輸送システムであり，処理施設は汚濁物質を除去する施設であるという，視野の狭い区分が今なお根強く残っている．

欧州や米国の都市の中心部は合流管渠で整備されており，雨天時に河川や海域へ吐口から未処理の汚水が流出している．過去50年から100年，汚水管渠と雨水管渠を分離して建設する方がはるかに多くなったが，古い合流式下水道は今なお機能しており，改善が施されたり，雨水滞水池を設置し雨天時下水を貯留するようになってきている．

このような合流式下水道の改善は，過去100年から150年間のたいへんな努力の結果のもとに行われてきた．世界中で，下水管渠と処理施設の都市基盤ができ上がっており，この都市基盤施設は未来にわたって機能するであろう．しかし現在でもさらに，技術的な改良と維持管理方法の開発を行うことが必要である．下水の収集と処理という方法に対して，例えば人間の汚物を収集処理したりオンサイトでの処理に代替させるという考え方もあるが，このような方法は今後採用されることはないであろう．そのような代替的な方法は，150年前の時点に立ち戻れば現実味があるかもしれないが，まさに現時点では意味のない議論である．

1.3　下水管渠の種類と性質

　下水管渠の設計と維持管理が下水管渠内反応に大きく影響を与える．そしてこのことに関連して重要なことは，下水管渠内反応の知識が下水管渠の設計や維持管理に現実に適用できることである．好気反応が進むか，嫌気反応が進むかは，実はかなりの程度下水管渠の種類に依存している．さらには，臭気性の有毒物質が管渠内の微生物反応により発生するが，この生成と分散に下水管渠の換気が大きな影響を与えている．下水管渠は，主に次の3つのタイプに分類できる．汚水管渠，雨水管渠，合流管渠である．これら3種類は，下水管渠内反応に関して，それぞれ独自の特性を持っている．

　(1) 汚水管渠

　汚水管渠は，分流式下水道に特有の管渠であり，住宅街，商業地区，工業地域などからの汚水を輸送するのに使われる．汚水管渠によって輸送される汚水は，比較的高い濃度の生物分解性の有機分を含んでおり，したがって生物学的に高い活性を有している．これらの下水管渠中の汚水は，下水管渠内反応という観点では，微生物（特に従属栄養細菌）と基質の混合物である．

　汚水管渠内では，自然流下管渠では重力により，圧力管渠では圧力により流れが発生する．自然流下管渠が非満管の状態の時には，酸素移動が気液界面を通して再曝気という形で行われ，好気的な従属栄養反応が進むことになる．逆に，圧力流れの状態では満管で流れており再曝気は生じない．これらの下水管渠の中においては，嫌気反応が一般的には卓越した状態となっている．

　下水管渠内での滞留時間が下水の質的な変化に対して影響を与える．滞留時間は，集水地域の大きさや下水管渠の勾配や長さといった要素によって大きく左右されている．圧力管渠においては，特に夜間，その滞留時間が大きくなる傾向が顕著である．

　(2) 雨水管渠

　雨水管渠は，雨水の収集と輸送のために建設されており，雨水は非浸透性または半浸透性の表面を持った街路，高速道路，駐車場，建物の屋根などから流出し

てくる．表面流出水は，基本的には街路の側溝のマスを経由して流入してくる．雨水管渠は，雨天時の流出水を河川などへ放流することを役割としており，水の処理はほとんど行われることはない．下水管渠内の化学的・微生物学的変化という観点では，雨水管渠システムはほとんど対象外であり，本書でもほとんど言及していない．一方，雨水調整池や雨水滞水池は，雨水管渠の一部として建設されることがあるが，化学的・生物学的処理システムとして機能することがある．

(3) 合流管渠

都市汚水や雨水排水は，合流管渠に流れ込み，収集，混合され輸送される．合流管渠は，下水管渠内の反応に関しては，一般的に晴天時には汚水管渠と同様に作用する．しかしながら，雨水を流下させるため，合流管渠は分流管渠とは異なった設計がなされており，越流構造などを持ち，かなりの場合滞水池も備わっている．これらの構造物は，管渠内反応の細部に影響を与えると考えられる．さらには，合流管渠では管渠内反応に非常に大きな変動が見られ，これは汚水管渠で見られる反応挙動と大きく異なる点であるが，雨水の流入により流況が大きく変わることがその原因である．合流管渠は，自然流下管渠か，圧力管渠か，またはその両方を取り入れてつくられている．

以上，3つの管渠方式の独特の特徴を図1.2に整理した．

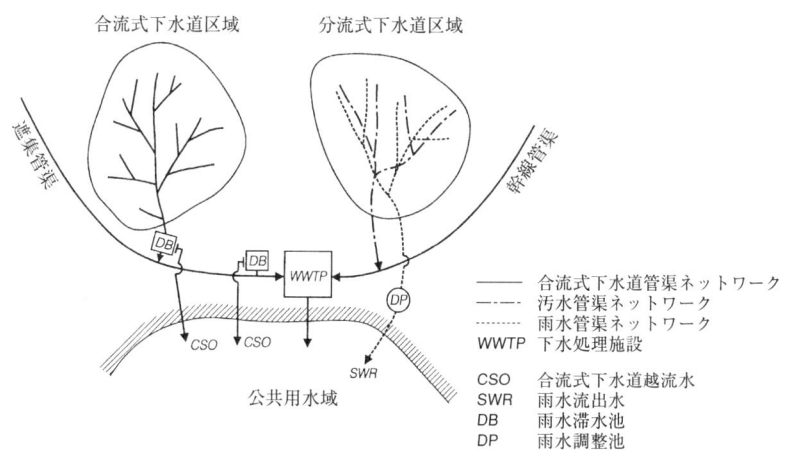

図1.2　分流式と合流式管渠集水域の下水管渠ネットワークの概要

1.4 微生物反応装置としての下水管渠

前節に記載したように，管渠方式は3種類に区分される．ただ，現実的には汚水管渠だけが設置されている分流区域では，汚水管渠への雨水の流入をある程度は許しているものもある．他の代替手法として，例えば真空式下水道があるが，これは基本的に小規模なシステムであり，全体のシステムの一部として採用されている．

下水管渠内反応は，複雑な順番で起こる．反応の全体構成は，各1ないし複数の反応が5つの異なる場面（phase）で生じる形で成り立っている．すなわち，汚水中の浮遊物質，生物膜，堆積物，管渠内気相および管渠壁，そして各要素間の物質交換がそれである．下水管渠内反応は，都市環境に影響を与える．すなわち，都市内空間に不快な臭気が漂う．さらには，処理場に流入したり放流先に出ていく時の水質は，下水道管渠の中に流入したものではなく，下水管渠内反応の結果，変化した水質となっている（**図1.1**および**図1.3**）．

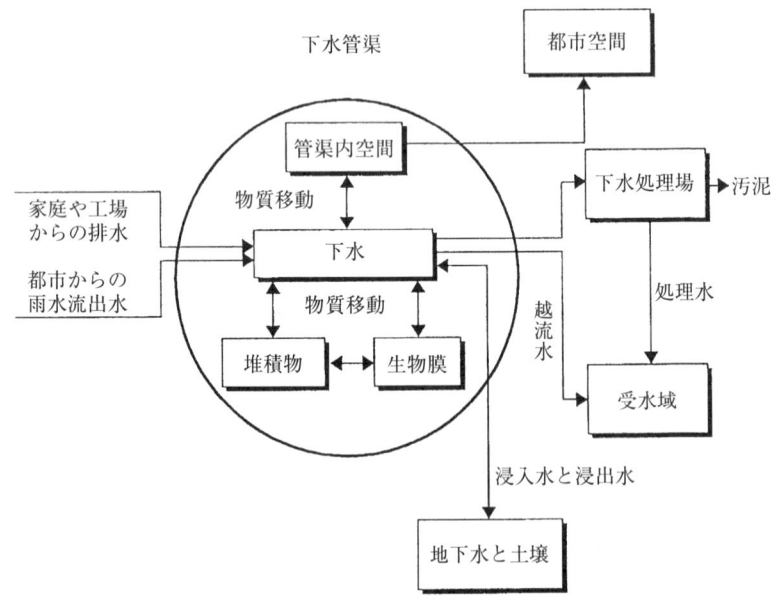

図1.3　下水管渠ネットワークでの生物化学反応

下水管渠内では従属栄養微生物が卓越しており，この微生物は下水中の構成物質を分解し反応させる．これらの反応は，酸化還元状態下で進行し，酸化になるか還元になるかは電子受容体の有無によって決まる．下水管渠およびその周辺環境にとって生物化学反応の重要性は，有機物質(すなわち，電子供与体)が除去されたり変化したりするだけではなく，その結果として電子受容体が反応することにもある．例えば，硫酸塩から硫化水素が生成されるような現象である．

　下水管渠の設計方法と実際の流況がどのようになっているかによって，かなりの部分，酸化還元のうちどちらの反応が起こるかが決まる．**表1.1**に下水管渠での流れ状態の特徴と生物化学反応条件を整理している．基本的には，好気と嫌気の条件のどちらかである．ところが(中間的な段階として)無酸素状態という状態があり，これは硝酸塩(または酸化された無機の窒素)が汚水中に存在する時にのみ生じる．再曝気の強度は，下水管渠の設計と管渠内の流況に密接に関連しているが，この再曝気強度が好気性状態か嫌気性状態かを決める基本的な反応である．好気状態下では，易生物分解性の有機分の分解が卓越した反応である．溶存酸素や硝酸塩が存在しない時には，厳密な嫌気性状態となり，硫酸塩が潜在的な外部電子受容体となり，硫化水素がその結果として生成される．この現象は，管渠に関わる実務者の間ではよく知られている．さらには，嫌気状態下での発酵が悪臭物質の生成の主原因となっている．

　下水管渠の特徴の概要を**表1.1**に示したが，そのような酸化還元状態に加え，その他多数の要素が下水管渠内の変化反応に関わっている．次のような要素は，設計や流況と，実際の反応状態とにきわめて密接な関係を生じる．

・排水の乱流状態と流れ方，これらは再曝気と臭気物質の下水管渠内気相への

表1.1　下水管渠ネットワークにおける微生物学的な酸化還元反応の電子受容体と対応する条件

反応条件	電子受容体	下水管渠の特徴
好　気	＋酸素	非満管流の自然流下管渠 酸素が供給されている圧送管渠
無酸素	－酸素 ＋硝酸塩	硝酸塩が添加された圧送管渠
嫌　気	－酸素 －硝酸塩 ＋硫酸塩 ($+ CO_2$)	圧送管渠 満管流の自然流下管渠 緩勾配で堆積物のある自然流下管渠

揮散に影響
・下水管渠の換気，これは臭気や有害物質の都市内空間への放散に影響
・下水管渠内の直径水深比，これは再曝気と生物膜の相対量の状態に影響
・流速とせん断力，これらは下水管渠内の生物膜および堆積物の量に影響

以上は，設計と流況の特徴と，管渠内の生物化学的反応の関係を強調して記述した．これは，「下水管渠内反応の知識が，下水管渠の設計や各種の調査に積極的に用いることができる」ということに読者の興味を持っていただきたいからである．必要なことは，これらの知識を下水管渠の工学的な計算，すなわち計画・設計および維持管理に利用できるようになることである．ここで得られた知識は，シミュレーションモデルで表現でき，特にこの点に焦点を当てている．いったん，シミュレーションモデル化できれば，処理場に流れ込む汚水を処理プロセスに最適化するように(管渠内で流下途中で)反応させることも夢ではなくなるだろう．

下水そのものの性質が，下水管渠内の生物化学的反応の進み方を決めたり，どの程度生物化学反応が進むかを決めたりする重要な要素となっている．すなわち，pHや温度，有機成分の生物分解性，さらには活性化している有効な微生物が汚水の反応程度を決める重要な点である．

微生物による反応ならびに非化学的な反応は，汚水の変質を通して管渠内環境を決める．一方，生物膜内での拡散や，気液界面での物質の交換などの物理化学的な性質も重要な役割を担っており，微生物による反応のプロセスとして統合して考えなければならない．水理特性や管渠内の固形分の輸送機能は，下水管渠の性能を評価する重要な要素である．これらの物理的な機能は，水理的な要素に大きく支配されている．したがって，本書では，直接そして密接に化学ならびに生物学的な反応に関わる時に水理的な面を取り上げる．

1.5 新しい方法論

従来，下水管渠とそれに続く処理施設は，まったく別個のものとして設計し管理されてきた．管渠施設と処理場は，それぞれ別々の機能と目的を持っている．すなわち，管渠施設は，下水を収集し処理施設まで輸送しなければならない．処理施設は，放流先に対する排水基準を満足するように汚濁物質を減少させなければならない．したがって，下水管渠は，単に下水を処理施設に流入させたり，雨

水吐きからは雨天時に未処理下水を公共用水域に放流する施設としてだけ考えられてきた．このような古典的な下水管渠の性質に関する考え方は，改める必要がある．

　以上のような背景に対して，持続可能で総合的な汚水管理が下水管渠に対しても必要となってきている．もちろん，汚水は，処理と処分のために安全で能率良く収集・輸送される必要があり，このことは今もなお主要な関心事である．下水管渠内変化を設計や維持管理の一要素として取り入れれば，下水管渠の運営に対する全般的な目的に対して新しい考え方を切り開くことになる．同時に耐用年数を大幅に伸ばすものとなるであろう．したがって，技術的なシステムとしては，次のような点を総合的に考えておく必要がある．

- 汚水の発生源
- 汚水中の各成分の物理的，化学的，および生物学的な反応を輸送中に促進する装置としての下水管渠
- 処理施設との相互作用
- 放流先への影響

　下水管渠を化学的および生物学的な反応装置として捉えることは，下水管渠全体の役割から考えて一部の機能にすぎない．しかし現状ではほとんどの場合，(下水管渠へ)流入している地点での水質のまま，処理施設へ流入したり雨水吐きで吐き出したりするとしており，これは特に強調しておく必要がある．下水管渠を汚水が流れ下るとともに，一定の反応が生じる．そしてこのことは，下水管渠内での流下時間が長いことによってしばしば助長される．しかしながら，汚水全体の取扱いの中で，一般的にはこのことは考慮されることがない．汚水が取り扱われる他のサブシステム(処理施設や放流先)では，生物学的な変化や化学的な変化を無視することはとても考えられない．

　下水管渠内では，従属栄養細菌による反応過程が卓越している．これは，それ以後の処理施設での生物反応過程と似た点がある．しかしながら，まさに初めに強調しておく必要があるのだが，下水管渠内で起こる汚水の水質変化と活性汚泥や生物膜処理での水質変化とは異なった過程で進む．下水管渠内での反応，処理施設での処理過程，受水域での水質変化は，すべて一体のものとして取り扱う必要がある．しかしながら，それぞれの特徴に沿った取扱い方をしなければならない．

第1章 管渠施設と水質変化

　下水管渠の汚水輸送システムとしての側面，すなわち，その流下能力の算定や，汚染の制御や，構造的な統合化やコストについては，さほど新しい論点は存在しない．しかしながら，下水管渠内での化学的および生物学的な変化を設計や維持管理に積極的に持ち込むには，従来と異なる新しい手段が必要となる．まず第一番目のステップとして，下水管渠を扱う，衛生工学や環境工学の技術者にこの問題に関する総合的な教科書を提供する必要がある．その教科書の内容は，管渠内反応の科学的な知識と技術的な解決方法を明示するものである．著者の知り得る限りでは，この目的にかなう教科書は今までのところ一冊も存在しない．本書がそのような需要に応えることができればと考えて執筆に至ったわけである．現在に至るまで，化学的および生物学的な反応の側面は管渠システムの中の工学的な位置付けは，きわめて限定されたものでしかなかった．このために，その関連知識もそして生物化学的変化を扱う経験もきわめて限定されたものとなってしまっている．本書は，（生物化学的変化に）関連するすべての問題に対し回答することはできないが，本書にまとめられた知識を学ぶことによって，読者は「下水管渠が化学的および生物学的な反応装置である」という新しい見方を得ることができると期待している．

第 2 章

下水管渠内における化学および物理化学反応

　化学的，物理化学的環境は，生態系に重大な影響を与える．また，化学環境は，下水管渠内の微生物による水質変化の条件を決定する．化学的および物理化学的環境において，平衡と反応に関連した側面は，重要な要素である．

　本章の主要な目的は，下水管渠内反応において重要な化学および物理化学的反応を解説することである．よって内容は，上記のことを念頭に置き，この目的に即した化学および物理化学の基礎知識の解説が中心である．本章は，下水管渠を反応装置として捉えた場合の，反応に関連する側面をきちんと理解するために役立つように記述している．

2.1　酸化還元反応

2.1.1　はじめに

　微生物による下水管渠中の下水中有機物の変化は，微生物による化学物質の組成の改質によるものと考えられている．堆積物や生物膜，下水中の従属栄養微生物が下水管渠内の生物化学反応の主役である．微生物は，2つの基本的な目的のために有機物を利用する．一つ目は新しい細胞の合成のために必要な炭素源として，二つ目は生命を維持するためのエネルギー源としてである（図2.1）．同化作用により新しい微生物の成長に必要な物質が確保される．異化作用は，新しい細胞の合成に必要なエネルギーを供給するだけでなく，生命の維持に必要なエネルギーも供給する．

　有機物の中に蓄積されたエネルギーは，有機物の酸化分解過程で微生物に利用可能となる．その時に有機物は，電子供与体としての役割を果たす．対応する還

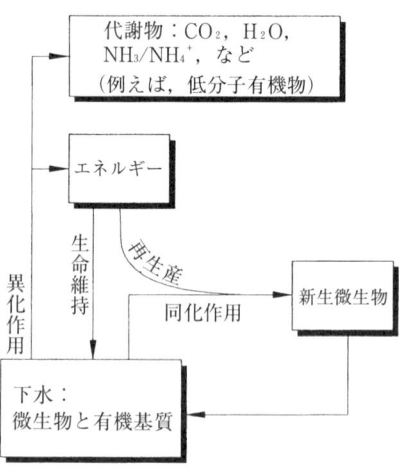

元物質として，溶存酸素(DO，好気反応)，硝酸塩(無酸素反応)，硫酸塩(嫌気反応)のいずれかが存在すると，外部電子受容体として利用される．

概念図：

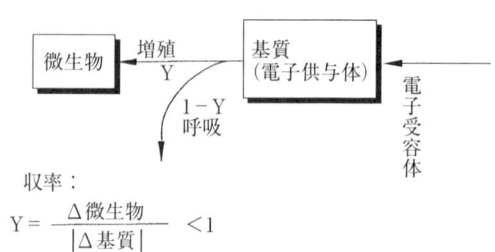

収率：

$$Y = \frac{\Delta 微生物}{|\Delta 基質|} < 1$$

図2.1 下水中の有機物の代謝課程

事例：

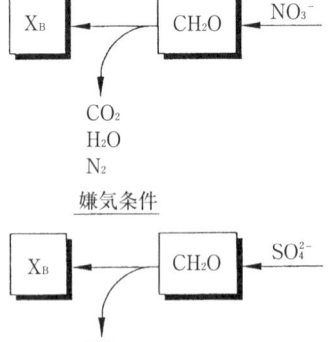

これらのエネルギー生産反応は，呼吸反応と呼ばれる．呼吸反応には，電子伝達系において電子受容体として機能することができる外部の化合物が必要である．しかしながら，嫌気条件下でも，外部の電子受容体を必要としない発酵反応は進行する．この場合，有機物の減少は，酸化とは異なる過程で行われる．

下水中の微生物反応は，増殖のための基質の消費と電子受容体の関与によるエネルギー獲得が平行して起きている．図2.2に，外部の電子受容体がどのように関与するかの一般的な概念と事例を示す．これらの基本的な微生物反応は，下水中と，生物膜，堆積物の中で行われる．

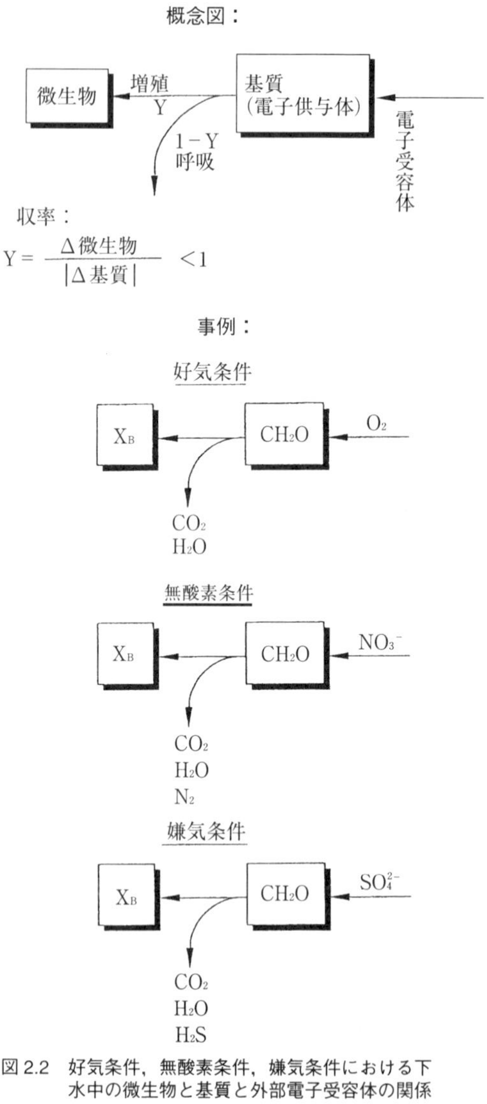

図2.2 好気条件，無酸素条件，嫌気条件における下水中の微生物と基質と外部電子受容体の関係

2.1.2 酸化還元反応

下水中で起きる微生物による異化作用は，微生物にエネルギーを供給する．この異化作用には，2つの反応が含まれている．一つは有機物の酸化であり，もう一つは電子受容体の還元である．酸化還元反応全体は，電子供与体(有機物)から電子受容体への電子の移動現象(すなわち酸化から還元へ)で成り立っている．

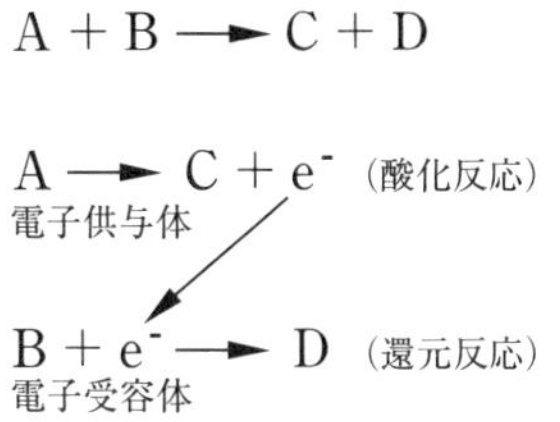

図 2.3 酸化還元反応における電子との移動と酸化反応および還元反応

図 2.3 に化学物質 A，B，C，D を用いて酸化還元反応の基本的な概念を説明する．電子供与体である化学物質 A が酸化反応により化学物質 C に変化すると電子が供給される．この電子は，還元反応に移り，電子受容体である化学物質 B から化学物質 D への変化に寄与する．図 2.3 にこの酸化還元反応の概要を示す．

下水中の酸化還元反応に関係するエネルギーは，熱力学の法則に従う (Castellan, 1975 ; Atkins, 1978)．ギブスの自由エネルギーは，生物化学的な酸化還元状態を決定する熱力学の主要な関数である．定温定圧下において，ギブスの自由エネルギーの変化量は，酸化還元反応によって可能な最大の仕事量に等しい．

$$\Delta G = \Delta H - T \Delta S \tag{2.1}$$

ここで，

G = ギブスの自由エネルギー[kJ mol^{-1}]

H = エンタルピー[kJ mol^{-1}]

T = 温度[K]

S = エントロピー[kJ mol^{-1}K^{-1}]

ギブスの自由エネルギーは，熱力学的な仕事関数として酸化還元反応の推進力(ポテンシャル)を表すものである．通常の状態で起こる反応では，ギブスの自由エネルギーの変化量は負となる．酸化還元反応の大部分は発熱を伴い，エンタルピーの変化はマイナスとなる．酸化還元反応では，しばしば非常に大きな発熱が生じ，その場合，絶対温度とエトロピーの変化量の積($T \Delta S$)は，ギブスの自由エネルギーの変化量にほとんど影響を与えない．

基本的には，酸化還元反応から生じるギブスの自由エネルギーは，酸化反応と

還元反応の電気エネルギーの差によって生ずる(図2.3参照).これら2つの反応間の電気エネルギーの差が大きくなると,すなわち酸化反応から還元反応への電子の移動に関するエネルギーが大きくなるとより多量の電子が移動することになり,次式に従い多量のエネルギーが放出される.

$$\Delta G^{0'} = -nF\Delta E'_0 = -nF(E'_{0,red} - E'_{0,OX}) \tag{2.2}$$

ここで,

n = 移送された電子数[-]

F = ファラデー定数 96.48[kJ mol^{-1} V^{-1}]

$\Delta E'_0$ = 電子受容体の電位($\Delta E'_{0,red}$) - 電子供与体の電位($\Delta E'_{0,OX}$)[V]

表2.1に酸化還元電位が増加する順に並べた酸化還元対を示す.この表は,"election tower"としてよく参照される.低い電位は,電子の供給能力が高い(酸化)傾向があることを意味し,高い電位は,相対的に酸化傾向が小さく還元作用が優先することを意味する.表2.1の(3)と(11)の物質の酸化還元反応は,同時に起きており,酢酸中の炭素は,酸化されて二酸化炭素になると同時に酸素は還元されて水になる.この反応において,式(2.2)の電子受容体の電位は,次のように計算できる.

$$\Delta E'_0 = E'_{0,red} - E'_{0,OX} = 0.82 - (-0.29) = 1.11 \text{ V} \tag{2.3}$$

表2.1と表1.1は,基本的に同じことを表している.表2.1は,基本的な反応に関連するエネルギーを表している.この反応は,ギブスの自由エネルギーを放出する反応である.表1.1は,電子受容体の利用可能性と反応の関係を用いて同

表2.1 微生物反応において重要な酸化還元電位 (Madigan *et al.*, 2000)
定常状態:pH 7, 25 ℃, 1 atm, 1 mol の反応物質量

酸化還元物質の組合せ	酸化還元電位 E_0' [V]
(1) CO_2/$HCOO^-$(蟻酸)	− 0.43
(2) H^+/H_2	− 0.41
(3) CO_2/CH_3COO^-(酢酸)	− 0.29
(4) S/H_2S, HS^-	− 0.27
(5) CO_2/CH_4	− 0.24
(6) SO_4^{2-}/H_2S, HS^-	− 0.22
(7) NO_2^-/NO	+ 0.36
(8) NO_3^-/NO_2^-	+ 0.43
(9) NO_3^-/N_2	+ 0.74
(10) Fe^{3+}/Fe^{2+}	+ 0.77
(11) O_2/H_2O	+ 0.82

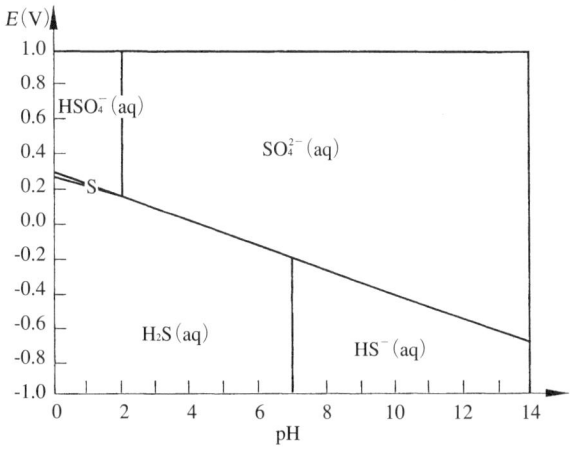

図 2.4　硫黄と酸素から構成される酸化還元対の Pourbaix 図

じことをより実際的に表現している．表 2.1 の情報を参考にして，有機物の代表として酢酸を例にとる．好気条件から無酸素条件，嫌気条件への反応条件の変化は，酸化還元対では，表 2.1 の (11) から (9) そして (6) へと変化することと同じである．好気反応は，最も高いエネルギーを獲得できるので生物学的に有利である．（式 2.2 参照）．

表 2.1 は，標準状態での酸化還元反応を示している．pH の値の変化に伴う酸化還元対の平衡状態における電位分布は，Pourbaix 図から知ることができる．図 2.4 は一例で，硫黄イオンを 0.1 mM (3.2 gS m^{-3}) 含み 25℃，1 気圧の状態の硫黄と酸素からなる酸化還元対の電位分布を示している．図 2.4 は，亜硫酸塩やチオ硫酸塩のような硫黄化合物を含んでいないが，それはこれらの化合物が熱力学的に安定でないことを間接的に表している．このことは，亜硫酸塩などの化合物の生成の障害ではない．

2.1.3　下水中の酸化還元反応

2.1.3.1　反応の概要

下水管渠の中の酸化還元反応は，異化作用によるエネルギー生産反応に関係がある．この観点から見ると，有機物は，酸化を受ける電子供与体である（図 2.3 参照）．

酸化還元反応における還元反応において，従属栄養微生物は，異なった電子受容体を利用する．酸素が利用可能なら，酸素が最終的な電子受容体となり，反応は好気条件で進行する．酸素がなく，硝酸塩が利用可能な場合は，硝酸塩が電子受容体となる．酸化還元反応は，無酸素条件でも進行する．酸素も硝酸塩も利用できない環境では，完全な嫌気条件となる．また，嫌気条件では，硫酸塩か二酸化炭素が電子受容体となる．表1.1は，下水管渠内の酸化還元反応の概要を示している．

2.1.3.2 酸化還元反応の化学量論
2.1.3.2.1 酸化度

下水中の酸化還元反応の化学量論は，酸化還元反応の収支を推定するために重要である．そして，収支を推定するための手法が必要である．化学量論の基本的な指標は，酸化数である．酸化数 OX は，安定性の低い単原子が安定した分子になるための仮想の電位と定義される．

酸化数は，基本的な原理ではないが実用的に役に立つ．酸化数 OX は，分子中の原子の回りの電子配列に関連している．それは，分子中の原子の共有結合の構成に関連する．

下水管渠内の下水の変化において大きな影響を持つ主要な元素は，炭素，酸素，水素，窒素，硫黄である．これらの元素の安定性は，安定分子構造の周りの電子配置と密接に関連している．炭素については，本章の後半で説明するが，主要な元素である．炭素，酸素，水素，窒素，硫黄は，有機物(電子供与体)の構成元素であり電子受容体となる元素ではない．また，電子受容体の酸化数にも注意が必要である．

酸化数の定義の背景がどのようなものかということと酸化数を適正に用いるためには，酸化還元反応が基本的には電子の交換現象であることを理解しなければならない(図2.3参照)．化学物質の変化は，元素の電子構成と安定性に起因している．

実際には，元素の核の周りの電子は，電子殻の中に配置される．電子殻を n として，1から始まるとすると，元素番号が増加するにつれて原子核を取り囲むこの電子殻は電子で充填される．電子殻の中に存在できる最大の電子数 N は，次式で与えられる．

$$N = 2n^2 \tag{2.4}$$

有機物を構成する元素に関連のある最初の3つの電子殻の最大電子数は，以下のとおりである．

　　第1殻：2
　　第2殻：8
　　第3殻：18

各電子殻の中で電子は，2つの電子が互いに逆回転をしながら最大の空間を占めるような軌道に存在している．電子殻と電子軌道は，最も低いエネルギー，つまり最も安定した状態になるように電子が充填される．元素周期表の最初の18元素は，下水管渠内の微生物反応にとって重要であり，下水中の有機物を対象とするうえで特に注意が必要である．

表2.2の元素は，すべて最も安定な状態をとろうとする．すなわちヘリウム，ネオン，アルゴンと同じ電子構造となろうとする．水素は，第1殻の同じ軌道に2つの電子をとろうとする．2つの電子に囲まれた水素は，ヘリウムと同じ電子構造となる．水素は，電子を他の原子に供給し，他の電子と同じ軌道上の電子を共有することによって安定構造を得ることができる．前述した定義に従えば，水

表2.2　元素周期表の最初の18元素とその電子構造

原子番号	元素	電子数		
		第1核	第2核	第3核
1	H，水素	1		
2	He，ヘリウム	2		
3	Li，リチウム	2	1	
4	Be，ベリリウム	2	2	
5	B，ホウ素	2	3	
6	C，炭素	2	4	
7	N，窒素	2	5	
8	O，酸素	2	6	
9	F，フッ素	2	7	
10	Ne，ネオン	2	8	
11	Na，ナトリウム	2	8	1
12	Mg，マグネシウム	2	8	2
13	Al，アルミニウム	2	8	3
14	Si，シリコン	2	8	4
15	P，りん	2	8	5
16	S，硫黄	2	8	6
17	Cl，塩素	2	8	7
18	Ar，アルゴン	2	8	8

素の酸化数は＋1である．水素が他の原子と共有することになった2つの電子は，水素と他の原子によって形成された分子内で水素と他の原子の結合役を果たす．

酸素と窒素は，**表2.2**に示すように，第1電子殻に2つの電子を持っており，ヘリウムと同じように安定している．第2電子殻の4つの軌道の安定化には，8つの電子を必要とする．酸素と窒素が電子構造的に安定するためには，ネオンと同じ電子構造とならなければならない．酸素と窒素が安定電子構造となるためには，ネオンと同じ電子構造になるように酸素は2個の電子，窒素は3個の電子の供給が必要である．酸化数で表すと，$OX_O = -2$，$OX_N = -3$．硫黄は，第3電子殻に6つの電子を有し，第2電子殻に6つの電子を有する酸素と同じ電子構造である．よって硫黄は，2個の電子を受け取ることによってアルゴンと同じ安定性を確保できる．したがって，硫黄の酸化数は，酸素と同じ－2となる（$OX_S = -2$）．

例として，**図2.5**に酸素原子の電子構成を簡単な平面構造と立体構造（正四面体）にして示す．酸素は，最外殻電子軌道に，すでに配置されている6つの電子に加えて，2つの電子を配置することによって安定化する．定義と本文によれば，酸素の酸化数OXは，$OX_O = -2$となる．

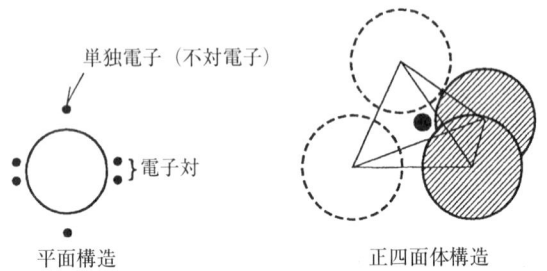

図2.5　酸素の電子構造：最外殻電子軌道中に2つの電子対と2つの不対電子が存在する

次に下水中の有機物を構成する主要な元素の酸化数について概説する．

$OX_H = +1$
$OX_O = -2$
$OX_N = -3$
$OX_S = -2$

酸化数を実用的に用いるために，以下のことを仮定する．

(1) 有機物の中の水素，酸素，窒素および硫黄の酸化数は，下水管渠内で進行する微生物反応によって変化しない．
(2) 分子に含まれる元素の元素数と酸化数の積の和は，ゼロとなる．

$$\Sigma n \cdot OX_E = 0$$

ここで，n = 分子に含まれる元素 E の数．

H_2O を例にすると，この仮定により酸化数の収支は，以下のように表される．

$$n_H \cdot OX_H + n_O \cdot OX_O = 2 \cdot (+1) + 1 \cdot (-2) = 0$$

この2つの仮定に従うと，炭素の酸化数は，以下の例に示すように，まったく異なる値をとる．

メタン，CH_4：$OX_C = -4$

二酸化炭素，CO_2：$OX_C = +4$

炭素の酸化数は，対象物質中の炭素成分に関する酸素要求量（COD）と密接かつ線形の関係がある．この関係を次式に示す．

$$OX_C = 4 - 1.5 \frac{COD}{TOC} \tag{2.5}$$

例 2.1：酢酸に含まれる炭素の酸化数の決定

酢酸 CH_3COOH の化学式

COD を決定するための反応式：$CH_3COOH + 2\,O_2 \rightarrow 2\,CO_2 + 2\,H_2O$

$$COD = 2 \cdot 32 = 64 \text{ g mol}^{-1}$$

酢酸の TOC：$TOC = 2 \cdot 12 = 24 \text{ g mol}^{-1}$

$$OX_C = 4 - 1.5(64/24) = 0$$

例 2.1 は，酢酸中炭素の酸化数がゼロであることを示す．そして，これは，炭水化物の場合である．下水中の他の典型的な有機成分の場合には，炭水化物と異なる酸化数をとる．タンパク質では，しばしば 0 から -0.4，脂質では通常 -1 から -2 までの酸化数を示す．

2.1.3.2.2 酸化還元反応における電気平衡

図 2.3 に示したように，酸化還元反応においては酸化反応から還元反応に電子が移される．交換された電子数は，酸化還元反応の化学量論を確立するための基

礎的な情報である．この情報は，下水管渠内反応のモデル化によって物質収支を把握する際に重要となる（第5, 6章参照）．酸化数は，移動する電子数を決定するための主要な要素である．

電子の移動を把握しようとする場合，次のことを理解しておく必要がある．電子供与体としての有機物が酸化されたり分解されたりする場合，有機物中の元素である水素や酸素，窒素の酸化数は変わらない．なお，この場合の有機物の酸化反応では，CO_2，H_2O，および NH_3/NH_4^+ が生産される．

したがって，有機物を電子供与体とする酸化還元反応において移動する電子数は，炭素の酸化に伴う電子の移動数によって決まる．電子の移動単位（電気当量 e − eq）は，以下のように表される．

$$1 \text{ e} - \text{eq} = N_A（単位対象物質の電子移動数）$$

ここで，N_A（アボガドロ数）$= 6.023 \cdot 10^{23}$．

したがって，有機物質を電子供与体とする酸化還元反応における電気当量は，次式によって表される．

$$\text{e} - \text{eq} = n_C |\Delta OX_C| \tag{2.6}$$

ここで，n_C = 1 mol 当りの炭素原子数．

2.1.3.2.3 酸化還元反応の収支

酸化還元反応の収支は，酸化反応から還元反応への電子の移動に基づいている．この移動量は，ΔOX_C と e − eq の計算によって求められる．計算の流れは，以下のとおりである．

(1) 電子の収支　　(2) 電荷の収支　　(3) 水素の収支　　(4) 酸素の調整

この計算手順の例を示す（例 2.2 〜 2.5）．単純化した有機物 CH_2O（C：H：O 比は炭水化物）における収支を例 2.2 に示す．

例 2.2：**電子供与体 CH_2O に対する酸化反応の収支**

1) 電子の収支

$$\begin{array}{ccc} OX = 0 & & OX = +4 \\ \downarrow & & \downarrow \\ nCH_2O & \rightarrow & CO_2^+ + e^- \end{array}$$

$$\text{e} - \text{eq} = n_C \Delta OX_C$$

$$=1 \cdot 4 = 4$$
$$\Rightarrow n = \frac{1}{4}$$
$$\frac{1}{4} CH_2O \rightarrow \frac{1}{4} CO_2 + e^-$$

2) 電荷の収支
$$\frac{1}{4}CH_2O + OH^- \rightarrow \frac{1}{4} CO_2 + e^- \quad (H^+ か OH^- による電荷の収支)$$

3) 水素の収支
$$\frac{1}{4} CH_2O + OH^- \rightarrow \frac{1}{4} CO_2 + \frac{3}{4} H_2O + e^- \quad (H_2O による H の収支)$$

4) 酸素の調整
$$\frac{1}{4} + 1 = \frac{5}{4} \qquad \frac{2}{4} + \frac{3}{4} = \frac{5}{4} \quad (酸素収支)$$

例 2.3 から 2.5 は，下水管渠内の電子受容体に関する収支式に関係がある．例 2.3 は好気条件の反応，例 2.4 は無酸素条件の反応，例 2.5 は嫌気条件の反応における収支計算手順を示す．

例 2.3：電子受容体 O_2 の還元（好気反応）

1) 電子の収支

$$\begin{array}{cc} OX = 0 & OX = -2 \\ \downarrow & \downarrow \\ nO_2 + e^- & \rightarrow \quad H_2O \\ \uparrow & \\ 電子受容体 & \end{array}$$

$$e - eq = n_O \, \Delta OX_O$$
$$= 2 \cdot 2 = 4$$
すなわち，$n = \frac{1}{4}$

2) 電荷の収支

$$\frac{1}{4}O_2 + H^+ + e^- \rightarrow H_2O \ (H^+ \text{または} OH^- \text{による電荷収支})$$

3) 水素の収支

$$\frac{1}{4}O_2 + H^+ + e^- \rightarrow \frac{1}{2}H_2O \ (H_2O \text{による H の収支})$$

4) 酸素の調整

$$\frac{1}{4}O_2 + H^+ + e^- \rightarrow \frac{1}{2}H_2O$$

$$\frac{1}{4}\cdot 2 \qquad\qquad \frac{1}{2}\cdot 1 (\text{酸素の調整．酸素収支})$$

例2.4：電子受容体 NO_3^- の還元（無酸素状態）

1) 電子の収支

$$n\overset{+5}{N}O_3^- + e^- \rightarrow \overset{0}{N_2}$$

e − eq = 1・5 = 5

$$\Rightarrow n = \frac{1}{5}$$

$$\frac{1}{5}NO_3^- + e^- \rightarrow \frac{1}{10}N_2$$

2) 電荷の収支

$$\frac{1}{5}NO_3^- + \frac{6}{5}H^+ + e^- \rightarrow \frac{1}{10}N_2$$

3) 水素の収支

$$\frac{1}{5}NO_3^- + \frac{6}{5}H^+ + e^- \rightarrow \frac{1}{10}N_2 + \frac{6}{10}H_2O$$

4) 酸素の調整

$$\frac{3}{5} \approx \frac{6}{10}$$

2.1 酸化還元反応

例 2.5：電子受容体 SO_4^{2-} の還元（嫌気反応）
1) 電子の収支

$$n \overset{+6}{S}O_4^{2-} + e^- \rightarrow H_2 \overset{-2}{S}$$

$$e - eq = 1 \cdot 8 = 8$$

$$\Rightarrow n = \frac{1}{8}$$

$$\frac{1}{8} SO_4^{2-} + e^- \rightarrow \frac{1}{8} H_2O$$

2) 電荷の収支

$$\frac{1}{8} SO_4^{2-} + \frac{5}{4} H^+ + e^- \rightarrow \frac{1}{8} H_2S$$

3) 水素の収支

$$\frac{1}{8} SO_4^{2-} + \frac{5}{4} H^+ + e^- \rightarrow \frac{1}{8} H_2S + \frac{1}{2} H_2O$$

4) 酸素の調整

$$\frac{1}{2} \approx \frac{1}{2}$$

例 2.2 は，有機物(電子供与体)の酸化が生産された電子を利用することによってどのように収支をとるかということを示している．例 2.3 から 2.5 は，好気条件，無酸素条件，嫌気条件における電子受容体の減少を表している．下水管渠内の下水中において，これらの反応のすべてが起こる．

電子供与体と電子受容体に注目して酸化還元反応の収支をどのように計算するかを示す(**図 2.3** の酸化還元反応の概要図参照)．例 2.2 は，無酸素条件における電子供与体(有機物)の生物的酸化を例示したものである．この時に，電子受容体である NO_3^- も減少する(例 2.4 参照)．

CH_2O の酸化，例 2.2

$$\frac{1}{4} CH_2O + OH^- \rightarrow \frac{1}{4} CO_2 + \frac{3}{4} H_2O + e^- \tag{2.7}$$

NO_3^- の還元，例 2.4

$$\frac{1}{5} NO_3^- + \frac{6}{5} H^+ + e^- \rightarrow \frac{1}{10} N_2 + \frac{6}{10} H_2O \qquad (2.8)$$

式(2.7)と式(2.8)では，生産された電子数と消費された電子数が同じなので，両式を合算する．もし生産された電子数と消費された電子数が等しくない場合には，まず電子数を等しくする必要がある．式(2.7)と式(2.8)を4倍にして合算した完全な酸化還元反応の化学量論を以下に示す．この時に，水素イオンと水酸イオンの等量が反応し水分子になる．

$$CH_2O + \frac{4}{5} H^+ + \frac{4}{5} NO_3^- \rightarrow CO_2 + \frac{7}{5} H_2O + \frac{2}{5} N_2 \qquad (2.9)$$

この化学式はかなり簡単で，高度な計算手法を必要としない．しかしながら，直接的に観察できない酸化還元反応の化学量論と物質収支を把握するためにはきちんと定義された計算手法が必要となる．

2.2 微生物反応における化学動力学

化学動力学は，化学反応の反応速度論に関わっている．ここでは，均一系の反応と不均一系の反応の両方を扱う．細胞内と細胞壁の間で行われる生成物と反応物質の輸送と微生物活動に関するすべての微生物反応は，すべて不均一系反応と定義される．しかし，実際上は，下水中の微生物反応は，均一系と考えることができるが，生物膜に関する微生物反応だけは，不均一系反応である．

微生物の代謝活動は複雑だが，下水管渠内微生物の同化作用と異化作用における代謝経路を都市排水システムの設計と維持管理に適用するためには，より簡単に表現されなければならない．

2.2.1 均一系反応

前述したように，実用的な観点からは，下水中の微生物反応は，均一系反応と考えることができる．微生物反応は，反応物質の濃度に影響を受け，しばしばゼロ次反応または1次反応として表現される．

2.2.1.1 ゼロ次反応

ゼロ次反応は，反応物質の濃度の影響から独立している．すなわち反応速度は，反応物質濃度のゼロ次の累乗，つまり定数となる．

$$\frac{dC}{dt} = -kC^0 = -k \tag{2.10}$$

ここで，

C = 反応物質の濃度 [g m^{-3}]

t = 反応時間 [h あるいは d]

k = ゼロ次反応速度定数 [g m^{-3} h^{-1} あるいは g m^{-3} d^{-1}]

$t = t_0$ の時の反応物質の初期濃度を C_0 とし，式(2.10)を t_0 から t まで積分すると 式(2.11)が得られる．

$$C - C_0 = -k(t - t_0) \tag{2.11}$$

微生物反応におけるゼロ次反応は，微生物や基質の変化量に比べて，それらの存在量が大きい場合に起きると考えられる．しかし下水中においては，そのような条件はあまり考えられない．ただ，吸着に有効な表面積が反応速度を制限するような場合には，ゼロ次反応が起こる．

2.2.1.2 1次反応

1次反応は，反応物質の濃度の1乗で表される．

$$\frac{dC}{dt} = -kC \tag{2.12}$$

ここで，

C = 反応物質の濃度 [g m^{-3}]

t = 反応時間 [h あるいは d]

k = 1次反応速度定数 [h^{-1} あるいは d^{-1}]

$t = t_0$ の時の反応物質濃度を C_0 とし，式(2.12)を t_0 から t まで積分すると式(2.13)が得られる．

$$C = C_0 e^{-k(t - t_0)} \tag{2.13}$$

式(2.13)に示すように1次反応は，成分変化の指数関数となる．下水中の微生物反応の大部分が，1次反応に従うと考えられる．このため下水中の有機物の微生物による分解も1次反応で表される．1次反応に従うと想定される反応事例を

例 2.6 に示す．

例 2.6：好気条件下の BOD 除去における 1 次反応動力学

下水が自然流下管渠の中を半管状態かつ好気条件で 4 時間輸送されるとする．この時，下水中の有機物の変質は，1 次反応動力学に従うと仮定する．

下水と下水管渠の条件は，以下のとおりである．BOD_5 は 200 $gO_2\,m^{-3}$，水温は 20 ℃，管渠の直径は 0.3 m，BOD_5 除去の 1 次反応速度定数は 0.05 $[h^{-1}]$．

式(2.13)によると，
$$BOD_5(t=4\,h) = BOD_5(t=0)\,e^{-0.05\cdot 4} = 164\,g\,O_2\,m^{-3}$$
前述の条件下で，下水の輸送中に BOD は 18％除去される．

2.2.1.3 増殖制限条件下における動力学

Monod(1949)は，微生物の増殖過程を 6 段階に分けた(図 2.6 参照)．
(1) 微生物が周囲の環境に適応する誘導段階(a − b)
(2) 微生物の増殖が加速してくる段階(b − c)
(3) 対数増殖段階(c − d)．増殖条件に何も制限がない場合に対数増殖が行われ，基質と微生物の変化は最大になる．

式(2.12)，式(2.13)を用いて対数増殖期の動力学は，式(2.14)と式(2.15)のように表される．この式は，最大増殖速度定数と増殖時間で構成されている．

$$\frac{dX}{dt} = \mu X \tag{2.14}$$

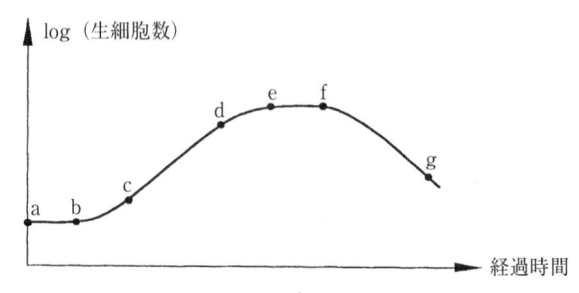

図 2.6 微生物の増殖過程(Monod, 1949)

ここで,
    X = 活性微生物濃度[g m^{-3}]
    t = 時間[h あるいは d]
    μ = 増殖速度定数[h^{-1} あるいは d^{-1}]

$$X = X_0 e^{\mu(t-t_0)} \tag{2.15}$$

(4) 増殖速度が減速する段階(d – e)
(5) 微生物量が最大に達した平衡段階(e – f)
    この段階の基質は微生物量を維持するには十分であるが,これ以上に微生物量が増加することはできない.
(6) 環境条件の低下により微生物の不活性化と死滅が起きる内生呼吸段階 (f – g)

式(2.14)と式(2.15)は,微生物の増殖に制限がない条件下での下水管渠内において重要である.微生物の増殖が基質やその他の外部条件で制限を受ける時も,これらの式は,動力学の基本となる.

下水管渠内においては,基質制限増殖は普通に見られる.この時,電子供与体と電子受容体の両方の利用可能性が減少している.酵素反応に関するミカエリス-メンテンの概念に基づき,Monod(1949)が運転管理上の観点から,基質が制限要因となる反応を定式化した.この式は,増殖速度を基質濃度と最大増殖速度の関数で表している[式(2.14)参照].

$$\mu = \mu_{max} \frac{S}{(S + K_S)} \tag{2.16}$$

ここで,
    μ_{max} = 非制限条件下の最大増殖速度定数[h^{-1} あるいは d^{-1}]
    S = 基質濃度[g m^{-3}]
    K_S = 飽和定数[g m^{-3}]

図 2.7 に示される μ と S の関係は,基質濃度が増殖速度にとって重大な影響を与えることを示してる.式(2.16)でわかるように $S = K_S$ の時に $\mu = 1/2\, \mu_{max}$ となる.このため,K_S は,飽和定数と呼ばれる.式(2.16)と図 2.7 に示した曲線は,各々 Monod(モノー)式,Monod(モノー)曲線と呼ばれている.

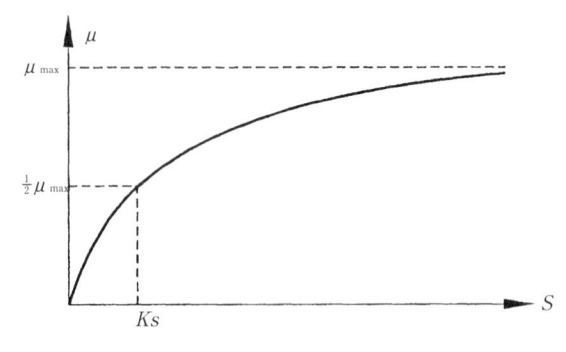

図 2.7 Monod(モノー)曲線

2.2.2 不均一系反応

2.2.2.1 生物膜動力学

　前述したように，すべての生物的な反応は，不均一系反応である．しかしながら，実用上，下水中の反応は，均一系反応と考えることができる．生物膜内の反応は，電子供与体と電子受容体を下水中のものと交換することによって進行する．したがって，これらの反応は，不均一系反応である．

　生物膜内の細菌による溶存態基質の摂取は，界面を通過するフラックスと，生物膜内の輸送と生物的な変質によって説明される．生物膜の表面にある液膜内の物質輸送は，フィックの第一拡散方程式によって表される．フィックの第二拡散方程式とミカエリス-メンテン式(モノー式)が生物膜内の輸送と水質変化を合わせて表す式として用いられる(Williamson and McCarty, 1976a and 1976b；Harremoës, 1978)．生物膜内の詳細な動力学は，Harremoës(1978)と Henze et al.(1995)を参照されたい．以下に，下水管渠内生物化学反応の動力学の概要を示す．

　図 2.8 に示すように，液層からの基質の輸送は，液体境界層(液膜)を通して行われる．そして，基質は生物膜の中で拡散し，摂取される．液層から液膜に通過した基質の液膜内の拡散は，フィックの第一拡散方程式によって表される(図 2.8)．

$$J = -AD_w \frac{\partial S}{\partial x} = -AD_w \frac{S_w - S_l}{L_l} \tag{2.17}$$

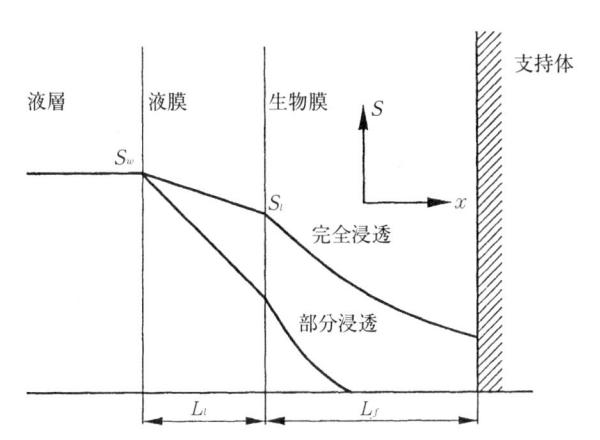

2.2 微生物反応における化学動力学

図2.8 単一基質の完全浸透および部分浸透における生物膜の基質分布

ここで，
$J = x$ 方向の基質輸送量 [g s^{-1}, g h^{-1} あるいは g d^{-1}]
$A = $ 輸送断面 [m^2]
$D_w = $ 分子拡散係数 [m^2 s^{-1}, m^2 h^{-1} あるいは m^2 d^{-1}]
$S = $ 基質濃度 [g m^{-3}]
$x = $ 距離 [m]
$\partial S/\partial x = x$ 方向の基質の濃度勾配 [g m^{-3} m^{-1}]

十分な厚さを持つ生物膜は，均一な反応系と考えることができ，生物膜内の輸送は分子拡散によって行われる．この輸送反応は，比較的遅く，通常は生物膜内反応の律速段階となっている．生物膜内の輸送にフィックの第一拡散方程式を適用すれば次式が導かれる．

$$\frac{\partial J}{\partial x} = -AD_f \frac{\partial^2 S}{\partial x^2} \tag{2.18}$$

ここで，$D_f = $ 生物膜内の分子拡散係数 [m^2 s^{-1}, m^2 h^{-1} あるいは m^2 d^{-1}].

もし生物膜の中で，いかなる反応も進行しないのであれば，基質の生物膜内への輸送量 J は定数（ゼロと同じ）となる．これを式で表せば，$\partial J/\partial x = 0$ となる．

$$D_f \frac{\partial^2 S}{\partial x^2} = -\frac{1}{A}\frac{\partial J}{\partial x} = 0 \tag{2.19}$$

式(2.19)は，生物膜内で反応が起きない状態を表しており，基質の変質だけで

なく,電子供与体(有機物)あるいは溶存酸素などの電子受容体にも適用できる.

定常状態において反応速度が単一の基質によって制限されているならば,生物膜内の基質濃度分布は固定する.この濃度分布は,モノー式に従う基質の摂取と分子拡散による輸送を統合した微分方程式(2.20)によって決定され,図2.8のように表される.式(2.20)は,定常状態において微生物による基質の摂取とフィックの第二拡散方程式によって決定される基質の分子拡散が平衡していることを表している.

$$D_f \frac{\mathrm{d}^2 S}{\mathrm{d}x^2} = k_{0f} - \frac{S}{K_s + S} \tag{2.20}$$

ここで,

K_s = 飽和定数 [g m^{-3}]

k_{0f} = 生物膜の単位容積当りのゼロ次反応速度定数 [g m^{-3} s^{-1}, g m^{-3} h^{-1} あるいは g m^{-3} d^{-1}]

ゼロ次反応速度定数 k_{0f} は,基質と生物膜に関する容積上の最大値である.

$$k_{0f} = q_{\max} X_f \tag{2.21}$$

ここで,

$q_{\max}$ = 生物膜内の最大基質摂取速度 [h^{-1}]

X_f = 生物膜内の細菌密度(濃度)[g m^{-3}]

式(2.20)は,非線形であり,解析解はない.しかしながら,数値解法上の近似値は存在する(Harremoës, 1978;Henze et al., 1995).

生物膜内の生物反応は,1次反応かゼロ次反応で表すことができる.しかし,下水管渠内の生物膜の反応にはゼロ次反応が重要である.さらに,ゼロ次反応は,生物ろ過法の処理反応を説明するためにも用いられる.飽和定数 K_s は,生物膜内の反応動力学上は,基質濃度と比べて重要ではない.それは,生物膜内の反応はゼロ次反応であるからである.図2.8に示すように,生物膜内の基質分布には2つの状態がある.一つは,生物膜内に完全に基質が浸透している場合であり,もう一つは,浸透が一部にとどまる場合である.これは,生物膜が全部機能している場合と一部にとどまっていることと同じである.この2つの状態は,浸透係数と呼ばれる無次元定数 β で表すことができる(Harremoës, 1978).それぞれの状態における生物膜表面の基質輸送量は,液膜の存在を無視して式(2.23)と式(2.25)で計算される.

完全浸透：
$$\beta = \sqrt{\frac{2D_f S_w}{k_{0f} L_f^2}} > 1 \tag{2.22}$$

$$r_a = k_{0f} L_f \tag{2.23}$$

部分浸透：
$$\beta = \sqrt{\frac{2D_f S_w}{k_{0f} L_f^2}} < 1 \tag{2.24}$$

$$r_a = \sqrt{2D_f k_{0f}}\, S_w^{0.5} = k_{1/2} S_w^{0.5} \tag{2.25}$$

ここで，

S_w = 下水中の基質濃度 [g m^{-3}]

r_a = 生物表面の輸送量 [g m^{-2} s^{-1}, g m^{-2} h^{-1} あるいは g m^{-2} d^{-1}]

$k_{1/2}$ = 生物膜の単位面積当り 1/2 次反応速度定数 [g$^{0.5}$ m$^{-0.5}$ s^{-1}, g$^{0.5}$ m$^{-0.5}$ h^{-1} あるいは g$^{0.5}$ m$^{-0.5}$ d^{-1}]

L_f = 生物膜の厚さ [m]

生物膜表面の輸送量 r_a を表す式 (2.23) と式 (2.25) は，次のような観点から興味深い．なぜなら，輸送量が生物膜のゼロ次反応と下水中の基質条件と関係しているからである．

これらの 2 つの式からわかるように，基質が完全に生物膜に浸透している場合には，下水とのゼロ次反応で，部分浸透の場合は，1/2 次反応となっている．通常，下水管渠内の生物膜は十分に厚いことが多い．そのため，基質の生物膜内へ浸透状態は一部分にとどまり，生物反応は，下水中の基質状態に対して 1/2 次反応となる．**図 2.9** に生物膜内の 1/2 次反応動力学からゼロ次反応動力学への理論的展開を示す．

下水管渠内の生物膜で起こる酸化還元反応には，電子供与体と電子受容体の両方の拡散が必要と考えられている．それらの 2 つの物質の定常状態における物質収支は以下のとおりである [式 (2.20) 参照]．

$$D_{f,\text{OX}} \frac{d^2 S_{\text{OX}}}{dx^2} = k_{0f,\text{OX}} \frac{S_{\text{OX}}}{K_{S,\text{OX}} + S_{\text{OX}}} \frac{S_{\text{red}}}{K_{S,\text{red}} + S_{\text{red}}} \tag{2.26}$$

$$D_{f,\text{red}} \frac{d^2 S_{\text{red}}}{dx^2} = k_{0f,\text{red}} \frac{S_{\text{OX}}}{K_{S,\text{OX}} + S_{\text{OX}}} \frac{S_{\text{red}}}{K_{S,\text{red}} + S_{\text{red}}} \tag{2.27}$$

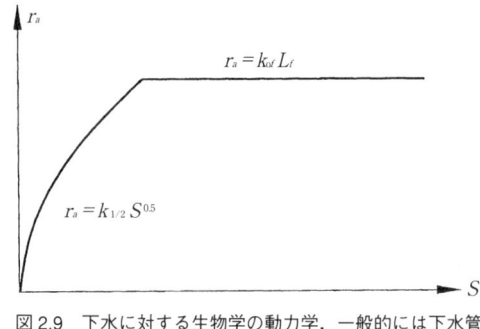

図 2.9 下水に対する生物学の動力学．一般的には下水管渠内の生物膜内では 1/2 次反応動力学に従う反応が見られる

これら 2 次非線形式の解析解は存在しないが，数値解法によって答えを得ることができる．生物膜内の変質に対する制限基質は，生物膜内への浸透の浅い方である．制限基質がわかれば式(2.26)と式(2.27)は，式(2.20)のように簡易化できる．制限基質を特定できない場合には，式(2.25)によって推定値を求める．

2.2.2.2 加水分解の動力学

加水分解は，酵素反応であり，細菌が直接利用できない高分子有機化合物を低分子有機化合物に分解する反応である（3.2.3 参照）．加水分解可能な化合物 X_S が溶存性の化合物 S_S に変質する．これらの分子は，下水から細胞壁へ輸送され，さらに細胞内に取り込まれる．そして，細胞内では取り込まれた基質を利用する反応が進行する．

加水分解反応に適用される，簡単で一般的な動力学は 1 次反応である（Henze et al., 1995）．

$$\frac{dX_S}{dt} = k_H X_S \tag{2.28}$$

ここで，

X_S ＝加水分解基質 [gCOD m^{-3}]

k_H ＝ 1 次加水分解速度定数 [d^{-1}]

しかし，いくつかの条件下において，細菌が粒子態基質を完全に覆いつくし，細胞外に酵素を排出する場合が想定される．酵素が十分に存在する場合，加水分解可能な生物膜の単位表面積当りの加水分解速度は一定となる．生物膜表面の動

力学は，式(2.29)のように表される．

$$\frac{dM_S}{dt} = k_A A \tag{2.29}$$

ここで，

M_S = 基質量 [gCOD]

k_A = 単位面積当りの加水分解速度定数 [gCOD m^{-2} d^{-1}]

A = 加水分解可能な面積 [m^2]

式(2.28)と式(2.29)の背景にある考え方を統合した概念は，活性汚泥モデルの中の加水分解反応の動力学に適用されている(Henze et al., 1987)．この統合された概念は，Dold et al. (1980)により提案された．この概念には，飽和形の表現と従属栄養微生物量が含まれており，さらに，加水分解の上限能力が規定されている．

$$\frac{dX_S}{dt} = k_n \frac{X_S/X_{Bw}}{K_X + X_S/X_{Bw}} X_{Bw} \tag{2.30}$$

ここで，

k_n = 加水分解速度定数 [d^{-1}]

X_{Bw} = 下水中の従属栄養活性微生物濃度 [gCOD m^{-3}]

K_X = 加水分解における飽和定数 [−]

式(2.30)は，生物量あるいは加水分解基質量が加水分解を制限する可能性があることを示している．利用可能な加水分解基質が十分に存在する場合，つまり$X_S > X_{Bw}$の場合には，生物量すなわちX_{Bw}がこの酵素反応と比例する．式(2.29)がこの状況であり，加水分解反応は1次反応となる．反対に，$X_S << X_{Bw}$の場合には，式(2.30)は式(2.28)と等しく，加水分解速度は，X_Sの1次反応となる．以上の2つの状態を式(2.30)は説明している．

第3章の図3.8に示される炭水化物，タンパク質および脂質の代謝経路は，基礎的な酵素反応動力学を説明している．ここでは，異なる有機物に対する反応速度などの特性を取り上げている．このようにして，動力学とモデル表現は，有機系廃棄物の嫌気的加水分解を説明するために提案された(Christ et al., 2000)．ただ，下水管渠内の反応の知見レベルを考えると，現時点においては詳細な検討は適切ではない．

2.2.3 微生物反応速度,化学反応速度および物理化学反応速度の温度依存性

下水中の温度は,種々の条件によって影響を受けている.例えば,気候,下水の発生源,下水道システムの特性などである.下水管渠内の微生物群は,年間を通じた温度変化と1日のうちでの温度変化を受ける.異なる温度条件下では,異なる微生物群が生息する.また,微生物の反応速度は温度によって変動する.長期的な温度変化は,下水管渠内の微生物数に影響を与える.一方,短期的な温度変化は,微生物の細胞内で起きる反応や基質の拡散速度に影響を与える.

微生物反応速度,化学反応速度,物理化学反応速度の温度依存性は,アレニウスの式によって表すことができる.

$$\frac{d \ln k}{dT} = \frac{E_a}{(RT^2)} \tag{2.31}$$

ここで,

k = 速度定数[s^{-1}, h^{-1} あるいは d^{-1}]

T = 絶対温度[K]

E_a = 活性化エネルギー[J K gmol^{-1}]

R = 気体定数(R = 8.314 J gmol^{-1} K^{-1})

式(2.31)を絶対温度が T_1 から T_2 まで積分し,その時の速度定数を k_1 と k_2 とすると以下のようになる.

$$\ln \frac{k_2}{k_1} = \frac{E_a(T_2 - T_1)}{(RT_2T_1)} \tag{2.32}$$

実用のためということと下水管渠内反応の温度変化が狭い範囲で起こることを考えると,温度定数の $\alpha = E_a/(RT_2T_1)$ は一定とすることができる.それは,T_1 と T_2 の積がわずかしか変わらないからである.しかしながら,α を定数と考えることができない条件では,温度依存性を説明するためにいくつかの α を必要とする.その場合 α は,温度の変動幅に対応して決定される.α がほぼ一定である温度範囲の速度定数は,温度の関数として次式のように表される.

$$k_2 = k_1 \alpha^{(T_2 - T_1)} \tag{2.33}$$

特定の反応における α の値は,実験によって求められるべきである.

2.3 参考文献

Atkins, P.W. (1978), *Physical Chemistry,* Oxford University Press, Oxford, UK, p. 1022.

Castellan, G.W. (1975), *Physical Chemistry,* Addison-Wesley Publishing Company, Reading, MA, p. 866.

Christ, O., P.A. Wilderer, R. Angerhöfer, and M. Faulstich (2000), Mathematical modeling of the hydrolysis of anaerobic processes, *Water Sci. Tech.,* 41(3), 61–65.

Dold, P.L., G.A. Ekama, and G. v. R. Marais (1980), A general model for the activated sludge process, *Prog. Water Tech.,* 12(6), 47–77.

Harremoës, P. (1978), Biofilm kinetics. In: R. Mitchell (ed.), *Water Poll. Microbiol.,* 2, Wiley Interscience, New York, pp. 71–109.

Henze, M., P. Harremoës, J. la Cour Jansen, and E. Arvin (1995), *Wastewater Treatment — Biological and Chemical Processes,* Springer-Verlag, New York/Berlin, p. 383.

Henze, M., C.P.L. Grady Jr., W. Gujer, G. v. R. Marais, and T. Matsuo (1987), Activated sludge model no. 1, *Scientific and Technical Report No. 1,* IAWPRC (International Association on Water Pollution Research and Control).

Madigan, M.T., J.M. Martinko, and J. Parker (2000), *Biology of Microorganisms,* Prentice Hall, Englewood Cliffs, NJ, p. 991.

Monod, J. (1949), The growth of bacterial cultures, *Annual Review of Microbiology,* 3, 371–394.

Williamson, K. and P.L. McCarty (1976a), A model of substrate utilization by bacterial films, *J. Water Poll. Contr. Fed.,* 48(1), 9–24.

Williamson, K. and P.L. McCarty (1976b), Verification studies of the biofilm model for bacterial substrate utilization, *J. Water Poll. Contr. Fed.,* 48(2), 281–296.

──────── 第 **3** 章 ────────

下水管渠内の下水─基質と微生物学

　下水管渠内の下水の微生物学的な反応速度は速い．下水は，微生物学的に非常に複雑であり，液相，生物膜および下水管渠内堆積物それぞれの中に固有の微生物が多数生息している．さらに，これらの微生物の基質となる多数の異なる種類の有機物が下水中に存在する．

　そのような下水管渠での複雑な反応過程を詳細に理解することは困難である．なぜなら，微生物と基質の間では，様々な相互作用の可能性があるからである．一方，下水管渠内で微生物が受けている（生物体と基質の関係を含む）一定の制約条件が理解できれば，様々な場面での微生物の挙動を理解することができ，さらにはこの知識を応用することもできるようになると考えられる．下水管渠内での下水の微生物学的な反応のシステムを知ることが下水管渠内の反応過程を知る秘訣の一つである．

　活性微生物として測定される微生物は，下水管渠内での生物学的反応を考える際に重要な位置を占める．ただし，微生物の分類がここでの主要課題ではなく，特に重要なことは，酸化還元反応のうち，酸化と還元のどちらの状態で微生物が活性化するかということである．

3.1　下水の水質

3.1.1　はじめに

　下水管渠内の下水の「水質」という概念は，重要な事項である．そして，下水管渠を微生物による反応装置であると考えること，ならびに処理施設と放流先での反応過程と管渠での反応過程を統合化して考えることは，重要な見方である．下

水の処理という点から考えると，下水管渠内の微生物反応と処理施設での処理は，統合することができる．つまり「処理は流し台から始まる」のであり，処理施設の入口から始まるのではないということである．

下水管渠内ではいくつかの反応が起こるため，下水中の微生物反応は複雑になっている．

- 下水は，多種類の基質と微生物を含んでおり，それらは時間および場所により変化する．
- 微生物反応は，好気状態から嫌気状態，また嫌気から好気と変化するような条件下でも起こる．
- 微生物反応は，下水管渠内のそれぞれ異なった場面で進行する．すなわち，下水中の固形分が浮遊している時，生物膜，堆積物が空気と接触する時微生物反応は起こる．
- 下水管渠内の微生物反応は，それぞれ異なった場面で起こる反応が相互に影響し合う．これらの各場面の間を基質(電子受容体および電子供与体)と微生物が交換される．

下水管渠内での酸化還元状態は，微生物群の成長や微生物反応にとって重要であり，下水管渠，処理過程，環境に重大な影響を及ぼす．

ここで，下水管渠内の下水水質の重要性についていくつかの事例を示したい．

- 処理施設で機械的な処理(沈殿処理など)が行われているような場合には，酸素を消費する物質，すなわちBODやCODが下水管渠内で除去されることが重要である．それにより，溶解性物質の環境への影響は少なくなり，また下水管渠内で生成された微生物が固形性のCODとなり，処理過程で除去される．
- 高度処理として窒素やりんなどの除去が導入されている場合には，下水管渠内で易生物分解性基質は除去されることなくそのまま(処理施設に)輸送されることが必須である．
- 硫化水素の発生や発酵などが下水管渠内で生じると，下水管渠の腐食，有毒ガス問題および臭気問題を引き起こす．
- 硫化物により微量物質が沈殿すると，活性汚泥などの生物処理の効率への影響が考えられる．

これらの例は，重金属や微量有機汚濁物質などを除くと，下水水質は有機物の

微生物分解性と大きく関わっていることを示している．このような特徴は，CODやBODという大づかみの指標では十分には表現されない．上記の一般的な表現で示された4つの事例から，下水管渠内での微生物による下水反応を管理し，その利点を利用できるようにすることが設計上重要である．

3.1.2 下水管渠における下水の基本的分類

微生物反応に基づいて下水を分類するためには，微生物と基質は分けて考えなければならない．適用範囲を広くするため，あるいは基本的な物質収支の検討を行うためなどのいくつかの理由により，下水中の有機物量は，CODで表現するのが妥当である．活性汚泥モデル(active sludge model：ASM)で用いられている概念を用いて下水管渠内の下水の性質も同様に分類でき，図3.1(Henze et al., 1987, 1995a, 2000)のようになる．したがって，下水管渠と処理施設との相互作用を検討することは，難しくないことがわかる．

まず最初に，活性汚泥中の下水と下水管渠内での下水は，微生物の活動にとってまったく異なる母体であることを認識しておくことが肝要である．下水管渠内での反応を扱う基本的な考え方は，処理施設で理解されている反応過程と異なっている．

図3.1で考えられている概念は，複雑な微生物の体系に比べれば単純なものである．しかしながら，図3.1は，微生物による反応過程にとって重要な側面をよく捉えている．すなわち，活性微生物と溶解性および固形性の基質の区別である．同時に，物質収支を検討する場合，図3.1の概念は，工学的に十分適用できる．

2.1で検討した酸化還元状態に加えて，微生物の栄養要求を忘れてはならない．表3.1は，この栄養要求の分類の一つである．

下水管渠内の下水中では，微生物群の中で従属栄養細菌が卓越しており，したがって，有機化合物が(生物の増殖に伴う)炭素源として必要であることを意味している．さらには，従属栄養細菌のエ

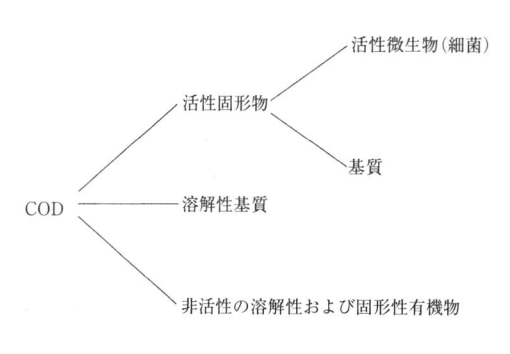

図3.1　CODの分解に基づく下水の分類概念

表 3.1 微生物の栄養要求の分類(Benefield and Randall, 1980 から)

機　　能	供給源
エネルギー	有機化合物
	無機化合物
	太陽光
電子受容体	O_2, NO_3^-, NO_2^-, SO_4^{2-}
	有機化合物
炭素源	CO_2, HCO_3^-
	有機化合物
多量栄養源	窒素とりん
微量栄養源	特定の重金属とビタミンなど

ネルギー源(電子供与体)としても，主として有機化合物が使われる．すなわち，下水管渠内の下水中で卓越している従属栄養細菌は，化学的従属栄養(化学的有機栄養)微生物である．

3.2 微生物反応と基質の特性

3.2.1 好気性および無酸素性の従属栄養微生物による反応

複雑な有機化合物(電子供与体)は，電子を酸素分子に渡し，その結果として酸素分子は還元され，好気性呼吸が行われ，より分子量の小さい形に分解される．有機炭素は同時に無機炭素となり，CO_2 として大気中に出ていく．有機化合物中の窒素およびりんは，無機物すなわちアンモニア(NH_3/NH_4^+)とりん酸塩として溶け出す．有機物が分解した結果得られたエネルギーは，微生物の増殖のために使われたり，微生物の生存(非増殖過程)のために使われる(図 2.2 参照)．

好気性従属栄養微生物による反応過程の 1 つの例が，次に示すグルコース(ブドウ糖)の分解である(例 2.2 および 2.3 比較参照)．

$$\frac{1}{24} C_6H_{12}O_6 + \frac{1}{4} CO_2 \rightarrow \frac{1}{4} CO_2 + \frac{1}{4} H_2O \tag{3.1}$$

硝酸塩を電子受容体として使い，最終的には窒素ガスを生成する無酸素反応は，次のようになる(例 2.2 および 2.4 比較参照)．

$$\frac{1}{24} C_6H_{12}O_6 + \frac{1}{5} NO_3^- + \frac{1}{5} H^+ \rightarrow \frac{1}{10} N_2 + \frac{1}{4} CO_2 + \frac{7}{20} H_2O \tag{3.2}$$

DO を最終電子受容体とする好気性呼吸は，効率的なエネルギー代謝過程であ

る．DO が無制限に存在する条件下では，酸素利用速度(oxygen uptake rate：OUR)は，下水中の細菌の濃度と活性度および有機基質の生物分解性の違いにより大きく変動する．一般に，OUR は $2 \sim 20$ gO_2 m^{-3} h^{-1} の範囲となる(Boon and Lister, 1975；Matos and de Sousa, 1996；Hvitved-Jacobsen and Vollertsen, 1998)．最も生物分解性の良い有機物は，ほとんど揮発性であり，揮発性脂肪酸(volatile fatty acids：VFAs)が例として該当するが，潜在的に生物分解を受けやすい．生物分解性で揮発性の物質は，管渠内に排出されてきたにせよ，管渠内で好気状態で生成されたにせよ，効率的に除去される．

　無酸素状態とは，DO が存在せず，かつ硝酸塩が存在している状態のことである．このような状態は，基本的には人工的につくれらた場合にだけ見られるものである．好気状態で有機物が分解される過程と，無酸素状態での分解過程は同じものである．下水への硝酸塩添加は，下水管渠内が嫌気状態になるのを避けるために広く用いられている方法である(**6.2.7** 参照)．

3.2.2　嫌気性従属栄養微生物による反応

　嫌気状態では，呼吸や発酵過程により生物体はエネルギーを獲得する (**図 2.1** 参照)．発酵では，呼吸とは異なり外部からの電子受容体の供給は必要ない．この場合，有機基質の酸化反応と還元反応はバランスされている．すなわち，ある有機物が還元されると他の物質が酸化されるという並行的な反応である．

　その結果，発酵により有機物の不完全な分解が起こり，CO_2 とともに低分子量の有機物(例えば，VFAs)が生成される．好気性呼吸と比較すると，発酵は非効率である．しかしながら，発酵生成物は，発酵可能な易分解性基質と併せて，ある程度は硫酸塩還元細菌(硫酸塩を最終電子受容体として利用する)に利用されることとなる(Nielsen and Hvitved-Jacobsen, 1988)．硫酸塩が存在しない場合には，メタン生成細菌がエネルギー獲得のために低分子量の発酵生成物を利用し，最終的にメタン(CH_4)を生成する．メタン生成細菌のうち一部(化学的独立栄養細菌)は，CO_2 と H_2 を利用する．また，下水管渠内で好気と嫌気が入れ替わるような状況では，嫌気性状態で生成された低分子有機物は，好気的条件にさらされると，さらに分解していくことになる．

　発酵，メタン発酵(メタン生成)および硫酸呼吸による有機物の嫌気性分解について，**表 3.2** に例示している．

● 第3章 ● 下水管渠内の下水—基質と微生物学

表3.2 低分子有機物の分解に関する嫌気性反応の例

発酵：
$$C_6H_{12}O_6 \text{(グルコース)} \rightarrow 2\ CH_3CH_2OH \text{(エタノール)} + 2\ CO_2$$
$$C_6H_{12}O_6 \text{(グルコース)} + 2\ H_2O \rightarrow 2CH_3COOH \text{(酢酸)} + 2\ CO_2 + 4\ H_2$$
$$C_6H_{12}O_6 \text{(グルコース)} + 2\ H_2 \rightarrow 2\ CH_3CH_2COOH \text{(プロピオン酸)} + 2\ H_2O$$
$$CH_3CH_2COOH \text{(プロピオン酸)} + 2\ H_2O \rightarrow CH_3COOH \text{(酢酸)} + CO_2 + 3\ H_2$$
$$C_6H_{12}O_6 \text{(グルコース)} \rightarrow 2\ CH_3CHOHCOOH \text{(乳酸)}$$

メタン発酵 (メタン生成)：
$$CH_3COOH \text{(酢酸)} \rightarrow CH_4 + CO_2$$

硫酸呼吸：
$$2\ CH_3CHOHCOOH \text{(乳酸)} + SO_4^{2-} + H^+ \rightarrow 2\ CH_3COOH \text{(酢酸)} + 2\ CO_2 + 2\ H_2O + HS^-$$
$$2\ CH_3CHOHCOOH \text{(乳酸)} + 3\ SO_4^{2-} + 3\ H^+ \rightarrow 6\ CO_2 + 6\ H_2O + 3\ HS^-$$

　発酵は，下水管渠内では，主として3つの場面で起こり得る．すなわち，下水，生物膜および堆積物の中である（**図3.2**）．硫酸塩還元細菌は，増殖が遅く，したがって主として生物膜と堆積物の中に存在し，そこには下水中から硫酸塩が浸透してくる（Nielsen and Hvitved-Jacobsen, 1988；Hvitved-Jacobsen *et al.*, 1998；Bjerre *et al*, 1998）．しかしながら，生物膜が剥離すると，ごくわずかで

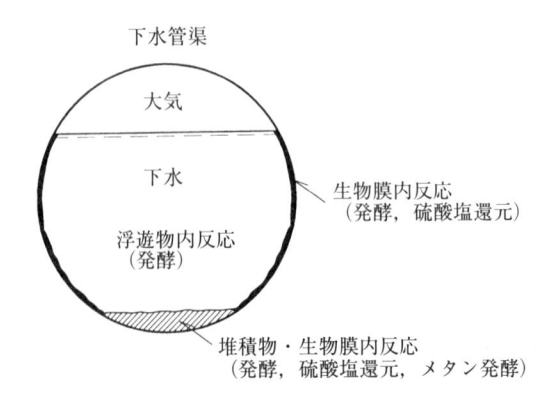

図3.2 嫌気状態での自然流下管渠内の微生物反応と反応が起こる"場"の概略

はあるが硫酸塩還元反応が下水中でも生じることがある．メタン生成細菌が活動するためには，通常は硫酸塩が存在しないこと，または低濃度であることが必要である．したがって，(メタン発酵が生じるのは)堆積物の深層部のみで，生物膜では基本的には硫酸塩が完全に奥まで浸透しているので(メタン発酵は)生じない．

下水管渠内に堆積物があまり存在しない時には，嫌気状態になると，VFAとCO_2を生成する酸生成と硫酸塩還元(硫化水素生成)が優位になる．メタン発酵過程は，通常はあまり重要性がないので除外して考えてかまわない．このことは，実験室やフィールドで何度も確認している(Tanaka and Hvitved-Jacobsen, 1999；Tanaka, 1998)．

どのような基質が存在するか，またどんな微生物がいるかによって，発酵の反応経路や生成物はかなり変わるものである．図3.3に糖(C, H, Oだけで構成)が発酵を受けた場合の例を示すが，多種類のVOCsが生じる可能性があることがわかる．

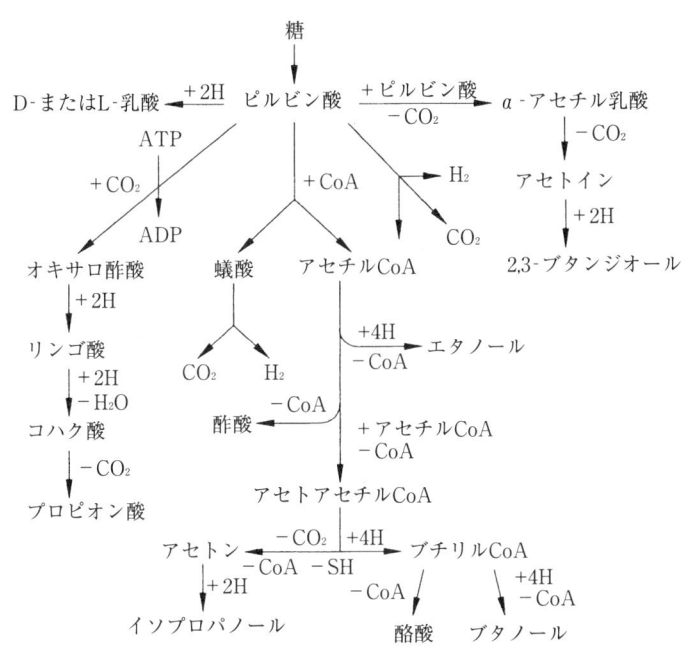

図3.3 糖からピルビン酸を経て微生物により発酵を受ける時の主要経路と最終生成物
(Stanier et al., 1986)

3.2.3 基質の微生物利用と加水分解

　生きている細胞の生物化学的反応は，酵素によって司られている．酵素とは，温度に敏感な有機触媒である．酵素は，化学的にはタンパク質で，特定の化学反応だけを促進する性質を持っている．これらの酵素のうち，あるものは細胞の原形質内に存在し，その機能を細胞内で果たす．このような酵素は，細胞内酵素と呼ばれている．その他の酵素は，細胞によって周りの環境物質中に分泌され，細胞外酵素と呼ばれる．

　生物化学的反応を考える時に，反応が細胞内で起こるのか，細胞外で起こるのかを判別しておくことは重要である．溶解性基質だけが細胞膜を通過でき，細胞内で利用可能である．細胞外に存在する固形性基質は，まず細胞外酵素による分解プロセスを経て，初めて細胞で利用できるようになる．このプロセスは，加水分解といわれている．加水分解を受けることによって，複雑な化合物は，小さな，単純なそして溶解性の分子となる．そしてこのような分子となることによって細胞膜を通過できるようになり，微生物が基質として容易に利用できるようになる．図3.4に加水分解の原理を示すが，これはH_2O分子がどのように反応過程に関与するかを描いたものである．

　図3.4が示すように，複雑な分子内の2つの炭素原子間で共有結合されていた2つの電子は，細胞外酵素の働きで切り離される．この結果形成された中間生成物は高い反応性を持っており，より安定した結合を行い，2つの新しい分子となる．新しい分子もまたさらに加水分解を受ける可能性がある．加水分解とは，このように基質としては直接利用できない複雑な有機物を反応させるための重要な第一段階の過程である．加水分解は，好気性状態，無酸素状態および嫌気性状態のそれぞれで反応速度は異なるが，いずれの状態でも生じる反応過程である．特に明記しておかなければならないのは，加水分解は電子受容体が存在しなくても起こる反応であることである．

　Kalyuzhnyi *et al.*（2000）は，（炭水化物およびタンパク質の化学量論に基づき）加水分解可能な仮説的な固形性の生物分解性モノマー（低分子量化合物）を想定した（図3.4参照）．

$$(C_{5.2}H_{7.6}O_3N_{0.4})n + nH_2O \rightarrow nC_{5.2}H_{9.6}O_4N_{0.4} \tag{3.3}$$

　すでに説明したように，微生物が利用する基質として下水水質を捉えた場合，その基質が溶解性か固形性かはきわめて重要である．次に，活性汚泥モデルで用

3.2 微生物反応と基質の特性

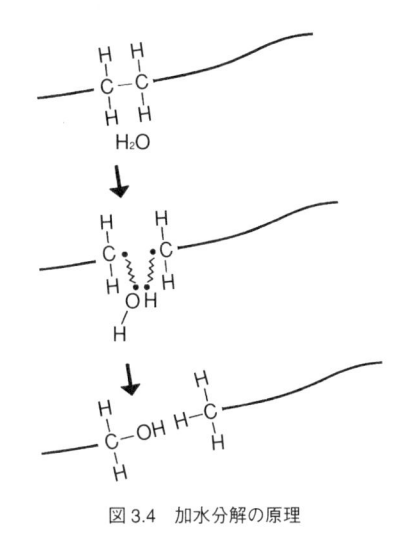

いられている各基質の記号と呼称を示す．

・S_s：溶解性有機物（基質）［易生物分解性有機物（基質）］，直接微生物が利用可能で，細胞内に拡散した後に用いられる．

・X_s：固形性有機物（基質）［加水分解性有機物（基質）］，微生物が基質として利用可能だが，細胞外酵素により加水分解を受け，分解されたものが細胞内に拡散して利用される．

S_s と X_s で表現される有機物（基質）は，様々な水質の下水中に存在する多数の異なる有機成分をカバーしている．しかしながら，下水管渠内の生物化学的反応と下水反応を考えていく時には，実用上は易生物分解性有機物と最初に加水分解が必要な有機物との2つに単純に区分することが重要である．

図 3.4 加水分解の原理

3.2.4 固形性および溶解性の有機物（基質）

生物の立場から見ると，細胞膜を通過できる溶解性有機物（基質）と，あらかじめ加水分解を受けてから利用される固形性有機物（基質）を区別しておくことが重要である．

下水中の各有機物に関してそれぞれの粒径の分布（範囲）が，Levine *et al.* (1985)，Logan and Jiang (1990)，Levine *et al.* (1991) によって報告されている（図 3.5）．

従来から，下水水質の指標として用いられている「浮遊物質（SS）」は，TSS (total suspended solids) として測定方法が定義されている．なお TSS の測定方法は，*Standard Methods for the Examination of Water and Wastewater* (1998)（訳者注，WEF などで定めた測定方法）に定められている．この浮遊物質の定義は，ろ過（または遠心分離）処理で残ったものを指しており，粒径が 1〜0.5 μm 以上のものが当てはまる（図 3.5）．

下水の分類を固形分の大きさの分布で行うのは，実務的な観点から通常行われ

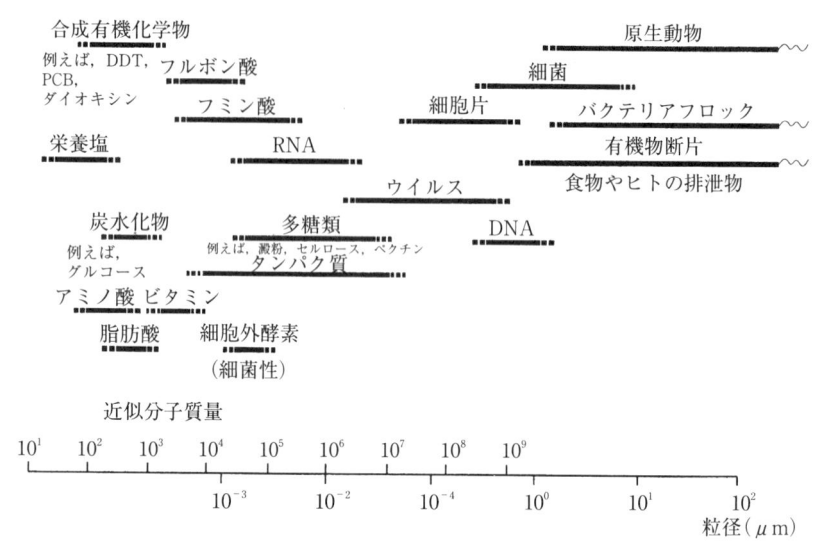

図3.5 都市下水中の典型的な有機物質の大きさ(Levin et al., 1985)

ている方法である．一般に，溶解性，コロイド状および浮遊(懸濁性)物質という分類方法がとられている(**図 3.6**)．この「固形物」とは何かということを決める定義は，下水管渠での物理的な輸送過程を扱う場合には合理的である．しかし，下水管渠での微生物反応を議論するにあたっては，「固形物」に関する定義の拡張が必要となる．混乱を避けるために，例えば，物理学的観点または生理学的観点で，大きさの分布がどのようになっているか明確に区別されていなければならない．

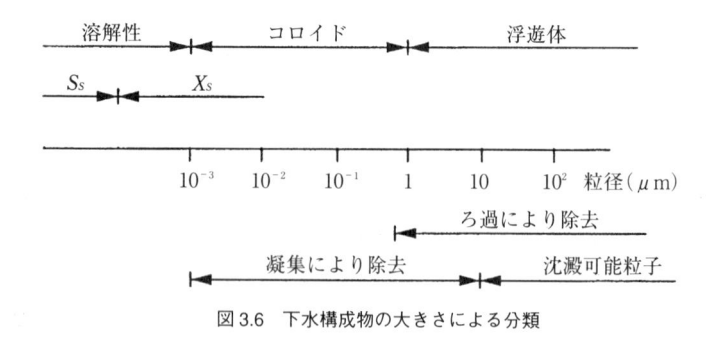

図3.6 下水構成物の大きさによる分類

3.2.5 下水管渠中の下水の有機成分

下水は，非常に多くの有機化合物と無機化合物が混合されたものである．従来から用いられている下水成分の分類方法は，Metcalf and Eddy, Inc.(1991)やHenze et al.(1995b)の著書の中に記載されている[訳者注，Metcalf and Eddy, Inc.(1991)は世界中で読まれている下水道工学のテキスト．日本語訳が技報堂出版から「水質環境工学」として出版されている]．有機物の一部といくつかの無機化合物(主として酸素，硝酸塩，アンモニア，硫酸塩および硫化物)が，下水管渠での微生物反応を扱う際には特に重要である．さらには，沈澱性の固形物と，重金属や微量有機汚濁物質が特に重大な影響を与えることもある．

生活排水中の有機物は，大づかみの指標であるBOD，CODおよびTOCなどにより把握されることが多い．下水中の有機成分の直接計測は，一部の研究でしか行われていない(Nielsen et al., 1992)．その研究では，下水中の有機成分は，食物由来の物質がほとんどであることが確認されている．すなわち，①炭水化物，②タンパク質，③脂質(脂肪)である．

これらの3つの主要な有機成分以外に，揮発性脂肪酸(VFAs)，アミノ酸，洗剤，フミン物質，有機性繊維などが検出される．Raunkjaer et al.(1994)は，下水中の炭水化物，タンパク質および脂質の量の修正測定法を開発した．Henze et al.(1995b)は，これら3成分について下水中での平均的な組成を算定し，それをもとにCODへの換算量を提案している(表3.3)．表3.3にはKalyuzhnyi et al.(2000)が提唱する炭水化物とタンパク質の化学量式も併記した．

表3.3に示された式(Henze et al.の式とKalyuzhnyi et al.の式)は，実は異なる成分を表示している．例えば，タンパク質中の窒素含有量は，Henze et al.(1995b)の8.8％に対して，Kalyuzhnyi et al.(2000)では16.7％になる．

表3.3に基づき，デンマークの4つの処理場へ流入してくる下水成分を分析した結果が図3.7である．ここでの下水は主として生活排水であり，管渠施設は主

表3.3 炭水化物，タンパク質，脂質の平均組成とCODへの換算係数(Henze et al., 1995b；Kalyuzhnyi et al., 2000)

有機分	組成		換算係数($mgCOD\ mgDM^{-1}$)
	Henze et al.	Kalyuzhnyi et al.	
炭水化物	$C_{10}H_{18}O_9$	$C_6H_{12}O_6$	1.13
タンパク質	$C_{14}H_{12}O_7N_2$	C_4H_6ON	1.20
脂質	$C_8H_9O_2$		2.03

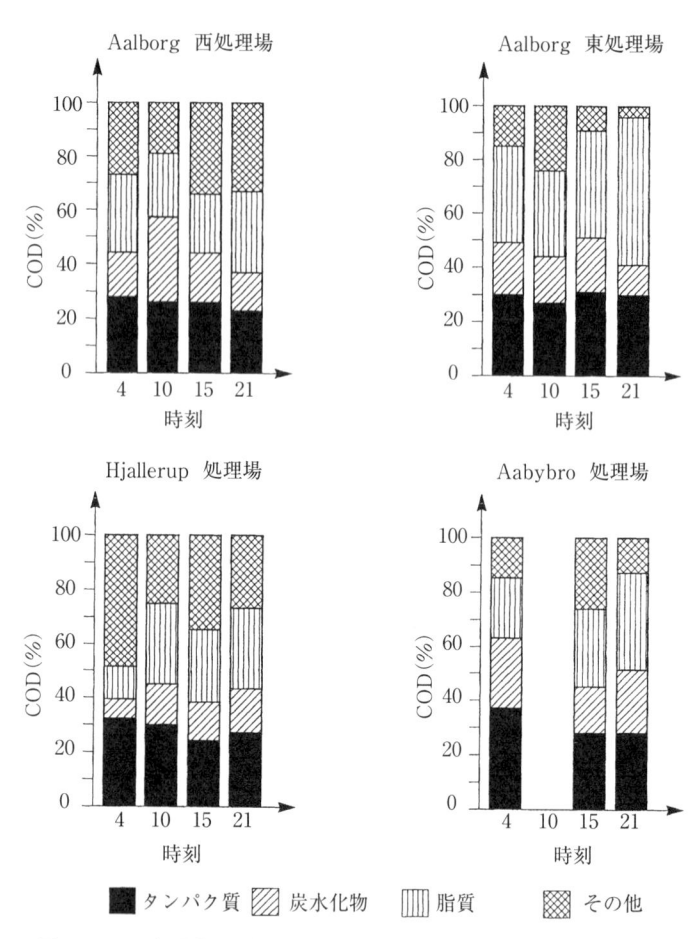

図3.7 4つの処理場への流入する下水のCOD中の炭水化物，タンパク質および脂質の構成比(Raunkjaer et al., 1994)

として自然流下方式となっている．分析結果は，炭水化物，タンパク質および脂質の3成分が有機物の大部分を占めていることを示している．さらには，その他の有機成分は，これら3成分が分解された中間生成物質も含んでいる．

炭水化物とタンパク質の溶解性成分の割合(平均値)を**表3.4**に示している．タンパク質は，下水管渠内を輸送された後は，溶解性のものだけになっている．一方，脂質は，もともとの定義からしてそうなるが，すべて非溶解性である．

微生物による反応過程は，各有機基質固有の性質と密接な関係がある．炭水化

物，タンパク質および脂質というそれぞれの有機物は多種類の特有の分子を含んでいるが，これらは相互に化学的に関連しており，従属栄養微生物の基質としては共通の特性を有している．図3.8にはきわめて単純化した変化図を示すが，各基質の主な反応経路がよく表されている．下水管渠内を輸送されている間，3つの有機物の挙動は異なっていると考えられる．

好気状態で遮集管渠を流下する間の炭水化物，タンパク質および脂質の反応状況が調べられている．その結果では，溶解性の炭水化物とある程度のタンパク質は除去され，脂質はほとんど変化していなかった(図3.9)．

表3.4 COD として計算した場合の炭水化物，タンパク質，脂質(全，溶解性)の割合．図3.7の調査から計算(Raunljaer *et al.*, 1994)

	炭水化物(%)		タンパク質(%)		脂質(%)	全(%)
	全	溶解性	全	溶解性	全	
平均($n = 13 - 16$)	18	10	28	28	31	78
標準偏差	6	7	4	6	10	11

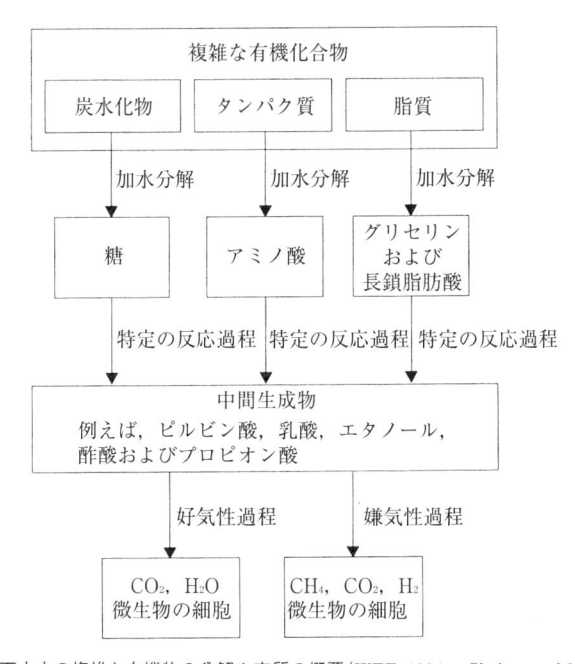

図3.8 下水中の複雑な有機物の分解や変質の概要(WEF, 1994 ; Christ *et al.*, 2000)

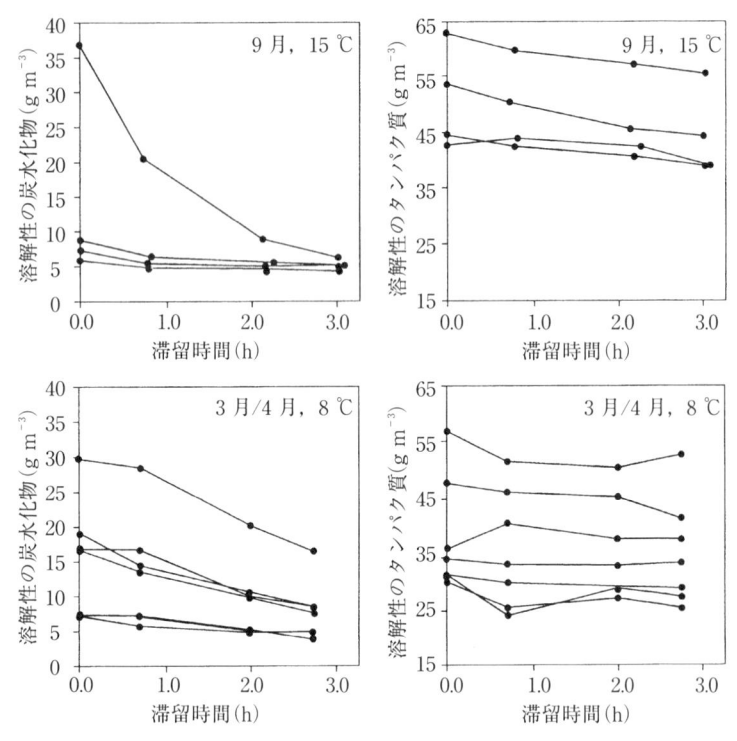

図 3.9 自然流下管渠内を好気性状態下で下水が輸送される間の溶解性の炭水化物とタンパク質の濃度（変化）（Raunkjaer et al., 1995）

3.2.6 モデル化のための下水成分の概念

下水管渠で生じる生物化学的な反応をシミュレーションするために，下水成分をモデル化のパラメータとして用いる場合，モデルの目的によって基本的な要求項目が異なってくる．図 2.2 に示した概念によると，従属栄養微生物による生物化学的な反応に焦点を当てる場合には，次の2種類の成分が重要である．

・細胞微生物と細胞外ポリマー物質（EPS）で構成される活性従属栄養微生物
・易生物分解性および加水分解性の有機物（基質）

これらの成分は，COD という単位で表現できる．すなわち，量としては消費された gO_2 であり，濃度としては $gO_2\ m^{-3}$ である．このような記述方法は，下水処理施設のための活性汚泥モデル（Henze et al., 1987, 1995a, 2000）として使わ

れておりよく研究されている．活性汚泥モデル No.2（ASM2）を基本とすると，以下のような成分で記述されることになる（Henze *et al.*, 1995a）．

S_F ＝発酵可能な易生物分解性有機物

S_A ＝揮発性の酸／発酵生成物

S_S ＝易生物分解性有機物（$S_S = S_F + S_A$）

X_S ＝遅生物分解性有機物

X_{AUT} ＝独立栄養硝化微生物（硝化細菌）

X_{PHA} ＝蓄積されたポリヒドロキシアルカノエート

X_{PAO} ＝りん蓄積細菌

X_I ＝固形性生物非分解性有機物

S_I ＝溶解性生物非分解性有機物

X_{Bw} ＝従属栄養生物

　処理施設に流入してくる下水中には，独立栄養細菌やりん蓄積細菌（蓄積されたポリりん酸を含む）はほとんど存在していないと推測される（Henze *et al.*, 1995a）．これは，下水管渠内の環境が硝化細菌やりん蓄積細菌の増殖にまったく適さないからである．したがって，下水管渠での議論を行うにあたっては次のように考えても問題ない．

$$X_{AUT} + X_{PHA} + X_{PAO} = 0 \tag{3.4}$$

　次式で表現される成分（ただし $S_S = S_F + S_A$ とした場合）の合計は，全COD とほぼ同じである．

$$S_F + S_A + X_S + X_I + S_I + X_{Bw} = COD_{tot} \tag{3.5}$$

式(3.5)中の各成分は，活性汚泥モデルに従って求めることができる．基本的には，式(3.5)中の各成分は管渠施設内の下水中にも存在している．しかしながら，下水管渠内での反応過程を考える場合には，活性汚泥モデルと若干異なる考え方が必要になる．この点に関する詳細は，**第5章と第6章**を参照されたい．ここでは，その要点を解説しておく．

・下水管渠での滞留時間（一般に数時間から1日程度）内で起こる生物分解性については，さらに詳しい分類が必要となる．したがって，速い生物分解性分画（S_S と同じ）と速い加水分解性有機物については，個別に分画として扱う必要がある．逆に，1～2日以内で生物分解されないような成分はほとんど関心を持つ必要がない．したがって，比較的生物分解性の遅い固形性分画と，

不活性な分画(溶解性であれ,固形性であれ)とを区別する必要はない.
・COD中のそれぞれの分画については,直接的な計測方法によって測定することが基本的には重要である.成分の分類はなるべく少ないほうがよいが,モデル化の目的によってその数を決めなければならない.

このような考え方に基づくと,下水管渠での従属栄養細菌による下水反応を検討する場合,次のような分類化が最適であることがわかってきている(Hvitved-Jacobsen *et al.*, 1998, 1999).

S_F = 発酵可能な易生物分解性有機物

S_A = 発酵生成物

S_S = 易生物分解性有機物($S_S = S_F + S_A$)

X_{Sn} = 加水分解性有機物

　　n は係数で最大2または3

　　$n = 1$(速分解性), $n = 2$(中速の分解性), $n = 3$(遅分解性)

X_{Bw} = 従属栄養活性微生物

以上の概念に基づくと,物質収支は次のようになる.

$$S_F + S_A + \Sigma X_{Sn} + X_{Bw} = COD_{tot} \quad (3.6)$$

加水分解性有機物をいくつに分類するかは,下水水質によって決まる.すなわち,加水分解の程度のよって決まることになる.おおむね2から3(ほとんどの場合は2)成分への分類で十分である.通常,下水サンプルが少ない時には2成分への分類で十分であるが,多種類の下水が下水管渠へ流入する場合には,加水分解性の異なるものが混合されるため X_{Sn} を3成分へ分類する必要がある.

下水中のCOD成分の分類に加えて,生物膜と堆積物に対応したパラメータが必要になる.生物膜中の従属栄養微生物の反応を少し単純化すると,従属栄養微生物 X_{Bf} を gCOD m^{-2} という単位で導入することになる.生物膜と堆積物の中の嫌気性反応をどの程度詳しく記述するかによるが,硫酸塩還元微生物とメタン生成微生物も導入することになる.

図3.10に,ASM2を用いた場合の下水のCOD成分構成比と,下水管渠水質変化モデル(X_S を2成分に分類)を用いた場合の構成比を示している.図の構成比は,典型的なケースを示しているが,生活排水でももちろんかなりばらつく.ASM2での構成比は,処理施設の最初沈澱池流出水について示したものであるが,図に表示された2つ成分はどちらももともとはほぼ同じタイプの下水であっ

3.2 微生物反応と基質の特性

活性汚泥モデル2(ASM2)　管渠水質変化モデル

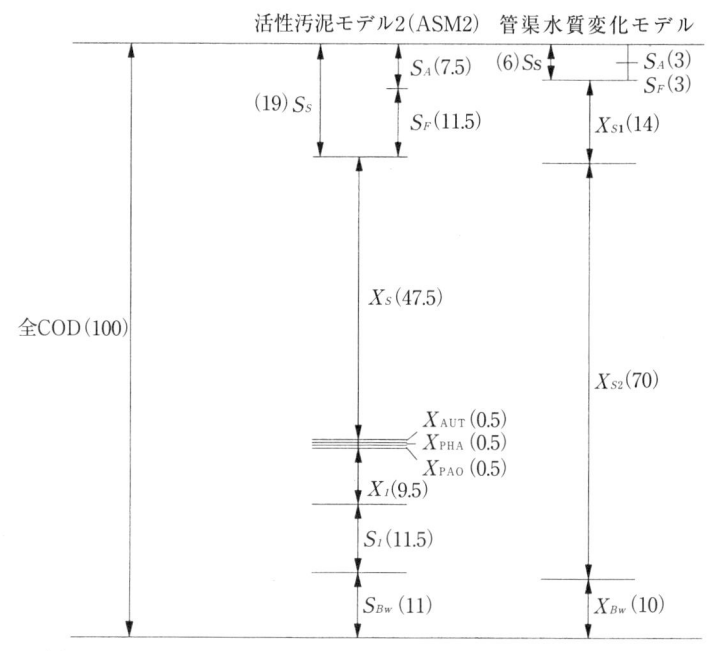

全COD(100)
- (19) S_S
  - S_A(7.5)
  - S_F(11.5)
- X_S(47.5)
- X_{AUT}(0.5)
- X_{PHA}(0.5)
- X_{PAO}(0.5)
- X_I(9.5)
- S_I(11.5)
- S_{Bw}(11)

管渠水質変化モデル:
- (6) S_S
  - S_A(3)
  - S_F(3)
- X_{S1}(14)
- X_{S2}(70)
- X_{Bw}(10)

図 3.10　下水中の COD の分画．ASM モデルと管渠内水質変化に用いる場合の比較．カッコ内は典型的な割合(Henze *et al.*, 1995a；Hvitved-Jacobsen *et al.*, 1999)

たと考えられ，したがって両者の比較は興味深いものとなっている．成分構成比は異なっているが，もともとの下水は基本的には同じであり，構成比の違いは下水管渠と処理施設という場所による違いの結果となっている．活性汚泥における水質変化シミュレーションと，管渠内での水質変化シミュレーションという異なる目的によって，それぞれの水質特性にあった異なる方法が採用されることになる．しかしながら，両者ともまったく同様の測定方法を採用しているのもかかわらず，S_A(VFAs)はかなり異なった数値となっているのは興味深い結果である．

すでに述べたことに加えて，ASM2 での S_S と，下水管渠水質変化モデルでの S_S と X_{S1} の合計を比較するとおもしろい結果となっている．それぞれ両者の成分を決めるに当たって，異なる酸素利用速度(OUR)の測定方法が用いられている(第 7 章参照)．**図 3.11** に示した例は，下水管渠内の下水特性を表したものであり，OUR の測定値と時間の関係を示している．この OUR の曲線から，微生物の活性は，下水水質に大きく依存していることがわかる．典型的な状態では，次

●第3章● 下水管渠内の下水—基質と微生物学

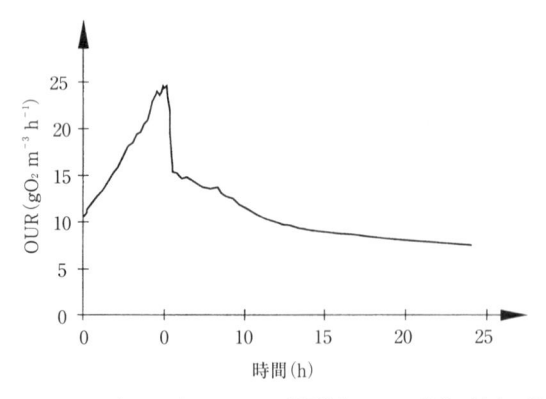

図3.11　下水サンプルの OUR -時間曲線．COD 成分の決定に用いる

のような現象が生じている．数時間(5～6時間程度)後には易生物分解性分画 S_S は消費されてしまい，速い加水分解性分画 X_{S1} は約 14 時間後までになくなる．その結果，**図 3.10** に見られるように，下水管渠水質変化モデルでの S_S と X_S 成分の合計が，ASM2 モデルでの S_S 成分とほぼ同じ値になっている．

第 7 章では，さらに詳しく生下水中の COD 成分をどのようにして決めるのかを述べる．さらには，微生物の基質として COD 成分が，微生物の活性とそれに対応する酸素消費量の変化にどのような影響を与えるかを述べる．

3.2.7　生物膜の特性と液相との相互作用

生物膜の動力学については，2.2.2 で扱った．ここでは，生物化学的反応に関連した生物膜固有の特性について記述する．

下水管渠内の生物膜は，液相中の管壁表面および気相中でもエアゾール状態になり湿度が高くなった部分で成長する．下水管渠内の生物膜は，しばしば「スライム」という名称で呼ばれることもある．生物膜は，微生物，微生物が生成した細胞外ポリマー物質および下水から吸着した有機・無機化合物によって構成されている．

自然流下管渠の中で成長する好気的な生物膜は，通常は数 mm の厚さであり，その厚さは主として流れの状態に左右される．圧送管渠に見られる嫌気性の生物膜の厚さは，通常はさらに薄く(最大でも数百 μm)なる．これはポンプが作動した時に管渠内流速が高流速となり大きなせん断力が作用すること，および生物膜

自体の成長が遅いことによる．しかしながら，好気性の生物膜でも嫌気性の生物膜でもかなり厚い生物膜が観察されることがある．これは管渠の摩擦係数がかなり大きい場合に，生物膜に対する水理状況が異なってくるためと考えられる（Characklis and Marshall, 1990；USEPA, 1985）．圧送管渠内の薄い生物膜は表面が滑らかであるのに対し，自然流下管渠の生物膜はふわふわした状態になっている．一般の自然流下管渠内では，管渠の粗度係数を求める時の根拠となった表面粗さより，生物膜表面は粗い状態となっている．

下水管渠生物膜中の微生物は，細胞外ポリマー物質（EPS）の中で固定化されており，EPSのほとんどは細菌が生成した多糖類で構成されている（Characklis and Marshall, 1990）．EPSは，生物膜中の有機成分の大部分を占めており，最大で90％がEPSである．いくつかの研究では，下水管渠の生物膜を炭水化物，タンパク質，およびフミン物質などの成分に分類している（**図3.12**）．圧送管渠での嫌気性生物膜については，同様の研究事例はいまだ存在していない．

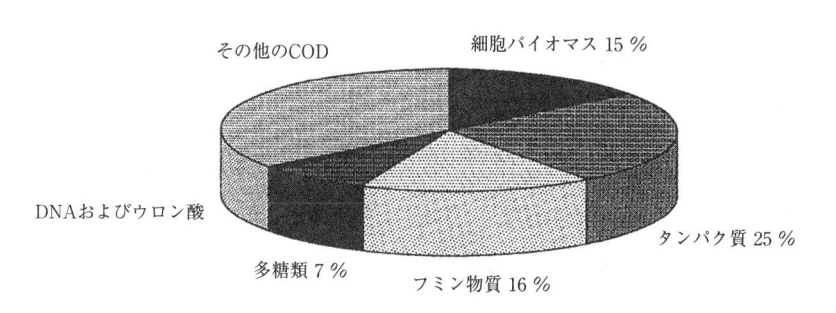

図3.12 自然流下管渠に発生する生物膜の構成（Jahn and Nielsen, 1998）

微生物の多くは，自然流下管渠の生物膜中で生成される．生物膜中で生成された微生物は，剥離し，液相で生成された微生物と一緒になり，処理施設や雨水吐きを経由して放流水域へ流れ込むことになる．微生物生成の総量を求める簡便な方法として，電子受容体（O_2，NO_3^-およびSO_4^{2-}）の消費量と例3.1に示す生物化学的反応の収率（yield constant）から算定する方法がある．

例3.1：遮集管渠の生物膜中での微生物生成量

延長4 km，直径$D = 0.5$ mの遮集管渠を，半管状態（水位が管径の1/2）で下水が流れている．下水管渠生物膜のDO消費速度r_fは計測されており，平均0.6

$gO_2\,m^{-2}\,h^{-1}$ となっている.従属栄養微生物の生物膜での収率 Y_f は計測されていないが,1 gCOD の基質消費量当り 0.55 gCOD の微生物が生成されると想定する.生物膜中では,好気性従属栄養微生物による変質だけが進行すると考える.

　下水管渠生物膜中での1日当りの微生物生成量を算定せよ.

　反応する基質の総量は,微生物の成長に使われるものと呼吸により消費されるものとの合計となる (2.1.1 参照).したがって,微生物の生成速度は次のようになる.

$$r_B = \frac{Y_f}{1-Y_f} \cdot 0.6\ gCOD\cdot m^{-2}\,h^{-1}$$

$$= \frac{0.55}{1-0.55} \cdot 0.6 = 0.73\ gCOD\cdot m^{-2}\,h^{-1}$$

そして,下水管渠生物膜中で生成される1日当りの微生物の量は,次のようになる.

$$M_B = r_B \cdot \frac{\pi}{2}D \cdot 4000 \cdot 24 \cdot 10^{-3}\ kgCOD$$

$$= 0.73 \cdot \frac{\pi}{2} \cdot 0.5 \cdot 4000 \cdot 24 \cdot 10^{-3}\ kgCOD$$

$$= 55.3\ kgCOD$$

この計算は,好気性微生物による反応過程を前提とした結果を示している.生物膜の深層部が嫌気状態になると,微生物生成物内の還元が起こる.詳しくは図 6.2 の説明部分を見られたい.

　生物膜中で生成される微生物は,侵食や剥離によって液相に移行する.細菌単体や生物膜表面のごく一部分は絶え間なく侵食されているのに対し,一定の大きさの生物膜の剥離は断続的に生じる.生物膜の剥離は,せん断力が大きく変化した時や,基質の大きな変化が雨天などによって生じた時に発生する.しかしながら,そのメカニズムは,十分には解明されていない.定常状態または長期的に見た場合,剥離する微生物は,微生物生成量と同量であると想定される.

　固形物は,生物膜表面や生物膜の空隙に捕捉され,そこで加水分解を受け,さらに生物化学的反応に利用される.多数の要素が固形物の吸着や脱着に影響を与

えるが，それらの要素には固形物の粒径，表面電荷，pH，生物膜の表面形状，流れのパターンなどがある．生物膜モデルの研究では，水が生物膜の細い空隙内を流れて，溶解性物質と固形性物質が内部へ輸送されるという予想をしている (Norsker et al., 1995)．重金属も液相と生物膜の間で交換される (Gutekunst, 1988)．したがって，生物膜中の重金属濃度は，それ以前に管渠内を流れた下水中における重金属の指標となる．液相中で短期的に重金属の濃度上昇が生じると生物膜に重金属が捕捉され，その後緩やかに生物膜から離脱していくことになる．

3.2.8 下水管渠堆積物の特性と生物化学的反応

　下水管渠での堆積物の発生は，主に下水中固形物の物理的特性と水理学的な条件に依存している．基本的には，下水管渠は長期的に堆積物が発生しないように設計されかつ維持管理されていなければならない．しかしながら，一般にこのような理想的な管渠は存在せず，堆積物は多少なりとも一時的に下水管渠内に存在する．合流管渠では，晴天時に低流速となって管渠底部でのせん断力が小さくなると，堆積物が発生する．そして雨天時に堆積物は侵食され，下水中を浮遊しながら流されていく．下水管渠内に堆積した固形物は，合流式下水道の越流水となって放流水域に流出することになる．

3.2.8.1 物理的特性と生物化学的反応

　すでに述べたように，下水管渠内の堆積物の発生は，水理学的ならびに物理的な条件と固形物の特性に依存している．本書では，沈澱，堆積，侵食，およびこれらの反応に影響を及ぼす固形物の物理的特性などについて，定量的な検討は行っていない．このような問題については，すでに多数の出版物などで解説されている．多数の参考文献を取り上げ総合的に記述しているものとしては，Ashley and Verbanck (1998) の文献がある．その他，この分野の主要な出版物としては Ashley (1996)，Hvitved-Jacobsen et al. (1995) および Hvitved-Jacobsen (1998) の文献がある．Ashley et al. (1999) の文献は，生物化学的反応との関連についても概説した内容となっている．

　下水管渠堆積物の物理的な特性は，個々の固形物および全体の特性がわかって初めて解析ができる．下水管渠の水理的および構造的な特性と流入下水の性状によって，検討対象箇所での堆積物のタイプが決まる．Crabtree (1989) は，下水管

表 3.5　Crabtree(1989)による管渠内堆積物の分類

堆積物タイプ	種類(どこに存在するか)	湿潤密度 ×10^3(kg m^{-3})	粒径(mm) 最小-平均-最大 < 0.063	0.063～2.0	2.0～5.0	有機物含有量(%)
A	荒くざらついた堆積物—広く広がる	1.72	1-6-30	3-61-87	3-33-90	7
C	澱んだ場所で見られる流動性のある微粒子状の堆積物．タイプAの上に堆積または独立で堆積	1.17	29-45-73	5-55-71	0	50
D	管渠壁の有機スライム	1.21	17-32-52	1-62-83	1-6-20	61
E	CSO貯留槽で見られる微粒子状の鉱物質と有機質の堆積物	1.46	1-22-80	1-69-85	4-9-80	22

渠堆積物の分類を提案している．この分類は，下水管渠堆積物の物理的な特性に関連しているだけでなく，生物化学的な反応にも大いに関連している(表 3.5)．この分類では4区分としているが，そのほかに5番目の区分としてB類と名付けている，A類の堆積物が膠着または固化したものがある．

表 3.5 に見られるように，有機物は下水管渠堆積物の重要な要素ではあるが，一般に生物分解性は低い．D類(生物膜)もこの分類に入っている(3.2.7 参照)．A類の堆積物は，合流管渠に最もよく見られる堆積物である．

3.2.8.2　化学的特性

表 3.6 は，A類の堆積物に関していくつかの化学指標を示したものである．多数の研究データを分析して，その変化の範囲を特定している．

表 3.6　管渠内堆積物Aタイプの典型的な汚濁指標(Ashley et al., 2001)

パラメータ(単位)	平均	最小-最大
TS(蒸発残留物)(g kg^{-1})	550～800	350-820
VS(強熱減量)(%)	4.5～10	1-19
COD(g kg^{-1})*	25～70	6-270
BOD$_5$(g kg^{-1})*	4～14	1-90
BOD(4時間)(mg kg^{-1})*	400	100-700
有機性N(mg kg^{-1})	800	200-1500
アンモニア，NH$_4$-N(mg kg^{-1})	100	10-300

* 乾燥重量

3.2.8.3 微生物学的特性と反応

下水管渠堆積物での生物化学的な反応を対象とした研究は，ごく限られている．その研究の中では，生物膜中で見られるものと比較して，堆積物中ではH_2Sを生成するかなり活発な嫌気性反応が見られるとしている(**6.2.5参照**)．H_2Sの形成が堆積物の深部で起こっているのは，嫌気状態で加水分解や発酵が起こっているために易分解性の有機分が生成されていることを示しており，堆積物内の拡散によってこの易分解性の有機分が堆積物の上層に移動しているかもしれないと考えられる．また，生物膜が下水管渠堆積物の表面に形成され，堆積物表面の粘着性を高め，堆積物が再浮遊するのを妨げていることがわかっている(Vollertsen and Hvitved-Jacobsen, 2000)．同じ研究の中で，堆積物中のメタン発酵(メタン生成)はガスによる空洞を発生させ，堆積物表面の強度を下げることが観察されている．

Crabtree(1986)は，下水管渠堆積物の経時変化は，堆積物と下水との間で相互作用があることに起因していると仮定した．Ristenpart(1995)は，堆積してからの経過時間が異なる堆積物の組成を調べて，経時変化を確認している(**表 3.7**)．**表 3.7**に示された，各組成の変化の程度は，堆積物内の嫌気性微生物反応の過程とよく符合している．新しく堆積したものは，高い汚濁特性を持ち，さらには小さいせん断力で再浮遊しやすい．このような堆積物は，合流式下水道の越流水として放流水域に対する影響がきわめて大きい．

表 3.7 堆積経過時間による変動(Ristenpart, 1995)

パラメータ（単位）＼経過時間	新期(新しい堆積物)	中期(時々乱される)	長期(固着している)
密度($kg\ m^{-3}$)	1 200	1 510	1 840
TS(蒸発残留物)($g\ kg^{-1}$)	355	705	812
VS(強熱減量)(乾燥重量%)	27.0	8.8	2.4
pH(-)	5.68	7.11	7.66
BOD_5($g\ kg^{-1}$ 湿潤重量)	31.6	12.5	2.7
COD($g\ kg^{-1}$ 湿潤重量)	95.6	55.3	19.0

3.3 参考文献

Ashley, R.M. (ed.) (1996), Solids in sewers, *Water Sci. Tech.,* 33(9), 298.

Ashley, R.M. and M.A. Verbanck (1998), Physical processes in sewers, *Proceedings from Con-*

gress on Water Management in Conurbations, Bottrop, Germany, June 19–20, 1997, pp. 26–47.

Ashley, R.M., T. Hvitved-Jacobsen, and J.-L. Bertrand-Krajewski (1999), Quo vadis sewer process modelling? *Water Sci. Tech.*, 39(9), 9–22.

Benefield, L.D. and C.W. Randall (1980), *Biological Process Design for Wastewater Treatment*, Prentice Hall, Englewood Cliffs, NJ, p. 526.

Bjerre, H.L., T. Hvitved-Jacobsen, S. Schlegel, and B. Teichgräber (1998), Biological activity of biofilm and sediment in the Emscher river, Germany, *Water Sci. Tech.*, 37(1), 9–16.

Boon, A.G. and A.R. Lister (1975), Formation of sulphide in rising main sewers and its prevention by injection of oxygen, *Prog. Water Tech.*, 7 (2), 289–300.

Characklis, W.G. and K.C. Marshall (eds.) (1990), *Biofilms*, John Wiley & Sons, New York.

Christ, O., P.A. Wilderer, R. Angerhöfer, and M. Faulstich (2000), Mathematical modeling of the hydrolysis of anaerobic processes, *Water Sci. Tech.*, 41(3), 61–65.

Crabtree, R.W. (1986), The discharge of toxic sulphides from storm sewage overflows — a potential polluting process, WRC (Water Research Centre) report ER 203E.

Crabtree, R.W. (1989), Sediments in sewers, *J. IWEM* (Institution of Water and Environmental Management), 3(6), 569–578.

Gutekunst, B. (1988), Sielhautuntersuchungen zur Einkreisung schwermetalhaltiger Einleitungen, Institut für Siedlungswasserwirtschaft, Universität Karlsruhe, Band 49.

Henze, M., W. Gujer, T. Mino, and M. v. Loosdrecht (2000), Activated sludge models ASM1, ASM2, ASM2d and ASM3, *Scientific and Technical Report No. 9*, IWA (International Water Association), p. 121.

Henze, M., P. Harremoës, J. la Cour Jansen, and E. Arvin (1995b), Wastewater Treatment — Biological and Chemical Processes, Springer-Verlag, New York, p. 383.

Henze, M., C.P.L. Grady Jr., W. Gujer, G. v. R. Marais, and T. Matsuo (1987), Activated sludge model no. 1, *Scientific and Technical Report No.1*, IAWPRC (International Association on Water Pollution Research and Control).

Henze, M., W. Gujer, T. Mino, T. Matsuo, M.C. Wentzel, and G. v. R. Marais (1995a), Activated sludge model No. 2, *Scientific and Technical Report No. 3*, IAWQ (International Association on Water Quality), p. 32.

Hvitved-Jacobsen, T. (ed.) (1998), The sewer as a physical, chemical and biological reactor II, *Water Sci. Tech.*, 37(1), 357.

Hvitved-Jacobsen, T. and J. Vollertsen (1998), An intercepting sewer from Dortmund to Dinslaken, Germany — prediction of wastewater transformations during transport, Report submitted to the Emschergenossenschaft, p. 35.

Hvitved-Jacobsen, T., J. Vollertsen, and P.H. Nielsen (1998), A process and model concept for microbial wastewater transformations in gravity sewers, *Water Sci. Tech.*, 37(1), 233–241.

Hvitved-Jacobsen, T., J. Vollertsen, and N. Tanaka (1999), Wastewater quality changes during transport in sewers — An integrated aerobic and anaerobic model concept for carbon and sulfur microbial transformations, *Water Sci. Tech.*, 39(2), 242–249.

Hvitved-Jacobsen, T., P.H. Nielsen, T. Larsen and N. Aa. Jensen (eds.) (1995), The sewer as a physical, chemical and biological reactor I, *Water Sci. Tech.*, 31(7), 330.

Jahn, A. and P.H. Nielsen (1998), Cell biomass and exopolymer composition in sewer biofilms, *Water Sci. Tech.*, 37(1), 17–24.

Kalyuzhnyi, S., A. Veeken, and B. Hamelers (2000), Two-particle model of anaerobic solid state fermentation, *Water Sci. Tech.*, 41(3), 43–50.

Levine, A.D., G. Tchobanoglous, and T. Asano (1985), Characterization of size distribution of contaminants in wastewater; treatment and reuse implications, *J. WPCF*, 57, 805.

Levine, A.D., G. Tchobanoglous, and T. Asano (1991), Size distributions of particulate contaminants in wastewater and their impact on treatability. *Water Res.*, 25, 911.

Logan, B.E. and Q. Jiang (1990), Molecular size distributions of dissolved organic matter, *J. Env. Eng.*, 116, 1046.

Matos, J.S. and E.R. de Sousa (1996), Prediction of dissolved oxygen concentration along sanitary sewers, *Water Sci. Tech.*, 34(5–6), 525–532.

Metcalf and Eddy, Inc. (1991), *Wastewater Engineering — Treatment, Disposal and Reuse,* 3rd edition revised by G. Tchobanoglous and F. L. Burton, McGraw-Hill, Inc., New York, p. 1334.

Nielsen, P.H. and T. Hvitved-Jacobsen (1988), Effect of sulfate and organic matter on the hydrogen sulfide formation in biofilms of filled sanitary sewers, *J. Water Pol. Contr. Fed.*, 60(5), 627–634.

Nielsen, P.H., K. Raunkjaer, N.H. Norsker, N.Aa. Jensen, and T. Hvitved-Jacobsen (1992), Transformation of wastewater in sewer systems — A review, *Water Sci. Tech.*, 25(6), 17–31.

Norsker, N.-H., P.H. Nielsen, and T. Hvitved-Jacobsen (1995), Influence of oxygen on biofilm growth and potential sulfate reduction in gravity sewer biofilm, *Water Sci. Tech.*, 31(7), 159–167.

Raunkjaer, K., T. Hvitved-Jacobsen, and P.H. Nielsen (1994), Measurement of pools of protein, carbohydrate and lipid in domestic wastewater, *Water Res.*, 28(2), 251–262.

Raunkjaer, K., T. Hvitved-Jacobsen, and P.H. Nielsen (1995), Transformation of organic matter in a gravity sewer, *Water Env. Res.*, 67(2), 181–188.

Ristenpart, E. (1995), Sediment properties and their changes in a sewer, *Water Sci. Tech.*, 31(7), 77–83.

Standard Methods for the Examination of Water and Wastewater (1998), 20th Edition, APHA, AWWA and WEF.

Stanier, R.Y., J.L. Ingraham, M.L. Wheels, and P.R. Painter (1986), *The Microbial World,* Prentice Hall, Englewood Cliffs, NJ.

Tanaka, N. (1998), Aerobic/anaerobic process transition and interactions in sewers, Ph.D. dissertation, Environmental Engineering Laboratory, Aalborg University, Denmark.

Tanaka, N. and T. Hvitved-Jacobsen (1999), Anaerobic transformations of wastewater organic matter under sewer conditions. In: I.B. Joliffe and J.E. Ball (eds.), *Proceedings of the 8th International Conference on Urban Storm Drainage,* Sydney, Australia, August 30–September 3, 1999, pp. 288–296.

USEPA (1985), Odor and corrosion control in sanitary sewerage systems and treatment plants, U.S. Environmental Protection Agency, EPA 625/1-85/018, Washington D.C.

Vollertsen, J. and T. Hvitved-Jacobsen (2000), Resuspension and oxygen uptake of sediments in combined sewers, *Urban Water,* 2(1), 21–27.

WEF (1994), *Wastewater biology: The life processes,* a special publication prepared by Task Force on Wastewater Biology: The Life Processes, chaired by M. H. Gerardi, Water Environment Federation (WEF), p. 184.

第 4 章

気液の平衡と物質移動—下水管渠における臭気問題と再曝気

　大部分の汚水管渠および合流管渠は，開渠すなわち自由水面を有する管渠として設計される．下水は重力により管渠内を流下し，流速は主として管渠のこう配と摩擦抵抗に依存する．一般に，低流速での固形物堆積による管渠の閉塞を避け，また高流速での管渠の損傷を防止するために，設計流速を $0.6 \sim 3 \text{ m s}^{-1}$ としている．

　こうした条件下において，下水管渠内気相部と下水（液相部）との物質移動は，下水管渠内の各反応に影響を受け，また影響を及ぼすと思われる．次に示す2つの現象も，下水管渠内における気液界面での平衡状態と物質移動に大いに影響を受ける．

- 下水管渠での臭気問題：下水管渠での臭気発生は，嫌気条件下で起こる．一般に，圧送管渠や満流状態での自然流下管渠内で嫌気性となり，その下流側に位置する非満流管渠や自由水面を有するポンプ場，マンホールなどの下水道構造物で臭気化合物が放散される．硫化水素は，よく知られた臭気物質の一つである．また，発酵過程で生成される多くの揮発性有機化合物（VOCs）も同様に悪臭の原因となる．
- 下水管渠での再曝気：下水管渠での溶存酸素の有無が好気および嫌気反応の進行を決定する．多くの下水管渠では，気液間の酸素移動（再曝気）が下水中化合物の好気的変化とそれに伴う除去反応の制限因子となる．すなわち，下水管渠での再曝気は，生物化学的反応に影響を及ぼす非常に重要なプロセスである．

4.1 気液の平衡状態

4.1.1 単純な気液の平衡
4.1.1.1 分配係数
揮発性化合物 A の気相-液相間の分配係数(K_A)は，次式で表される．

$$K_A = \frac{y_A}{x_A} \tag{4.1}$$

ここで，

K_A = 分配係数(-)

y_A = 成分 A の気相中でのモル分率[mol(全 mol)$^{-1}$]

x_A = 成分 A の液相中でのモル分率[mol(全 mol)$^{-1}$]

式(4.1)は，平衡状態では成分 A の気相中と液相中の濃度比率が一定であることを示している．この定数は温度に依存するが，希釈溶液の場合には成分 A の濃度の影響は受けない．

4.1.1.2 モル分率
式(4.1)のモル分率の概念は，微量物質や希釈溶液を取り扱う場合に便利な方法であり，環境分野でよく用いられている．特に気液間の移動現象と平衡については，単純な定量式で表すことができる．こうした点で，管渠内における下水と気相間での臭気化合物や酸素の移動を取り扱う場合にも，モル分率の考え方を用いることができる．

モル分率は，成分 A と B の2つの成分の場合，気相中では，成分 A のモル分率は，次式で定義される．

$$y_A = \frac{N_A}{(N_A + N_B)} \tag{4.2}$$

ここで，

N_A = 成分 A のモル

N_B = 成分 B のモル

ゆえに，物質収支(実際の気相中において)は，次式となる．

$$y_A + y_B = 1 \tag{4.3}$$

空気(主成分は,窒素,酸素,アルゴンおよび二酸化炭素)1 mol の体積は,温度 0 ℃,1 atm の条件下で約 22.4 L であり,また空気 1 mol の重量が 29 g であることから,空気中の微量物質 A のモル分率(y_A)は次式で表すことができる.

$$y_A = \frac{c_{1A}}{1/22.4} = \frac{c_{1A}}{0.0446} \tag{4.4}$$

ここで,c_{1A} = 成分 A の空気中でのモル濃度(mol L^{-1}).

同様に,水 1 mol の重量が 18 g であることから,希釈溶液のモル分率(x_A)は次式で表すことができる.

$$x_A = \frac{c_{2A}}{1000/18} = \frac{c_{2A}}{55.56} \tag{4.5}$$

ここで,c_{2A} = 成分 A の水中でのモル濃度(mol L^{-1}).

4.1.1.3 相対平衡揮発定数

相対平衡揮発定数(α_A)は,平衡状態における成分 A(揮発性化合物)および水蒸気からなる気相中と成分 A を含んだ液相中との間の,成分 A の分配比率を示す定数である.この定数は,次式で定義される.

$$\alpha_A = \frac{y_A / y_{\text{water}}}{x_A / x_{\text{water}}} \tag{4.6}$$

ここで,

  α_A = 相対平衡揮発定数(-)

  y_{water} = 水蒸気の気相中でのモル分率[mol(全 mol)$^{-1}$]

  x_{water} = 水の液相中でのモル分率[mol(全 mol)$^{-1}$]

水や通常の下水の希釈溶液では,x_{water} はほぼ 1 に等しくなる.そこで,式(4.6)は,次式となる.

$$\alpha_A = \frac{y_A / y_{\text{water}}}{x_A} \tag{4.7}$$

4.1.1.4 ヘンリー定数

揮発性化合物の気液平衡を表す単純で理論的な方法として,ヘンリーの法則が最も広く用いられている.

$$p_A = y_A P = H_A x_A \tag{4.8}$$

ここで,

p_A = 成分 A の気相中での分圧(atm)
P = 全圧(atm)
H_A = 成分 A のヘンリー定数[atm(モル分率)$^{-1}$]

ヘンリーの法則では,平衡状態でかつ一定温度条件下において,揮発性化合物の気相中濃度を液相中濃度の関数として定義している.すなわち,ヘンリーの法

表 4.1 温度 25 ℃における水中での臭気化合物および無臭化合物の沸点と気液の平衡特性(ヘンリー定数)
(Thibodeaux, 1996; Sander, 2000)

物 質	化合物	大気圧での沸点 (℃)	ヘンリー定数(H_A) [atm(モル分率)$^{-1}$]
揮発性硫黄化合物 (VSCs)	メチルメルカプタン	6	200
	エチルメルカプタン	35	200
	アリルメルカプタン	69	
	ベンジルメルカプタン	195	
	硫化メチル	37	110
	二硫化メチル	110	63
窒素化合物	メチルアミン	−6.4	0.55
	エチルアミン	17	0.55
	ジメチルアミン	7	1.3
	ピリジン	115	0.5
	インドール	254	
	スカトール	265	
酸(VFAs)	蟻酸	100	0.010
	酢酸	118	0.011
	プロピオン酸	141	0.009
	ブチル酸	162	0.012
	吉草酸	185	0.026
アルデヒドとケトン	アセトアルデヒド	21	5.88
	ブチルアルデヒド	76	6.3
	アセトン	56	1.9
	ブタノン	80	2.8
無機ガス	硫化水素(H_2S)	−59.6	563
	アンモニア(NH_3)	−33.4	0.834
無臭化合物の抜粋	窒素(N_2)	−195.8	86 500
	酸素(O_2)	−183	43 800
	二酸化炭素(CO_2)	−78.5	1 640
	メタン(CH_4)	−161.5	40 200
炭化水素	ペンタン(C_5H_{12})	36	70 400
	ヘキサン(C_6H_{14})	69	80 500
	ヘプタン(C_7H_{16})	98	46 900
	オクタン(C_8H_{18})	125	19 400

ヘンリー定数(H_A)は,温度に依存しており,H_A と温度には正の相関がある.各化合物には,それぞれ固有の温度依存性がある.この温度依存性は,ヘンリー定数の逆数($k^0{}_H = 56.29/H_A$)になると Sander(2000) が報告している(例 4.2 参照).

則とは，液相から放出される揮発性化合物の傾向を定量化したものである．この法則は，希釈溶液（すなわち，液相中で解離や反応が起こらない場合，x_A がほぼゼロの溶液）について適用できる．いくつかの臭気化合物および無臭化合物を選択し，それらのヘンリー定数と沸点を**表 4.1** に示す．例えば，工場排水や道路流出雨水が流れ込む下水管渠内でよく検出される炭化水素も，このリストに含まれている．

例 4.1：水中での酸素溶解度

下水管内気相中の酸素分圧は，ガス探知器を用いて測定すると 0.18 atm 程度であることがわかる．この値は，都市部での大気中酸素濃度（0.21 atm）より若干低い．その理由は，おそらく下水中で酸素が消費されることと換気が不十分であることによる．温度 25 ℃における平衡状態での下水管渠内の下水中酸素溶解度を求める（清水として検討する）．

式(4.8)と**表 4.1** から次式となる．

$$x_{O_2} = \frac{p_{O_2}}{H_{O_2}} = \frac{0.18}{43800} = 4.1 \cdot 10^{-6}$$

式(4.5)により，単位をモル分率から mol L^{-1} に変換する．

$$c_{O_2} = 55.56 \, x_{O_2} = 55.56 \cdot 4.1 \cdot 10^{-6} = 2.28 \cdot 10^{-4} \, \text{mol L}^{-1}$$

さらに，酸素のモル重量が 32 g mol^{-1} であることから，単位を g m^{-3} に変換する．

$$c_{O_2} = 2.28 \cdot 10^{-4} \cdot 32 \cdot 10^{3} = 7.3 \, \text{mgO}_2 \, \text{L}^{-1} = 7.3 \, \text{gO}_2 \, \text{m}^{-3}$$

4.1.2　解離した物質に対する気液の平衡

前述のように，揮発性化合物が液相中で解離しない分子態の場合のみ，単純な平衡の考え方が成り立つ．しかし，いくつかの物質にはこの考え方を適用できない．臭気化合物である硫化水素は，単純な平衡の考え方が成り立たない重要な事例の一つである．硫化物の化学的な形態は，次の関係で表すことができる．

$$\underset{(気体)}{H_2S(g)} \overset{気液間の移動}{\rightleftharpoons} \underset{(液体)}{H_2S(aq)} \overset{pK_{a1}=7.0}{\rightleftharpoons} \underset{(イオン態)}{HS^-} \overset{pK_{a2}=14}{\rightleftharpoons} \underset{(イオン態)}{S^{2-}} \quad (4.9)$$

ここで，平衡定数（K_{a1}, K_{a2}）は，平衡状態での各濃度（C）の比率により，次式から求められる．

$$K_{a1} = \frac{C_{H^+} \cdot C_{HS^-}}{C_{H_2S}(aq)} \qquad (4.10)$$

$$K_{a2} = \frac{C_{H^+} \cdot C_{S^{2-}}}{C_{HS^-}} \qquad (4.11)$$

分子態の解離していない硫化物だけが気相中に放散されるため,放散反応はpHの影響を強く受ける.例えば,pHが約7の場合,液相中ではH₂S(分子態)とHS⁻(イオン態)が同量存在している.平衡状態で,かつ全硫化物濃度が一定の場合,pHが高くなると下水管渠内気相中の硫化水素濃度は低くなる(図4.1).したがって,ヘンリーの法則[式(4.8)]を適用する場合,非解離の分子態(H₂S)のみで検討する必要がある.

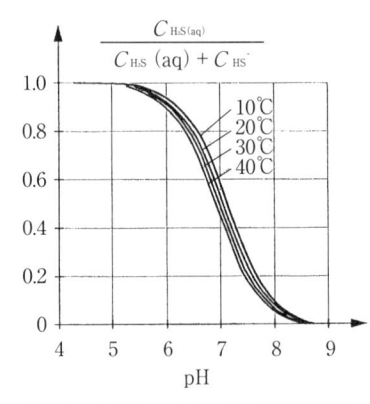

図4.1 水溶液中でのH₂Sの平衡状態（Melbourne and Metropolitanの共同研究,1989)

解離していないH₂S(aq)は,式(4.9)～式(4.11)から求められる.ただし,硫化物イオン(S²⁻)は,pHが約12より高い場合にだけ存在する.そのため一般に,下水中では式(4.9)に示すH₂S(aq)とHS⁻の平衡だけが重要となり,式(4.12)から実際のpHにおけるC_{HS^-}とC_{H_2S}(aq)の比率を求めることができる.

$$pH = pK_{s1} + \log \frac{C_{HS^-}}{C_{H_2S}(aq)} \qquad (4.12)$$

ここで,pK_{s1} = 7.0(25℃の場合).

図4.2に,ヘンリーの法則[式(4.8)]とH₂S解離のpH依存性[式(4.12)]を組み合わせた計算結果を示す.なお,pH依存性については,例4.2で例示する.この図には,平衡状態での計算結果を示しているが,臭気問題が起こる潜在的危険性を判定するうえできわめて重要である.段差部などで起こる下水の乱流や,下水管渠内での換気の程度は,**図4.2**に示す平衡状態形成に大きな影響を及ぼす.また,ポンプ場での気相中へのH₂S放

図4.2 平衡状態での気相中硫化水素の分圧（容積比率で単位はppm)と液相中硫化物濃度について[式(4.8),式(4.12)参照].図は,平衡状態における液相中単位濃度当りの気相中分圧を示す

散や跳水現象による影響は，さらに大きいかもしれない．こうした現象については，自然流下管渠内気相中での硫化水素の生成予測モデルを開発したMatos and de Sousa(1992)により解説されている(**4.3.2 参照**).

例4.2：気液間の硫化物の平衡分配

pH = 7.0，温度15℃の条件で，1.0 gS m^{-3}の硫化物(H_2S + HS^-)を含む下水と平衡状態となる下水管渠内気相中の硫化水素濃度(ppm)を計算する．温度15℃の条件でpK_{s1} ≒ 7.0と算定できるが，ヘンリー定数の温度依存性については考慮する必要がある．

式(4.12)より，pH ≒ 7.0の場合次式となる．

$$C_{H_2S}(aq) = 1.0 \cdot 0.5 = 0.5 \text{ g Sm}^{-3}$$

表4.1から，温度25℃の場合，H_{H_2S} = 563 atm(モル分率)$^{-1}$となる．温度依存性(K^0_H = 56.29/H_{H_2S})については，Sander(2000)により明らかにされている．それによると，温度15℃でのH_{H_2S}は441 atm(モル分率)$^{-1}$と算定され，温度25℃の場合と比較して約22％低くなる[†]．

液相中のH_2Sのモル分率は式(4.5)から求められ，またSのモル重量は32 g mol^{-1}であるため次式となる．

$$x_{H_2S} = \frac{0.510^{-3}}{32 \cdot 55.56} = 2.81 \cdot 10^{-7}$$

式(4.8)により，H_2Sの分圧は次式となる．

$$p_{H_2S} = 441 \cdot 2.81 \cdot 10^{-7} = 123.9 \cdot 10^{-6} \text{ atm} = 124 \text{ ppm}$$

なお，この計算結果と**図4.2**との若干のずれは，異なる定数を用いたことによる．

例示した硫化水素のほかにも，下水中の多くの化合物[例えば，NH_3(アンモニア)やVFAs(揮発性脂肪酸)など]が分子態とイオン態の両形態で存在している．したがって，H_2Sと同様のことがこれらの物質でも起こる．

[†] H_2Sのヘンリー定数(H_{H_2S})の温度依存性を求める方法として，Sander(2000)の式のほかに，Clarke and Glew(1971)が提案した次式も用いられる．
$$\log H_{H_2S} = 104.069 - 4423.11 \, T^{-1} - 36.6296 \log T + 0.01387 \, T$$
ここで，H_{H_2S} =ヘンリー定数[atm(モル分率)$^{-1}$]，T =温度(K)．

4.2 気液間の移送プロセス

4.2.1 理論的考え方

気液間の移送については，数多くの検討手法がある．下水管渠での移送については，主に気液間の酸素移動に関する研究がなされている．これに関連した主な理論を以下に示す．

- 2重境膜理論(Lewis and Whitman, 1924)：この理論は，気液界面での2つの膜(液膜と気膜)を通した分子拡散反応に基づいている．
- 浸透理論(Higbie, 1935；Danckwerts, 1951；Dobbins, 1956)：浸透理論によると，膜表面での乱流により移送される水分素子の中にガスが拡散していく．
- 表面更新理論(King, 1966)：この理論は，液相と表面膜間を移動する渦のはたらきにより液膜が置き換わることで説明している．そのため，膜表面と液相間の交換は，表面更新速度によって決定される．

気液間の物質移動現象については，Thibodeaux(1996)およびStumm and Morgan(1981)がさらに詳しく報告している．

4.2.2 2重境膜理論

2重境膜理論は，液膜と気膜を通した分子拡散について考えたものであり，気液界面での物質移動を理解するため従来から用いられている方法である．前述のように，他の理論も存在している．しかし，2重境膜理論を用いることで基本的現象を理解することができ，実用的で簡単な経験式が導かれている．

2重境膜理論によると，気液界面での揮発性成分の移送プロセスは，図4.3で表すことができる．図は，両方の相(気相と液相)中に濃度こう配が存在し，各相での抵抗の合計が物質移動に対する全抵抗になるという概念を示している．

気液界面での物質移動を下水管渠に適用することは難しいが，理論的概念を理解することは重要である．物質移動に対する抵抗は，界面に位置する薄い液層と気層の中で主として起こる．すなわち，2重境膜の中で濃度こう配ができる(図4.3参照)．界面自体の物質移動に対する抵抗は，無視できると考えられる．また，理論的には，界面では平衡状態となる．気液界面での移送の概念を理解する

4.2 気液間の移送プロセス

手法として，この物質移動理論は「2重境膜理論」(Lewis and Whitman, 1924)として頻繁に引用されている．

2重境膜理論によると，気液間の揮発性成分の移送については，2段階で考えると適切である．一つが液相から界面への移送，もう一つが界面から気相への移送である(あるいは，その逆の移送)．液相から界面および界面から気相への単位表面積当りの物質移動推進力は，実際のモル分率(x_A, y_A)と平衡状態でのモル分率(x_A^*, y_A^*)との差から次式で求められる．

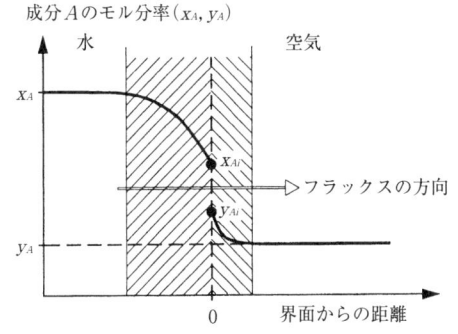

図4.3 気液界面での揮発性成分の移送の原理

$$J_A = - k_{2A}(x_A^* - x_A) \tag{4.13}$$

$$J_A = k_{1A}(y_A^* - y_A) \tag{4.14}$$

ここで，

J_A = 成分 A のフラックス[mol (全 mol)$^{-1}$ s^{-1} m^{-2}]

k_{1A} = 気相での物質移動係数(s^{-1} m^{-2})

k_{2A} = 液相での物質移動係数(s^{-1} m^{-2})

物質移動に対して，気相と液相のどちら側の界面での抵抗が卓越しているかにより，式(4.13)と式(4.14)の重要度が決まる．例えば，抵抗の大部分が液膜内で起こる(すなわち，$k_{2A} < k_{1A}$)とすれば，式(4.13)がフラックスを考えるうえで重要となる．また，平衡状態でのモル分率(x_A^* と y_A^*)は，想定ではあるがヘンリーの法則から求めることができ，次式となる．

$$y_A^* = \frac{H_A}{P} x_A \tag{4.15}$$

$$y_A = \frac{H_A}{P} x_A^* \tag{4.16}$$

式(4.15)と式(4.16)は，式(4.13)または式(4.14)に代入することができる．液膜内での抵抗が卓越している場合，式(4.16)を代入することで式(4.13)は次式に変換される．

$$J_A = k_{2A}\left(x_A - \frac{y_A}{H_A/P}\right) \tag{4.17}$$

各相での物質移動係数(k_{1A}, k_{2A})は，分子拡散係数(D)を境膜の厚さ(z)で割った値($= D/z$)とみなせる．しかし，2重境膜の厚さについての知見が不十分であるため，この考え方は実際には意味がない．

気液間の物質移動に関する一般式は，式(4.13)と式(4.14)をそれぞれ x_A^* と y_A^* について解き，その結果を式(4.15)と式(4.16)に代入することで導かれる．それにより，次の2つの式が得られる．

$$J_A = \frac{k_{1A}k_{2A}}{\frac{k_{2A}P}{H_A} + k_{1A}}\left(-\frac{y_A P}{H_A} + x_A\right) = K_L\left(-\frac{y_A P}{H_A} + x_A\right) \tag{4.18}$$

$$J_A = \frac{k_{1A}k_{2A}}{k_{2A} + \frac{k_{1A}H_A}{P}}\left(x_A\frac{H_A}{P} - y_A\right) = K_G\left(x_A\frac{H_A}{P} - y_A\right) \tag{4.19}$$

ここで，

K_G = 気相での総括物質移動係数($\mathrm{s^{-1}\,m^{-2}}$)

K_L = 液相での総括物質移動係数($\mathrm{s^{-1}\,m^{-2}}$)

式(4.18)と式(4.19)から，次の2つの式が導かれる．

$$\frac{1}{K_L} = \frac{1}{k_{2A}} + \frac{P}{H_A k_{1A}} \tag{4.20}$$

$$\frac{1}{K_G} = \frac{1}{k_{1A}} + \frac{H_A}{P k_{2A}} \tag{4.21}$$

2組の式［式(4.18)，(4.19)と式(4.20)，(4.21)］の有効性は同じであるが，一般に式(4.18)と式(4.20)が用いられている．

式(4.20)は，気液界面での物質移動に対する全抵抗が，液膜と気膜での抵抗の合計と等しいことを示している．この式より，ヘンリー定数の重要性が明白である．例えば酸素によって例証されるように，H_A の値が大きい場合には抵抗は主に液膜内で発生し，下水管渠内の乱流により気液間の移動プロセスは増長される．一方，H_A の値が比較的小さい臭気成分に対しては，液相中の乱流の重要度は低くなり，気相中の乱れに伴い放散速度は大きくなる(**表4.1**)．また，式(4.20)と式(4.21)からわかるように，施設状況などにより変化する k_{1A}/k_{2A} 比の影響も受

ける．

　Liss and Slater(1974)は，H_A の値をもとに，物質移動抵抗をいくつかのタイプに分けている．彼らは，ほとんどのシステムで有効な以下の参考基準を提案している(表 4.1 参照).

・$H_A > 250$ atm(モル分率)$^{-1}$ の場合，液膜での流れが物質移動を支配する．
・H_A が 1 〜 250 atm(モル分率)$^{-1}$ の場合，液膜と気膜の両方での抵抗が重要になると思われる．
・$H_A < 1$ atm(モル分率)$^{-1}$ の場合，流れの状態は気膜によって支配される．こうした状況は，揮発性が比較的小さい化合物だけではなく，NH_3(アンモニア)のように液相中で反応性がある化合物にも当てはまる．

　表 4.1 からわかるように，各臭気化合物は，上記の 3 タイプのいずれかとなる．気液間の酸素移動(再曝気)に対する抵抗は，主に液膜内で発生する．

　ここで，式(4.18)を用いて気液間の移送現象を定量化するためには，K_L の適切な値を見出すことが不可欠である．気液間の物質移動に関連する知見は，下水管渠に関する限り，再曝気について最も多く報告されている(4.4)．

　臭気発生と再曝気については，4.3 と 4.4 でそれぞれ詳述する．

4.3　下水管渠内での臭気化合物

4.3.1　下水管渠内での臭気物質の発生

　下水管渠内で下水が嫌気性になると，揮発性物質が生成される可能性がある．これらの揮発性物質は概して，悪臭，健康への危険性や腐食といった多くの問題を引き起こす．こうした問題に関する状況と反応について 3.2.2 で示している．さらに，臭気の測定，モデル化および制御について，Stuetz and Frechen(2001)が報告している．

　臭気物質の発生原因となる嫌気反応は，無機ガスと揮発性有機化合物(VOCs)を生み出す．悪臭を放つ無機ガスは，主にアンモニア(NH_3)と硫化水素(H_2S)である．

　図 3.3 で示したように，下水中では数多くの揮発性有機化合物(VOCs)が生成される．下水中有機物から生成される，臭気問題に結び付く一般的な有機化合物を表 4.2 に示す．潜在的な臭気物質として知られる多くの有機化合物が家庭排水

中で確認されている(Raunkjaer et al., 1994；Hvitved-Jacobsen et al., 1995；Hwang et al., 1995). 通常，VFAs(揮発性脂肪酸)は，炭水化物(例えば，澱粉)の嫌気分解生成物として知られている．メルカプタンは，主にタンパク質から生成される．また，**表4.2**のいくつかの化合物は，硫黄と窒素を含んだ有機物の嫌気分解から生じる．

下水管渠内での特定の臭気化合物の測定は，研究の中で若干行われている．Hwang et al. (1995)は，下水処理の様々な段階での悪臭物質について研究を行う中で，流入下水を分析している(**表4.3**).

表4.2 下水中の発酵過程で生成される臭気問題に関係する揮発性有機化合物(VOCs)の例(Dague, 1972; Vincent and Hobson, 1998)

物　質	化合物	化学式	限界臭気濃度 (ppb)
揮発性硫黄化合物(VSCs)	メチルメルカプタン	CH_3SH	1
	エチルメルカプタン	C_2H_5SH	0.2
	アリルメルカプタン	$CH_2=CHCH_2SH$	0.05
	ベンジルメルカプタン	$C_6H_5CH_2SH$	0.2
	硫化物メチル	$(CH_3)_2S$	1
	二硫化物メチル	CH_3SSCH_3	0.3〜10
	チオクレゾール	$CH_3C_6H_4SH$	0.1
窒素化合物	メチルアミン	CH_3NH_2	1〜50
	エチルアミン	$C_2H_5NH_2$	2 400
	ジメチルアミン	$(CH_3)_2NH$	20〜80
	ピリジン		4
	インドール		1.5
	スカトール		0.002〜1
揮発性脂肪酸(VFAs)	酢酸	CH_3COOH	15
	ブチル酸	C_3H_7COOH	0.1〜20
	吉草酸	C_4H_9COOH	2〜2 600
アルデヒドとケトン	ホルムアルデヒド	$HCHO$	370
	アセトアルデヒド	CH_3CHO	0.005〜2
	ブチルアルデヒド	C_3H_7CHO	5
	アセトン	CH_3COCH_3	4 600
	ブタノン	$C_2H_5COCH_3$	270

表 4.3 処理場流入下水中の硫黄と窒素を含有した臭気化合物（Hwang et al., 1995）

化合物	平均濃度 ($\mu g\,L^{-1}$)	濃度範囲 ($\mu g\,L^{-1}$)
硫化水素	23.9	15〜38
二硫化炭素	0.8	0.2〜1.7
メチルメルカプタン	148	11〜322
硫化メチル	10.6	3〜27
二硫化メチル	52.9	30〜79
ジメチルアミン	210	—
トリメチルアミン	78	—
n-プロピルアミン	33	—
インドール	570	—
スカトール	700	—

表 4.3 では測定事例を示しただけであるが，いくつかの理由で興味深い．まず第一に，下水管渠からの流入下水中に，いくつかの臭気化合物が比較的高濃度（特に H_2S と比較して高濃度）含まれていることをこの表は示している．また，これらの濃度が下水中で観測されたことに着目する必要がある．気相中での現象については，例えばヘンリー定数などの影響を受けると思われる（**4.1, 4.2 参照**）．

Thistlethwayte and Goleb（1972）が下水管渠内の空気組成について調査結果を報告している．大部分の試料は，滞留時間約 4 時間以内で都市下水が流れてくる下水管渠内で採取している．下水の BOD_5 は 300〜350 g m^{-3} の範囲で変動し，温度はおおむね約 24 ℃であった．著者らは，下水管渠内空気中の成分を以下の4つのグループに分けている．このグループ分けは，各成分の化学的特性だけではなく，濃度も考慮して決定されている．なお，アンモニアは，この構成の中に含まれていない．

(1) 二酸化炭素：CO_2
(2) 炭化水素と有機塩素化合物
(3) 硫化水素：H_2S
(4) メルカプタン，アミン，アルデヒド，VFAs などの臭気ガスと蒸気

Thistlethwayte and Goleb（1972）により報告された下水管渠内空気の典型的な組成を**表 4.4** に示す．この調査では，例えば工場排水などの外部からの流入による成分と，下水管渠内で生成された成分を区別していない．

グループ 1（CO_2）は，下水管渠内で下水中有機物が微生物分解されることを示している．一方，臭気については，他のグループ（2〜4）が関連している．この

表 4.4 Thistlethwayte and Goleb(1972)により報告された下水管渠内空気の典型的な組成(晴天時における嫌気条件下での下水管渠内の組成)

グループ No.と成分	濃度範囲(容積として)
1 二酸化炭素(CO_2)	0.2～1.2％
2 炭化水素と有機塩素化合物	
a. 炭化水素は，主にC_6～C_{14}の脂肪族で，大部分はC_8～C_{12}(ガソリンなど)である	500 ppm 以下
b. 有機塩素化合物は，大部分がトリクロロエチレンで，二塩化エチレンと若干の四塩化炭素を含む	10～100 ppm
3 硫化水素(H_2S)	0.2～10 ppm
4 臭気ガスと蒸気	
a. 硫化物(大部分はメチルメルカプタンと硫化メチルで，若干のエチルメルカプタンを含む)	10～50 ppb
b. アミン(大部分はトリメチルアミンとジメチルアミンで，若干のジエチルアミンを含む)	10～50 ppb
c. アルデヒド(大部分はブチルアルデヒドである)	10～100 ppb

調査では，下水管渠内空気中で見られる各成分の発生源について言及していないが，おそらくグループ 2 は外部からの流入に起因している．それに対し，グループ 3，4 の成分については，下水管渠内での嫌気反応に起因していると思われる．

Thistlethwayte and Goleb(1972)による報告では，グループ 3 と 4 の各成分の濃度には相関があることを示している．すなわち，グループ 4 の成分(**表 4.4** の a，b，c)は，H_2S の濃度レベルにより変化し，おおむね 1：50 ～ 1：100 の比率となる．この知見により，下水管渠内空気中の潜在的臭気レベルの測定方法として，H_2S 濃度だけの測定で十分とはいえないが，下水管渠内ガスを研究するうえでは H_2S 濃度だけの測定でおそらく問題ないと結論付けている．

4.3.2 下水管渠内での臭気および有毒物質の放散

硫化水素を含む臭気化合物の下水から気相中への放散は，臭気問題を考えるうえで非常に重要なプロセスである．臭気化合物が液相中にとどまる限り，臭気問題は起こらない．

また，好気条件下における下水中での臭気物質の分解は重要である．有機硫黄化合物は急速に分解されるのに対し，窒素化合物はそうではない(Hwang et al., 1995)．

下水管渠では，臭気化合物に対する次の 3 つの移送現象が重要となる．

・下水から気相中への放散反応を表す臭気化合物の気液間の移動プロセス

・悪臭が許されない場所への臭気化合物の放出原因となる下水管渠での換気
・湿めった下水管渠壁でのガスの吸着とそれに伴う分解

一つ目の現象の原理は，気液の平衡について4.1で，移送プロセスについて4.2で，それぞれ解説している．さらに，下水管渠内での液相から気相中への硫化水素放散と平衡について，事例の一つとして4.1の中で示している．

臭気化合物の物質移動に関連する放散反応については，4.2で示した知見が必要である．これに関して，総括物質移動係数[K_LまたはK_G：式(4.18)，式(4.19)参照]を求めることが不可欠となる．なお，前述のように総括物質移動係数には，K_Lと式(4.18)が通常用いられている．

分子拡散係数についての知見と，K_{LO_2}(酸素のK_L)に関して気液間の酸素移動から得られた経験式(4.4参照)をもとに，臭気化合物のK_Lを求める方法が提案されている．4.2.2では，2重境膜理論によると，2つの膜(液膜，気膜)ともに物質移動係数(k)は，D/zと等しいと言及している．この理論と相反して，表面更新理論では，$k = D^{0.5}/z$としている．次の式(4.22)中のnの値は，理論的には解明されていない．しかしながら，低流速の下水管渠ではnは約1であり，また乱流状態になるとnは0.5に近づくと思われる．

$$\frac{K_L}{K_{LO_2}} = \left(\frac{D_L}{D_{LO_2}}\right)^n \tag{4.22}$$

気液界面での酸素移動に対する抵抗は，主に液膜内で起こる．したがって，酸素に類似した化合物[Liss and Slater(1974)によると，H_A(ヘンリー定数)が250 atm(モル分率)$^{-1}$以上の化合物]についてのみ，式(4.22)を適用できる．

下水管渠内気相中での硫化水素の発生は，臭気問題や6.2.6で後述する硫化物に起因した他の悪影響を説明するうえで重要である．**表4.1**によると$H_{H_2S} = 563$ atm(モル分率)$^{-1}$であるため，式(4.22)を用いてH_2Sの物質移動係数(K_{LH_2S})を求めることができる．

水中の分子拡散係数(D)については，多くの研究成果が報告されている(Othmer and Thakar, 1953；Scheibel, 1954；Wilke and Chang, 1955；Hayduk and Laudie, 1974；Thibodeaux, 1996)．これらの5つの参考文献から，拡散係数の比率(D_{LH_2S}/D_{LO_2})は，0.78～0.86の範囲で変化し，平均で0.84であることが明らかにされている．K_{LH_2S}を求めるため，まずこの値を式(4.22)に代入する．そして，式(4.22)とK_{LO_2}に関する経験式(**表4.7**参照)から，H_2Sの物質移動

● 第 4 章 ● 気液の平衡と物質移動—下水管渠における臭気問題と再曝気

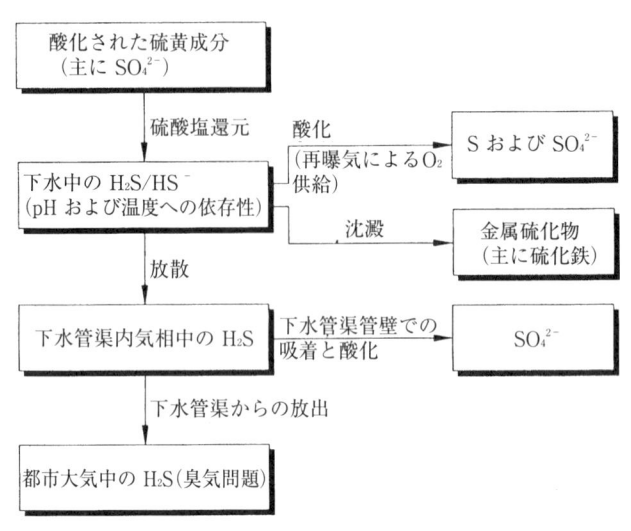

```
         ┌─────────────────┐
         │ 酸化された硫黄成分  │
         │ （主に $SO_4^{2-}$）│
         └────────┬────────┘
                  │ 硫酸塩還元      酸化
                  │              （再曝気による$O_2$    ┌──────────────┐
                  │               供給）         ─→│ S および $SO_4^{2-}$ │
                  ↓                               └──────────────┘
         ┌──────────────────┐
         │ 下水中の $H_2S/HS^-$   │
         │ （pH および温度への依存性）│    沈殿         ┌──────────────┐
         └────────┬─────────┘  ─────────────→│ 金属硫化物     │
                  │ 放散                        │ （主に硫化鉄）  │
                  ↓                             └──────────────┘
         ┌──────────────────┐  下水管渠管壁での  ┌──────────┐
         │ 下水管渠内気相中の $H_2S$ │  吸着と酸化    ─→│ $SO_4^{2-}$ │
         └────────┬─────────┘                    └──────────┘
                  │ 下水管渠からの放出
                  ↓
         ┌──────────────────┐
         │ 都市大気中の $H_2S$（臭気問題）│
         └──────────────────┘
```

図 4.4　下水管渠内での硫黄の循環に関連した臭気問題に結び付く主な反応経路と沈殿

係数（K_{LH2S}）を計算することができ，それにより下水から気相中への H_2S 放散速度を求めることができる．これについては，4.4 でより詳細に説明する．

硫化水素が引き起こす臭気問題の程度や範囲は，下水管渠内での硫黄の循環に関連する数多くの反応や沈殿の影響を受ける．主な反応経路の概略を図 4.4 に示し，また第 6 章でこれらの反応について詳述する．図 4.4 のすべての反応が簡単に定量化できるわけではないが，下水移送に伴う臭気問題を判定するうえで不可欠である．

図 4.4 に示す硫黄の循環に伴う変化と移送速度により，下水管渠内の各相（液相と気相）中の硫黄成分含有量が決まる．前述のように，また 6.2.6 でコンクリート腐食を扱う時に詳述するように，硫化水素による悪影響は主に気相中で起こる．この点で，液相から気相中への硫化水素放散反応がかなり速いにもかかわらず，下水管渠内気相中の硫化水素濃度測定値が一般に平衡状態のわずか 2～20％程度であることは興味深い（Pomeroy and Bowlus, 1946；Matos and de Sousa, 1992）．下水管渠管壁での H_2S 吸着とそれに伴う硫酸への酸化がこうした現象の主原因と考えられる（6.2.6 参照）．また，式(4.23)は単純ではあるが，多くの場合，下水管渠内気相中での硫化水素の物質収支を表す現実的な手法であると思われる．下水管渠管壁での H_2S 吸着速度と比較して，換気により下水管渠か

ら大気中に放出される量はごくわずかと考えられるため，物質収支はおおむね次式で表すことができる(**図 4.4** 参照).

$$Q_{atm} = Q_e - Q_{ads} \tag{4.23}$$

ここで，

Q_{atm} = 下水管渠内気相中で蓄積する H_2S の量(g)

Q_e = 下水から放散される H_2S の量(g)

Q_{ads} = 下水管渠管壁で吸着・酸化される H_2S の量(g)

Matos and de Sousa(1992)および Matos and Aires(1995)は，下水管渠内気相中での H_2S の蓄積を予測モデル化するため，式(4.23)を用いている．式中の H_2S の放散速度と下水管渠管壁での吸着速度については，経験式に基づいている．なお，これらの経験式については，Matos and de Sousa(1992)が詳述している.

VOCs のような成分は，嫌気条件下における下水管渠内での生成に加え，工場排水などの外部要因による場合もある(Corsi et al., 1995；Olson et al., 1998)．一般に，これらの VOCs は，炭化水素とそれに類似した生成物である．VOCs の放散は，数多くの下水管渠条件，水理条件，下水特性，物理化学的特性などの影響を受ける．そのため，流入する VOCs の放散については，本書の中で臭気物質に対し示した一般的な考え方を適用する．

4.3.3　下水管渠内での揮発性化合物による臭気と健康問題の判定

臭気測定方法には，分析による測定とセンサーによる測定の2種類の方法がある(**7.1.4** 参照)．センサーによる測定は，人間の鼻または電子検出器により行い，それを臭気による影響と関連付けている(Sneath and Clarkson, 2000；Stuetz et al., 2000)．予測とモデル化を行う場合には，分析による測定の方が正確ではあるが，センサーによる測定もたいへん役に立つ．また，潜在的臭気物質の種類が多いため，総合的に信頼できる指標なしに臭気レベルを判定することは難しい.

Thistlethwayte and Goleb(1972)は，下水管渠内空気中の潜在的臭気レベルの測定方法として，H_2S 濃度だけの測定で十分とはいえないが，下水管渠内ガスを研究するうえでは H_2S 濃度だけの測定でおそらく問題ないと結論付け，幾分不明確なことをいっている．しかしながら，彼らの報告は，下水管渠内でのごく限られた測定によるにもかかわらず，**第3章**および本章で前述した嫌気反応による臭気生成に関する理論的考察と一致している．また，下水処理場での臭気問題を

● 第 4 章 ● 気液の平衡と物質移動—下水管渠における臭気問題と再曝気

表 4.5 気相中硫化水素の臭気と健康への影響 (U.S.National Research Council, 1979；ASCE, 1989)

臭気またはヒトへの影響	気相中の濃度 (ppm)
限界臭気範囲	0.0001 〜 0.002
不快で強い臭い	0.5 〜 30
頭痛，吐き気および目，鼻，のどの痛み	10 〜 50
目と呼吸の傷害	50 〜 300
生命の危機	300 〜 500
即死	＞ 700

主に研究している他の著者も，H_2S は臭気レベルに対し重要な指標であると報告している (Gostelow and Parsons, 2000)．工学的視点から見ると，硫化水素はきわめて重要である．

下水管渠での硫化水素発生は，臭気問題に加えて，ヒトの健康に関連したいくつかの問題も引き起こす可能性がある．この点について，**表 4.5** と**図 4.2** を比較すると興味深い．なお，**表 4.5** に示すレベルは，個人差と曝露時間に左右される．

H_2S 濃度が約 50 ppm になるとその特有の臭いを感じなくなり，H_2S を直接検知できないことに注意が必要である．H_2S の比重は，大気よりわずかに大きい（比重は 34/29 の関係）．そのため，例えばポンプ場やマンホールなどに H_2S は蓄積されやすい．このような状況になると，概して臭いにより H_2S を検知できず，生命の危険性がある．そのため，下水管渠内で作業する場合には，通常は H_2S をモニターするための機器や警報装置を使用しなければならない．

下水管渠内またはその周辺の硫化水素濃度は臭気問題の適切な指標ではあるが，最初の評価として，下水中硫化水素濃度を潜在的危険性の指標とするのが実用的である．

硫化水素発生と関連した問題については，文献で詳しく報告されている（本章と **6.2.6** 参照）．硫化水素発生とそれにより生じる問題との関係には，多くの因子が影響を及ぼすが，**表 4.6** は適切な判定方法と考えられる．この表では，単純な判定を行っている．なお，表中の「中位」の問題は，「制御の必要なし」を意味

表 4.6 下水中全硫化物濃度のレベルとそれに伴う悪臭，健康および腐食に関する問題

下水中 H_2S 濃度レベル (gS m^{-3})	現れる問題
＜ 0.5	小さい
0.5 〜 2	中位
＞ 2	大きい

するものではない.

平衡状態での液相中硫化物(H_2S + HS^-)に対する気相中 H_2S の分圧(容積として)は, pH 7 の場合約 100 ppm($gS\ m^{-3}$)$^{-1}$ となる(図 4.2). これより, 平衡状態では, 表 4.6 に示すレベルよりかなり低い濃度でも, 臭気や健康問題に結び付くことが明らかである. このことは, H_2S のヘンリー定数が大きいことからも推測される(温度 25 ℃の時, H_{H_2S} = 563 atm(モル分率)$^{-1}$:表 4.1 参照). ただし, 実際の下水管渠では, 換気や管壁での H_2S 吸着とそれに伴う酸化などが起こるため, 平衡状態に近づくことはほとんどない. 下水管渠内の硫化水素濃度は, おおむね理論平衡値の 2〜20％の範囲にあり, 通常は 10％未満である(Melbourne and Metropolitan の共同研究, 1989).

全硫化物濃度が 0.5 $gS\ m^{-3}$ の場合に, 概して問題が生じないもう一つの理由は, 下水中に少量の重金属が含まれているからである. この重金属と下水中の溶存硫化物とが結合し, 不溶解性の金属硫化物となる. 通常, 下水中には比較的高濃度の鉄が含まれている.

4.4 下水管渠内での再曝気

下水管渠内での下水中の DO 収支は, 生物化学的反応にとって非常に重要である. 水中の酸素溶解度は小さく, 気液界面での移動抵抗は比較的大きい. また, 下水中の DO 消費速度は, 潜在的に大きい. こうした理由から, 下水中の好気反応に対し DO は制限因子となりやすい. そこで, 下水管渠内における気液界面での物質移動について, プロセスと理論の両方を考慮して定量化することはきわめて重要である. また, これは, 好気反応を定量化するためにも不可欠である.

4.4.1 酸素溶解度

平衡状態での水中および下水中の酸素溶解度について, 最初に基本的な検討を行う[ヘンリーの法則, 式(4.8)および例 4.1 参照].

平衡状態での水(清水)中の酸素溶解度を求めるため, 次の公式が一般に用いられる.

$$S_{OS} = \frac{P - p_S}{760 - p_S}(14.652 - 0.41022\ T + 0.00799\ T^2 - 0.0000773\ T^3) \quad (4.24)$$

ここで,
> S_{OS} = 平衡状態での水中の飽和溶存酸素濃度$(gO_2\ m^{-3})$
> P = 現場の空気圧$(mmHg)$
> p_s = 温度 T における飽和蒸気圧$(mmHg)$
> T = 温度$(℃)$

一般に,S_{OS} の温度依存性は圧力への依存性より重要である.式(4.24)で計算すると,温度 0 ℃付近では S_{OS} は約 14.65 g m^{-3} であるのに対し,15 ℃では 10.04 g m^{-3} となる.ただし,下水管渠内で酸素分圧が低下することについては,考慮が必要である(例 4.1 参照).

式(4.24)は,清水に対して適用される.下水中では,無機および有機の溶解性成分が酸素溶解度に影響を及ぼし,次式となる.

$$S_{OS,ww} = \beta\ S_{OS} \tag{4.25}$$

ここで,
> $S_{OS,ww}$ = 下水中の飽和溶存酸素濃度$(gO_2\ m^{-3})$
> β = 下水中と清水中との酸素溶解度の比:補正係数$(-)$

β の値は,下水の種類により変化するが,一般に 0.8 ～ 0.95 の範囲となる.

4.4.2　下水管渠内での気液間の酸素移動に関する経験的モデル

理論的考察(概して多くの実験データに裏付けされた考察)に基づいて,管渠内での再曝気を求める経験式が開発されている.ここでは,下水管渠に関連する式を取り扱う.

従来から,下水管渠については,式(4.18)および式(4.19)と同じ手法で再曝気の検討が行われている.ただし,式(4.18)および式(4.19)とは異なる単位で,次式のように公式化されている.

$$F = K_L a(S_{OS} - S_O) = K_{LO_2}(S_{OS} - S_O) \tag{4.26}$$

ここで,
> F = 酸素移動速度$(g\ m^{-3}\ s^{-1},\ g\ m^{-3}\ h^{-1}\ または\ g\ m^{-3}\ d^{-1})$
> $K_L a = K_{LO_2}$ = 総括酸素移動容量係数$(s^{-1},\ h^{-1}\ または\ d^{-1})$
> S_O = 液相中の溶存酸素濃度$(g\ m^{-3})$

総括酸素移動容量係数は,次のように定義される.

$$K_L a = K_L' a = K_L' A/V = K_L' d_m^{-1} \tag{4.27}$$

4.4 下水管渠内での再曝気

ここで,
　　K_L' = 酸素移動係数(m s^{-1}, m h^{-1} または m d^{-1})
　　a = 気液界面の面積(A)／液相の容量(V)　　(m^{-1})
　　d_m = 液相の水理学的水深(液相の断面積／気液界面の幅)　　(m)

温度依存性と下水基質に起因する補正を考慮すると,式(4.26)は次式に変換される.

$$F = \alpha\, K_{LO_2}(20) \cdot (\beta\, S_{OS} - S_O)\, \alpha_r^{(T-20)} \qquad (4.28)$$

ここで,
　　α = 界面活性剤の影響に対する補正係数(-)
　　α_r = 再曝気に対する温度補正係数(-)

α の値は,下水中の界面活性剤(洗剤)の量に依存し,一般に1に近く,約0.95である.また,温度補正係数(α_r)には,通常1.024を用いている(Elmore and West, 1961).

酸素移動速度(F)を求めるためには,総括酸素移動容量係数($K_La = K_{LO_2}$)の値が不可欠である.自然流下管渠での K_La を求めるために提案された経験式を**表 4.7**にまとめる(Jensen, 1994).

これらの試験式の中で,下水管渠を対象として開発されたのは,Parkhurst and Pomeroy(1972),Taghizadeh-Nasser(1986)およびJensen(1994)が提案した公式のみである.Taghizadeh-Nasser(1986)は,試験管渠で調査を行っている.一方,Parkhurst and Pomeroy(1972)およびJensen(1994)が開発した公式は,実際の下水管渠での測定に基づいたものである.Parkhurst and Pomeroy(1972)は,堆積物と生物膜を取り除いた下水管渠内で酸素収支に基づく調査を行った.また,

表 4.7　自然流下管渠での総括酸素移動容量係数[$K_La(20) = K_{LO_2}(20)$]を求める経験式

参考文献	K_La を求める式(h^{-1})*
(1) Krenkel and Orlob(1962)	$0.121(us)^{0.408} d_m^{-0.66}$
(2) Owens et al.(1964)	$0.00925\, u^{0.67} d_m^{-1.85}$
(3) Parkhurst and Pomeroy(1972)	$0.96(1 + 0.17\, Fr^2)(su)^{3/8} d_m^{-1}$
(4) Tsivoglou and Neal(1976)	Bus
(5) Taghizadeh-Nasser(1986)	$0.4u(d_m/R)^{0.613} d_m^{-1}$
(6) Jensen(1994)	$0.86(1 + 0.2\, Fr^2)(su)^{3/8} d_m^{-1}$

* ここで,Fr = フルード数(-)($ug^{-0.5} d_m^{-0.5}$),u = 平均流速(m s^{-1}),g = 重力加速度(m s^{-2}),s = こう配(m m^{-1}),R = 径深(m)(= 液相の断面積／潤辺),B = 水質および攪拌強度と相関を持った係数(-)(ここでは,約2360とした).

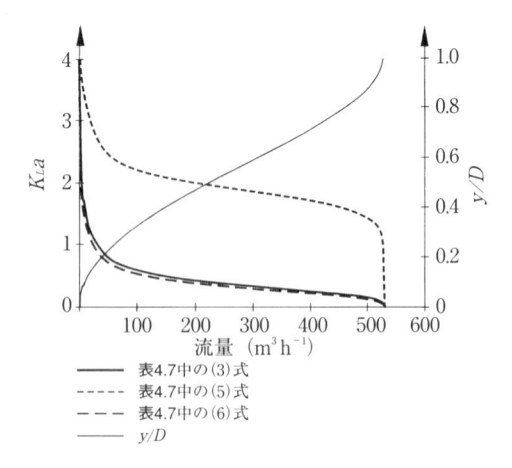

図4.5 自然流下管渠での K_La および水深と管径の比率 (y/D) と流量との関係 [管径 (D) = 0.7 m, こう配 (s) = 0.03 m m^{-1}, 温度15℃の場合についての計算]

Jensen (1994) は, Parkhurst and Pomeroy (1972) が開発した式と, 放射性トレーサーとして krypton-85 を用いた直接法による再曝気の測定結果(第7章参照)をもとに, 公式を開発している.

表4.7の式は, 下水管渠の状況と流量特性により K_La の大きさが求められることを示している. 管径 (D) = 0.7 m, こう配 (s) = 0.003 の自然流下管渠での温度15℃における K_La の値と流量の関係を**図4.5**に示す. 図には, 水深と管径の比率 (y/D) も示しており, 流量が約 530 m^3 h^{-1} (147 L s^{-1}) の時に満流状態となる.

図4.5に示すように, K_La を求める3つのすべての式で水深と管径の比率 (y/D) が0.2を超えると, K_La は急激に小さくなることがわかる. Taghizadeh-Nasser (1986) によるモデル計算では, ほぼ満流状態での再曝気が実際には起こり得ないほど大きくなっている. また, 他の2つのモデル計算では, 数式から推測されるようにほぼ同じ計算結果となっている.

4.4.3　下水管渠の段差部での再曝気

合流点, マンホール, 曲管, 堰および段差部のような特殊な下水道構造物では, 通常の下水管渠内での水理状況と比較して, 大きな乱流が発生すると考えられる. これらの構造物で起こる乱流により, 気液間の酸素移動は増長され, **表4.7**の公式を用いることはできなくなる. こうした特殊な下水道構造物では, 一般にそれ

ぞれ固有の特性を持っている．段差部での再曝気についても，最も重要なパラメータから求められる単純な経験式が必要である．

以下の2つの式[式(4.29)と式(4.30)]により，段差部での再曝気について，実用的な範囲で求めることができる．

$$s_o = \frac{S_{OS} - S_{O.u}}{S_{OS} - S_{O.d}} \tag{4.29}$$

ここで，

s_o = 落差部前後での再曝気に対する不足DO量の比率(-)
$S_{O.u}$ = 段差部上流側のDO濃度(gO_2 m^{-3})
$S_{O.d}$ = 段差部下流側のDO濃度(gO_2 m^{-3})
S_{OS} = 平衡状態でのDO濃度(=飽和濃度)(gO_2 m^{-3})

また，次式で表すこともできる．

$$\gamma = 1 - s_o^{-1} \tag{4.30}$$

ここで，γ = 段差部での再曝気に対するDO有効係数(-)

s_oおよびγは，K_Laと同様に下水道構造物の特性，下水水質，温度などの基本的特性に影響を受けるが，最も重要なパラメータである落差(H)と関連付けた単純な経験式が開発されている(**表4.8**)．

Thistlethwayteが提案した式(**表4.8**)は，汚水水路での実験から求めたものである．他の2つの式は，下水管渠で得られたデータに基づいている．Matos(1992)が提案した式は，小口径の下水管渠で，落差が約1.75 m未満の段差部に適用できる．

表4.8に示す各式について，**図4.6**の中で比較検討した．各式中の定数は，**表4.8**に記載された報告者の調査結果による．これらの定数は，温度や下水水質特性など数多くの現場固有の条件により変動する．

表4.8 自然流下管渠段差部での再曝気に対する不足DO量の比率(s_o)を求める経験式

参考文献	s_oを求める式(-)*
(1) Thistlethwayte(1972)	$1 + 0.20 H$
(2) Pomeroy and Lofy(1977)	$e^{0.41 H}$
(3) Matos(1992)	$e^{(0.45 H - 0.125 H^2)}$

* ここで，H = 段差部の落差(m)(すなわち，段差部での上流側と下流側の水理的エネルギー線の高低差)

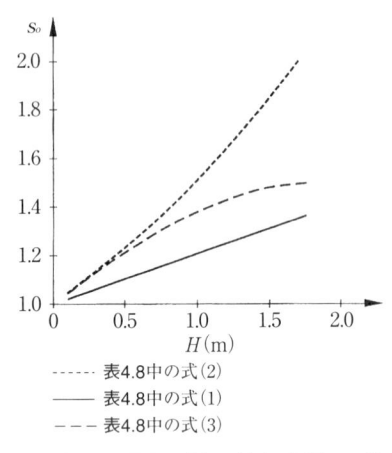

図4.6 表4.8に示す再曝気に対する不足DO量の比率(S_o)を求める各式の比較

凡例:
- ----- 表4.8中の式(2)
- ——— 表4.8中の式(1)
- − − − 表4.8中の式(3)

4.5 参考文献

ASCE (1989), Sulfide in wastewater collection and treatment systems, *ASCE* (American Society of Civil Engineers) *Manuals and Reports on Engineering Practice* 69, 324.

Clarke, E.C.W. and D.N. Glew (1971), Aqueous nonelectrolyte solutions, Part VIII. Deuterium and hydrogen sulfides solubilities in deuterium oxide and water, *Can. J. Chem.*, 49, 691–698.

Corsi, R.L., S. Birkett, H. Melcer, and J. Bell (1995), Control of VOC emissions from sewers: A multi-parameter assessment, *Water Sci. Tech.*, 31(7), 147–157.

Danckwerts, P.V. (1951), Significance of liquid-film coefficients in gas absorbtion. *Indust. and Eng. Chem.*, 43(6), 1460–1467.

Dagúe, R.R. (1972), Fundamentals of odor control, *J. Water Poll. Control Fed.*, 44, 583–595.

Dobbins, W.E. (1956), The nature of the oxygen transfer coefficient in aeration systems. In: B. J. McCabe and W. W. Eckenfelder Jr. (eds.), Section 2.1 of *Biological Treatment of Sewage and Industrial Wastes*, Reinhold Publishing Corp., New York, pp. 141–148.

Elmore, H.L. and W.F. West (1961), Effects of water temperature on stream reaeration, *J. Sanit. Eng. Div.*, 87, 59.

Gostelow, P. and S.A. Parsons (2000), Sewage treatment works odour measurement, *Water Sci. Tech.*, 41(6), 33–40.

Hayduk, W. and H. Laudie (1974), Prediction of diffusion coefficients for non-electrolysis in dilute aqueous solutions, *J. A.I.Ch.E.*, 20, 611–615.

Higbie, R. (1935), The rate of absorbtion of a pure gas into a still liquid during short periods of exposure, *Am. Inst. Chem. Eng. Trans.*, 31, 365–390.

Hvitved-Jacobsen, T., K. Raunkjaer, and P.H. Nielsen (1995), Volatile fatty acids and sulfide in pressure mains, *Water Sci. Tech.*, 31(7), 169–179.

Hwang, Y., T. Matsuo, K. Hanaki, and N. Suzuki (1995), Identification and quantification of sulfur and nitrogen containing odorous compounds in wastewater, *Water Res.,* 29(2), 711–718.

Jensen, N.Aa. (1994), Air–water oxygen transfer in gravity sewers, Ph.D. dissertation, Environmental Engineering Laboratory, Aalborg University, Denmark.

King, C. J. (1966), Turbulent liquid phase mass transfer at a free gas-liquid interface, *Indust. and Eng. Chem.,* 5, 7.

Krenkel, P.A. and G.T. Orlob (1962), Turbulent diffusion and the reaeration coefficient, *J. Sanit. Eng. Div.,* 88(SA2), 53.

Lewis, W.K. and W.G. Whitman (1924), Principles of gas absorption, *Indust. and Eng. Chem.,* 16(12), 1215.

Liss, P.S. and P.G. Slater (1974), Flux of gases across the air-sea interface. *Nature,* 247, 181–184.

Matos, J.S. (1992), Aerobiose e septicidade em sistemas de drenagem de águas residuais, Ph.D. thesis, IST, Lisbon, Portugal.

Matos, J.S. and C.M. Aires (1995), Mathematical modelling of sulphides and hydrogen sulphide build-up in the Costa do Estoril sewerage system, *Water Sci. Tech.,* 31(7), 255–261.

Matos, J.S. and E.R. de Sousa (1992), The forecasting of hydrogen sulphide gas build-up in sewerage collection systems, *Water Sci. Tech.,* 26(3–4), 915–922.

Melbourne and Metropolitan Board of Works (1989), Hydrogen sulphide control manual — Septicity, corrosion and odour control in sewerage systems, Technological Standing Committee on Hydrogen Sulphide Corrosion in Sewerage Works, vols. 1 and 2.

Olson, D.A., S. Varma and R. L. Corsi (1998), A new approach for estimating volatile organic compound emissions from sewers: Methodology and associated errors, *Water Env. Res.,* 70(3), 276–282.

Othmer, D.F. and M.S. Thakar (1953), Correlating diffusion coefficients in liquids, *Industrial and Engineering Chemistry,* 45(3), 589–593.

Owens, M., R.W. Edwards, and J.W. Gibbs (1964), Some reaeration studies in streams, *Ing. J. Air Pollut.,* 8, 469.

Parkhurst, J.D. and R.D. Pomeroy (1972), Oxygen absorption in streams, *J. Sanit. Eng. Div.,* ASCE, 98(SA1), 121–124.

Pomeroy, R.D. and F.D. Bowlus (1946), Progress report on sulfide control research, *J. Sewage Works,* 18, 597–640.

Pomeroy, R.D. and R.J. Lofy (1977), Feasibility study on in-sewer treatment methods, NTIS No. PB-271445, USEPA, Cincinnati, OH.

Raunkjaer, K., T. Hvitved-Jacobsen, and P.H. Nielsen (1994), Measurement of pools of protein, carbohydrate and lipid in domestic wastewater, *Water Res.,* 28(2), 251–262.

Sander, R. (2000), Henry's law constants. In: W.G. Mallard and P.J. Lindstrom (eds.), *Chemistry WebBook,* NIST Standard Reference Database Number 69, National Institute of Standards and Technology, USA, http://webbook.nist.gov/chemistry.

Scheibel, E.G. (1954), Liquid diffusivities, *Ind. Eng. Chem.,* 46, 2007–2008.

Sneath, R.W. and C. Clarkson (2000), Odour measurement: A code of practice, *Water Sci. Tech.,* 41(6), 23–31.

Stuetz, R. and F.-B. Frechen (eds.) (2001), *Odours in Wastewater Treatment — Measurement, Modelling and Control,* IWA Publishing, p. 437.

Stuetz, R.M., R.A. Fenner, S. J. Hall, I. Stratful, and D. Loke (2000), Monitoring of wastewater odours using an electronic nose, *Water Sci. Tech.,* 41(6), 41–47.

Stumm, W. and J.J. Morgan (1981), *Aquatic Chemistry: An Introduction Emphasizing Chemical Equilibria in Natural Waters,* John Wiley & Sons, New York, p. 780.

Taghizadeh-Nasser, M. (1986), Gas-liquid mass transfer in sewers (in Swedish); Materieöverföring gas-vätska i avloppsledningar, *Chalmers Tekniska Högskola,* Göteborg, Publikation, 3:86 (Licentiatuppsats).

Thibodeaux, L. J. (1996), *Environmental Chemodynamics,* John Wiley & Sons, New York, p. 593.

Thistlethwayte, D.K.B. (ed.) (1972), *The Control of Sulfides in Sewerage Systems,* Butterworth, Sidney, Australia.

Thistlethwayte, D.K.B. and E. E. Goleb (1972), The composition of sewer air, *Proceedings from the 6th International Conference on Water Pollution Research,* Israel, June 1972, pp. 281–289.

Tsivoglou, E.C. and L.A. Neal (1976), Tracer measurement of reaeration, III: Predicting the reaeration capacity of inland streams, *J. Water Pollut. Contr. Fed.,* 48(12), 2669.

U.S. National Research Council, Division of Medical Sciences (1979) Hydrogen sulfide, report by Committee on Medical and Biological Effects of Environmental Pollutants, Subcommittee on H_2S.

Vincent, A. and J. Hobson (1998), *Odour Control,* CIWEM (Chartered Institution of Water and Environmental Management) monograph of Best Practice No. 2, Terence Dalton Publishing, London, p. 32

Wilke, C. R. and P. Chang (1955), Correlation of diffusion coefficients in dilute solutions, *J. A.I.Ch.E.,* 1(2), 264–270.

第 5 章

好気・無酸素反応―反応の概念とモデル

　好気性微生物による下水の分解は効率的で，その反応は比較的速い．好気条件で比較的長い滞留時間を持つ下水管渠では，生物分解性基質の減少と微生物の増殖により大きな水質変化が起こる．そのような水質変化は，次の下水処理過程に影響する．栄養塩除去の場合を考えると，下水管渠内の好気性反応は，脱窒および生物学的りん除去の能力低下を起こす可能性がある．一方では，1次処理が必要とされた時，溶解性有機物および生物分解性有機物の減少とそれに伴う微生物量の増加，すなわち固形性有機物の増加は，管渠内反応が処理場内での処理に良い影響を与える作用と考えることができる．下水管渠は，反応装置であり積極的な意味でも消極的な意味でも下流の「処理施設」と相互作用を持つ．

　基本的に，下水管渠内の有機物の好気性反応が起こるか否かは，活性従属栄養細菌，電子供与体および電子受容体の存在に依存する．電子受容体(酸素)の継続的な供給は，この点において重要である．再曝気反応は，しばしば反応の程度を決め，そして要となる反応である．

　本章は，下水管渠の好気性条件下での微生物反応を扱う．ここでは，有機物の反応に力点を置き，下水中ならびに生物膜での反応を含めている．さらに，下水管渠堆積物に起因する固形物浮遊物の反応も含む．主要な微生物反応，すなわち従属栄養微生物の増殖，呼吸，および加水分解の概念とモデルを扱っている．管渠内反応の基本的な化学および生物学の知識は，**第 2 章**および**第 3 章**で解説した．再曝気反応は，**第 4 章**を参照されたい．

5.1 下水管渠中での酸素反応の例示

下水管渠中の好気性および嫌気性反応の基本的な理論面は，第2章および第3章で扱った．図5.1に簡単に示したのが好気性反応と嫌気性反応の主要な違いの例示であり，管渠内の下水中のタンパク質の変化を例にしている．好気性条件下では，浮遊性タンパク質はかなり増大し，反対に，溶解性タンパク質は減少した．この変化は，微生物の増殖の結果と解釈される．嫌気性条件下では，浮遊性タンパク質も溶解性タンパク質も変化しなかった．

図5.1において示された結果は，図3.11において示した下水の酸素利用速度の増加と整合している．これらの例は，酸素の存在によって下水中の有機物成分，大きさの分布，分解速度などが影響を受けていることを示している．それらは，図2.2において示した増殖と基質利用に関する基本的な概念と合致する．

Almeida (1999) は，自然流下管渠における下水成分の変化を研究した．下水管渠は，長さ7.2 kmで1.5時間の滞留時間を持っている．平均7％近辺の管渠こう配といくつかの段差により好気状態となっていた．研究においては，有機物（COD_{tot}，COD_{sol}，およびBOD）だけではなく，他の関連物質（アンモニア，硝酸塩，TSS，およびVSS）も含まれていた．研究で算定された平均的な除去率を表5.1に示す．

下水管渠を想定した実験研究は，幅広い範囲にわたることになるが，表5.1に

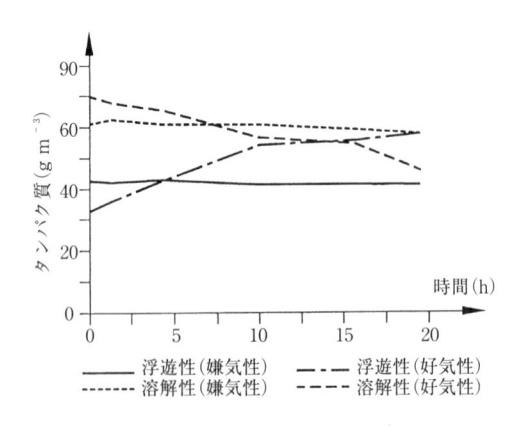

図5.1 好気性および嫌気性条件下の下水中タンパク質の変化 (Nielsen *et al.*, 1992)

5.1 下水管渠中での酸素反応の例示

表 5.1 下水成分の予平均除去率．約 1.5 時間の平均滞留時間を持つ 7.2 km 自然流下管渠，下水変化は好気条件下 (Almeida, 1999)

項目	除去率(%)	測定値 No.	相関係数
COD_{tot}	6	80	0.94
COD_{sol}	19	80	0.95
BOD_5	7	20	0.95
NH_3	6	79	0.98

示す成分の除去は，主に従属栄養微生物の活動によるものと考えられる．理論的な考察や Almeida (1999) に代表される多くの研究により従属栄養菌が好気的な反応の中心的な存在であることがわかってきた．Stoyer (1970), Stoyer and Scherfig (1972), Koch and Zandi (1973), Pomeroy and Parkhurst (1973), Green et al. (1985) は，下水管渠中の有機物(特に BOD および COD)除去について研究を行った．

下水中の従属栄養細菌は，一般に下水の好気性反応の制限因子ではない．好気性反応は，電子受容体(酸素)の供給量，すなわち再曝気量によって制限される．何人かの研究者により分解処理を促進するために活性汚泥を下水中に注入することが提案されたが，酸素が大量に継続して下水に供給されない限り，この提案は有効ではない(例 5.1 参照)．

例 5.1：下水管渠中での再曝気および好気性反応

直径 $D = 0.5$ m，こう配 $s = 0.003$ m m^{-1} の自然流下管渠では，下水は管渠の半分までの水深で流れていて，DO 濃度は約 0.3 gO$_2$ m^{-3} 程度で一定である．下水管渠は，コンクリートでつくられていて，表面の凹凸は 1.0 mm ある．下水管渠は幹線で，分流式下水道方式である．下水は生活排水で，水温 $T = 15$ ℃．下水の特徴は，およそ図 3.10 に示したとおりで，好気性反応の反応速度は比較的高い．この例では，下水中の好気性反応だけを考慮する．

以上のような条件下における COD 除去量を gCOD m^{-3} h^{-1} および gCOD m^{-3} km^{-1} 単位で計算せよ．

結果：好気性反応は，再曝気によって制限され，酸素供給速度は表 4.7 の式(6)を用いて計算する．満管流の Colebrook and White の式に基づき，半管流における下水の流量と速度は，次のとおり求められる．

$u = 0.97$ m s^{-1}

$Q = 95$ L s^{-1}

液相の水理学的水深は，下記のとおりである．

$$\frac{\frac{\pi}{8}D^2}{D} = \frac{\pi}{8}D = \frac{\pi}{8}\cdot 0.5 = 0.196 \text{ m}$$

気液界面での酸素供給速度は 15 ℃で設定．

$$F = 0.86\,(1 + 0.2\,Fr^2)\,(su)^{3/8}\,d_m^{-1}\,1.024^{T-20}\,(S_{os} - S_o)$$

$$= 0.86\left[1 + 0.2\frac{0.97^2}{9.81\times 0.196}\right](0.003\cdot 0.97)^{3/8}\,(0.196)^{-1}\,1.024^{-5}\,(10 - 0.3)$$

$$= 4.64 \text{ gO}_2 \text{ m}^{-3}\text{ h}^{-1}$$

すなわち，4.64 gCOD m^{-3} h^{-1} が除去される．下水管渠の単位長さ当りの反応量は，次のとおりである．

$$\frac{4.64}{0.97\cdot 10^{-3}\cdot 3600} = 1.33 \text{ gCOD m}^{-3}\text{ km}^{-1}$$

半管流での「自然な」再曝気が有機物分解の律速となっていることがわかる．DO 無制限条件下，すなわち 2～4 gO$_2$ m^{-3} 以上では，反応速度は 2～5 倍以上高くなり，その結果，下水の水質も大きく変化すると考えられる（図 **3.11** 参照）．

合流式下水道区域では，下水管渠は，一般に晴天時の比較的少ない流量によって設計される．そのような条件下では，単位下水量当りの酸素供給量は大きいので，結果的に COD の高除去につながる．この例は，下水の水質だけではなく下水管渠の特性が重要であり，管渠特性によって反応がどの程度生じるかを決めているかを示している．

5.2　下水管渠内の好気性微生物反応の考え方

5.2.1　考え方の基礎

下水管渠中で下水中有機物の反応を考える時，BOD や COD のような総量的な指標は，一般に有機物量と分解量の指標，すなわち処理の指標として使われる．実験的に決定された単一の除去率が予測のために用いられてきた（Stoyer, 1970；Koch and Zandi, 1973；Pomeroy and Parkhurst, 1973；Green *et al.*,

1985；Almeida, 1999）．

　好気性条件下における自然流下管渠内の有機物の分解に関する調査がRaunkjaer et al.（1995）により実施された．調査対象の有機物は，溶存性および固形性のタンパク質，炭水化物，脂質，および揮発性脂肪酸（VFAs）である．これらの物質の分析方法は，下水固有の成分の分析に適用するために開発された（Raunkjaer et al., 1994）．

　しかし，Raunkjaer et al.（1995）や Almeida（1999）などの調査は，好気的環境にある管渠で，溶解性 COD の除去は観測されたが全 COD としては除去を確認できなかったことを報告している．生物反応という観点から，全 COD が基本的な限界を持つ指標であることは明らかである．なぜなら，溶解性有機成分が固形態である微生物に摂取されても COD としては変化しないからである．好気性条件下では，溶解性有機分（VFAs，炭水化物の一部，タンパク質）は，下水管渠内の微生物活性と基質除去の有効な指標と考えられる．しかし，これらの物質の除去または分解の動力学は，明確に表現されていない．溶解性炭水化物の除去は，経験的に 1 次反応で説明できるが，下水管渠中微生物の活動は，1 次反応とはなっていない．すなわち結論的には，理論的な限界や方法論的な問題が，COD のような指標がたとえ化学および物理学的に決定されたとしても，下水中微生物反応の解明の主要な障害となっている．

　単純だが一般に受け入れられる，下水管渠内反応に対する微生物反応の理論を見つけることが重要である．簡単な表現方法では詳細な反応過程は説明できないが，実験的に決定しなければならない係数や反応・成分が少なくなるので，理論をモデルベースで適用できる機会が増え有利である．反応の簡潔な表現と厳密な表現の間に生じる違いを明らかにするためには様々な方法が考えられるが，厳密すぎる方法は実験結果の現場への適用という点では問題がある．

　基本的に，下水管渠中の微生物反応理論は，溶存物質と固形性物質の両方の下水内，生物膜内および堆積物内の反応が含まれるべきものである．さらに，これら段階の物質移動および酸素の気液移動を考慮すべきである（図 1.3，図 5.2）．本章において提案する理論は，好気性の微生物活動を対象としているが，無酸素や嫌気性反応にも適用可能となるように拡張されるべきである（第 6 章参照）．

　好気性状態における下水中の微生物による有機物の分解反応理論は，下水の水質変化を説明する理論を含むべきものである．従属栄養微生物，有機基質，関連

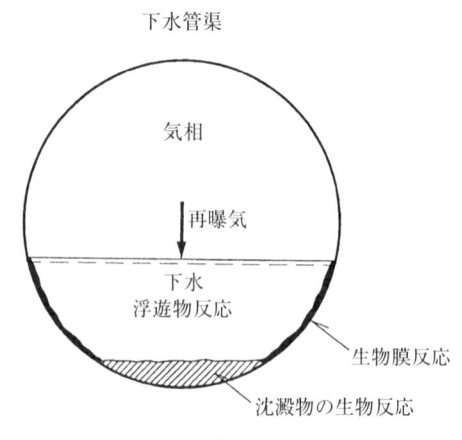

● 第5章 ● 好気・無酸素反応—反応の概念とモデル

図 5.2 生物反応装置としての下水管渠

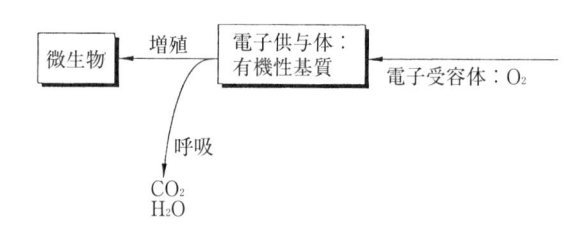

図 5.3 下水管渠内の好気性下水反応における微生物と基質の関係

する電子受容体(溶存酸素, DO)は，この点で基礎的要因であると考えられる．理論の基本的な原理は，微生物の増殖のための基質利用と電子受容体によるエネルギー消費が並行して起こるという一般な事実に基づいている(図 2.2, 図 5.3)．これらの反応は，下水内，生物膜内，および沈澱物内において起こる．

　伝統的な BOD や COD 除去理論は，有機物が仮想的な除去プロセスの中で分解されるという考え方をしている．このような考え方に対し本書で記述している理論は，微生物が真に中心的な役割を担う要素であり，(反応内容は)有機基質と電子受容体の性質と利用可能性に依存することになる．したがって，従属栄養細菌はその活動においてこの理論の中心的な存在である．

5.2.2 下水管渠内における微生物反応のための考え方

活性汚泥（微生物）の増殖，BOD，および栄養塩の除去といった微生物反応は，下水処理場で生物処理を行う時に注目される．一方，下水管渠は下水を処理場に下水を流入させるシステムなので，管渠内での反応と活性汚泥での反応を統合する理論と見通しが必要となる．

活性汚泥法での処理過程において，有機物はいくつかの部分に分類される．活性汚泥中で起こる好気性従属栄養微生物反応の重要な要素は，従属栄養微生物，微生物とは異なる易生物分解性成分，分解されにくい有機成分である(3.2.6 参照)．活性汚泥の反応についてこのような理解に達するためには，何人かの研究者の基本的な寄与がある．例えば，Kountz and Forney(1959)，McKinney and Ooten (1969)，Gaudy and Gaudy(1971)，Marais and Ekama(1976)，Gujer(1980)，Dold et al. (1980)の諸氏である．これらの発見は，Grady et al. (1986)によるモデル用語設定と，「活性汚泥モデル No.1(Activated Sludge Model No.1)」を著した Henze et al. (1987)により定式化された．有機炭素反応動力学や活性汚泥に関連したいっそうの研究開発は，例えば Sollfrank and Gujer(1991)，Henze et al. (1995, 2000)により位置付けられた．

下水管渠と処理場における微生物反応の違いは，主に次の2つの主要な前提を考慮しておかなければならない．まず第一に，下水管渠と処理場の2つの施設のそれぞれの反応において，どのような反応に関わる側面が問題とされるかを検討する．第二には活性汚泥中の微生物反応にとっては，管渠内の汚水や生物膜とは異なる条件が存在することに気付かなければならない．

最初の観点では，高度処理において微生物を使用している場合は，下水中からの有機性炭素，窒素，およびりん除去能力と効率が評価される．しかし，管渠内において下水水質の変化および処理反応が生じるという観点からは，従属栄養細菌による有機炭素の変化だけを注目するのが適切である．ところが，もし下水の高度処理が必要な場合，つまり処理場における脱窒および生物学的りん除去のためには，管渠で汚水を輸送している段階で易生物分解性有機物を保存することが重要である．さらに，下水輸送の間に硫化水素生成の条件が存在する場合には，管渠内での硫黄サイクルは重要性をもってくる．

次に，2番目の側面である下水管渠と処理場における反応条件の違いであるが，活性汚泥処理は，生物学的に活性のある微生物と非活性の固形性有機物を含む高

濃度の汚泥フロックの中で反応が進行することが特徴である．この点から，活性汚泥は，従属栄養微生物と遅い加水分解性有機物，非生物分解性物質から構成されていると表現できる．活性汚泥処理施設においては，活性微生物は一般に基質が増殖の制限条件となっている．このフロック濃度が高いシステムと比較して，下水管渠中の下水中の活性生物は，濃度が低く対数増殖期となっている．基質制限増殖か非基質制限増殖であるか,固形性有機物の加水分解といった反応条件は，微生物濃度の影響を受ける．そして，微生物濃度の違いが管渠内の下水と活性汚泥の反応条件の違いにつながる．さらに，下水管渠内の生物膜反応と堆積物反応が下水管渠と下水処理場の反応の違いに加わることになる．加えて，下水管渠内反応は，有機物の混合物にさらされて進行するが，これらは家庭や工場から大なり小なり直接排出されるものである．この点が，下水処理場に流入してくる汚水と異なる点である．下水管渠内反応は，下水中の易生物分解性有機物や長い滞留時間を持つ下水管渠で特に重要となる．

そしてこれらは，下水管渠内反応モデルの出発点であった．下水管渠内での微生物による炭素反応の研究および対応モデルを構築する最初の試みは，Bjerre et al. (1995, 1998a, 1998b)により提案された．開発されたモデルは，活性汚泥の理論に基づき，主な反応，つまり生物増殖，固形性物質の加水分解，および微生物の自己分解が含まれていた(図 5.4)．このモデルは，加水分解性基質をその加水分解速度により,2つから3つの成分に分画することにより実験的に下水管渠内の反応に適用できることが明らかにされた(Bjerre et al., 1998b)．下水中 COD 成分の分画方法，化学量論的検討を行う際の指標の選定，微生物反応の動力学的表現方法が活性汚泥で用いられる方法に基づき開発された．しかし管渠内と活性汚泥中の従属栄養微生物に対する増殖条件の違いから管渠内反応理論に用いられる検討方法は修正された．また，酸素利用速度(OUR)の取扱いも活性汚泥と下水管渠内では異なる(Bjerre et al., 1995, 1998b)．さらに，生物膜の回分実験と現場調査は，生物膜と堆積物反応を単純表層フラックス流れと仮定して実施された(Bjerre et al., 1998a)．

このような修正活性汚泥モデルをもとにして，実用段階と考えることができる下水管渠内の下水成分の従属栄養微生物による炭素反応のモデルシミュレーションができるようになった．しかし，従属栄養微生物の自己分解をどのように表現するかという問題が残っている．主な問題は，微生物濃度で表した1次(反応)分

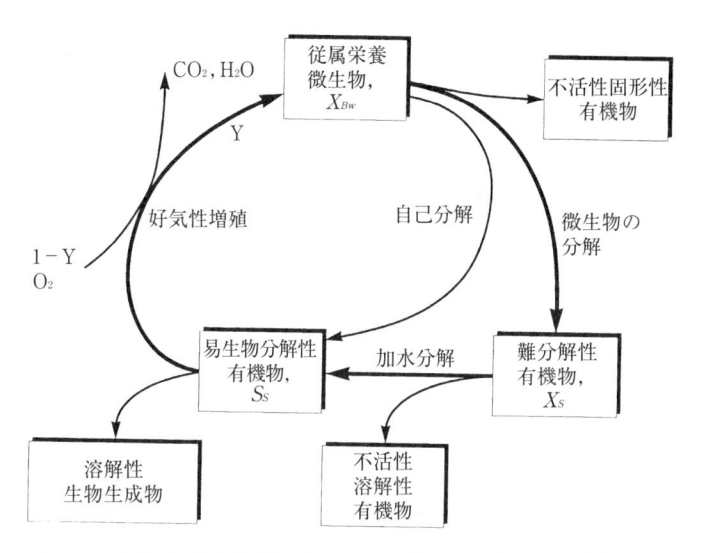

5.2 下水管渠内の好気性微生物反応の考え方

図5.4 好気性従属栄養微生物反応のための活性汚泥理論に従った基質と微生物の関係. 管渠内の反応として，3つの主な反応がされている. それは微生物の増殖，加水分解反応，微生物の自己分解の3つである. それぞれの現象は，3.2.6で定義している

解速度の定数の大きさをどの程度と見積もるかである. Henze et al.(1987), Kappeler and Gujer(1992)は，この速度定数をそれぞれ活性汚泥の最大比増殖速度(μ_H)の7～10％および5％であると仮定した. Bjerre et al. (1995)は，下水管渠内下水の自己分解速度が最大比増殖速度定数の15％であることを報告している. Vollertsen and Hvitved-Jacobsen(1998)は，下水管渠内堆積物を浮上させた場合は最大比増殖速度定数の40～60％であると推定した. しかしながら微生物のそのような自己分解速度は常識外である[Kurland and Mikkola(1993)参照]. したがって，Vollertsen and Hvitved-Jacobsen(1998)は，これらの数値は現在のところ再点検が必要としている.

上記のことを考慮してかつ既往の調査結果[例えば，Tempest and Neijssel(1984), Russel and Cook(1995)]を参考にしつつ新たな実験も実施した結果，Vollertsen and Hvitved-Jacobsen(1998)は，増殖に寄与しない基質の除去プロセスを考えに入れておく必要があると結論付けた. この反応(増殖に寄与しない基質の除去プロセス)は，従属栄養微生物の自己維持エネルギー要求のためであると解釈される. この反応に比べて，生物の自己分解と内生呼吸は，それほど下水

のために重要ではないと考えられて，下水管渠の従属栄養微生物による反応の一部として省略された．この事実は，Tanaka and Hvitved-Jacobsen(1998)により好気性および嫌気性条件下で条件を変化させた従属栄養細菌の活動の観察を行った結果，追認された．加水分解により供給される易生物分解性有機物が不足して，微生物の自己維持エネルギー要求を十分に確保できない場合のみ，内生呼吸が起きると考えられる．好気性条件の下水管渠内汚泥へ，数日間にわたって易生物分解性有機物を添加した実験結果からこの反応の可能性が確認された(Vollertsen and Hvitved-Jacobsen, 1999)．内生呼吸は，COD 収支という観点からは測定できない．なぜなら自己維持エネルギー要求の消費速度は，利用可能な基質に関係なく一定速度だからである．

非増殖基質利用反応と定義される微生物の自己維持エネルギー要求反応は，事実と考えられる．しかし微生物反応の考え方は，実用的なアプローチにとどまっている．しかしながら，主要な微生物反応を単純な概念で表現することは重要と考えられるが，そのことに加えて，COD 収支を測定することも重要である．また理論の変更はモデルのパラメータ値の変更を伴うことであり，このことに対する認識が重要である．つまり，微生物の自己分解が自己維持エネルギー要求に転換されることおよび加水分解可能な画分が増加することが，活性汚泥モデルに推奨されている値と違うパラメータ値が必要であることを意味している．例として，下水管渠内反応理論に基づく微生物増殖収率は，活性汚泥モデルとは異なる方法で決定されることが挙げられる．この事実は，理論に基づきかつ実験的に信頼できる方法により反応に関するパラメータ値を決定する必要があるということを示している．成分と指標を決定する理論と手法は，一致するにちがいない．もしこれが一致しないなら，この反応モデルの理論は成立しない．

事実と考察により提案された好気性条件下の従属栄養微生物による反応理論の概念を図 5.5 に示す．活性汚泥モデルの理論背景とこの理論の違いは，明確である．どちらの理論が正しいかを議論することが重要ではなく，与えられた条件下の比較的単純な限界値で評価することの方が重要である．下水管渠と下水処理場での反応の違いは，放流先水域を含め，今後の双方の統合化に支障は生じさせない．ここにおいて重要なことは，COD 分画の生物反応記述方法が管渠モデルでも活性汚泥モデルでも両立して使え，放流先での水質予測でもうまく整合性を持っている点にある．

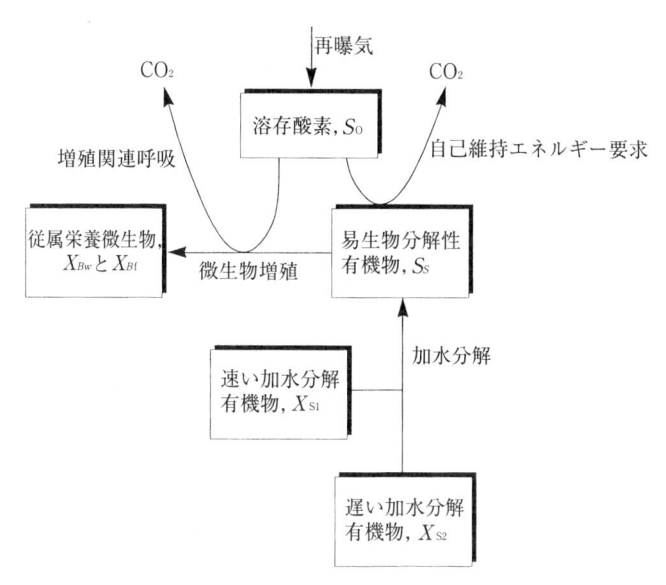

5.2 下水管渠内の好気性微生物反応の考え方

図5.5 下水管渠内における好気性従属栄養微生物による有機物反応概念．図中の項目は，3.2.6に定義してある

図5.5において示された概念は，図5.3において強調され議論され描かれた特徴を基礎にしている．微生物は，中心的な要素であり，その活動によって下水中の有機物成分の変化を進める．この根本的な考えに基づき微生物反応を扱うことは，正しいようである．しかし，それには基本的な問題もある．酸素利用速度に基づいて決定された生物量の活性度を直ちにCOD分画として生物量とすることができるかは疑問が残る．生物活性と生物量との同一視が根本的な「論点」であり，同時にこの考え方の強さでもあり弱さでもある．生物量を決める明確な手法，例えば遺伝子工学的方法を適用し，生物量を表現する手法は，現時点では非現実的であるが，将来的には可能性がある (Vollertsen *et al.*, 2000)．生物量としてのCODと生物活性としてのCODという微生物に対する異なる条件で作成された考え方の慎重な検証だけが，この二面性を意味あるものとすることができる．この考え方はその周辺事項についても決定できる内容を含み，そしてこの基本要求が満足されるゆえに，理屈のうえでは望ましい考え方といえ，同時に実務的な視点からいつでも使える考え方といえる．

5.3 プロセスの数学的記述

5.3.1 一般的な制約条件

図 5.5 に示された概念によって説明された下水の微生物反応は，3.2.6 で定義された COD を扱う．図は，下水管渠中の下水中と生物膜で起こる有機物（電子供与体）の分解反応も示している．気液間の酸素移動（再曝気）は，好気性の微生物分解に電子受容体を供給する（4.4 参照）．堆積物の反応は，モデル上は無視されるが堆積物表面での生物膜反応として間接的に考慮される．電子供与体と溶存酸素の下水中と生物膜間の移動も，モデルに含められている．

すべての反応が下水管渠内の反応に影響するけれども，下水中の反応が一般に最も重要である．再曝気は，下水が低い DO 濃度にある時に好気性の分解速度を制限する要素である（例 5.1 参照）．下水中と生物膜のどちらの反応が相対的に重要かということは，例えば下水管渠の容積比（面積比）の違いにより変わる．

下水管渠内反応理論の詳細を検討する際，個々の反応は様々な尺度で理論的に説明される．ほとんどの詳細な記述は，下水中の微生物と基質の関係の説明に対してなされている．実験に基づく少数の記述が再曝気と生物膜に対してなされている．

生物膜反応の詳細な説明には，理論的な知見を用いることもできる（Characklis, 1990；Gujer and Wanner, 1990）．しかしながら，反応に用いる要素と反応パラメータ決定の実験方法を確立するという基本的な要件が実際にはモデルの有用性を決めることになる．そのようなことから生物膜反応の表現方法は，3.2.2 の単純な表面フラックスモデルが選ばれた．

理論的なベースでモデルを記述するか，それとも実験的な成果をベースにモデルを記述するか，というジレンマはきわめて基本的な問題である．一般的には反応過程を記述するモデルを書き，定量化できる実験的な背景があることが望ましい．もっとも望ましいのは，管渠内反応過程への定量化の実行に焦点を当て，十分な確かさでモデルが記述され，実際の条件下で適用でき，モデルパラメータが信頼できる方法で決定できる方法を備えていることである．

再曝気反応は，4.4 で説明した．以下の焦点は，微生物反応の表現方法である．これらの解析に使用された記号は，54 頁に示す．名称のリストを付録 A（217～

220 頁）に示す．

5.3.2 従属栄養浮遊微生物の増殖と，増殖のための酸素消費量

有機基質と DO の制限条件下の浮遊微生物増殖は，従来，モノー式で説明されてきた(Monod, 1949)(**2.2.1 参照**)．モノー式の有効性は，自然流下条件下で Bjerre et al.（1995），Bjerre et al.（1998a）により実施された，研究室と現場実験に基づく研究で確認されている．下水中における gCOD m^{-3} d^{-1} 単位での従属栄養浮遊生物の増殖速度，r_{grw} の数式化は，「活性汚泥モデル No.1」の従属栄養増殖理論に基づいている(Henze et al., 1987)．

$$r_{grw} = \mu_H \frac{S_F + S_A}{K_{Sw} + (S_F + S_A)} \frac{S_O}{K_O + S_O} X_{Bw} \alpha_w^{(T-20)} \tag{5.1}$$

ここで，

μ_H = 最大比増殖速度(d^{-1})
K_{Sw} = 易生物分解性有機物の飽和定数（gCOD m^{-3}）
K_O = DO の飽和定数(gO$_2$ m^{-3})
α_w = 下水に対する温度係数(−)
T = 温度（℃）

浮遊微生物増殖は，易分解性有機物の除去の結果生じる．Bjerre et al.（1998a）は，収率 Y_{Hw} を gCOD 基質消費量当り 0.55 gCOD 程度と報告している．連続的なエネルギー生産プロセスは，1 − Y_{Hw} の DO 消費速度に関係がある．

5.3.3 浮遊微生物の自己維持エネルギー要求

非増殖に関連する消費量と DO 消費の関連については，5.2.2 で議論されている．図 5.5 に微生物の自己維持エネルギー要求について説明しており，増殖エネルギーのほかに自己を維持していくためにエネルギーが必要で易生物分解性有機物を消費しその目的を果たすが，易生物分解性有機物が利用できない場合には，微生物自身の一部を自己分解して自己維持エネルギー要求として使う．後者は，COD の物質収支を観察することが必要である．自己維持エネルギー要求の概念は，下水管渠の中で微生物にとって有機炭素が成長の制限にならない条件下および下水管渠中の微生物の自己分解がそれほど重要ではない条件下で意味を持つ．

浮遊微生物の自己維持エネルギー要求速度 r_{maint} は，次のとおりである．

$$r_{\text{maint}} = q_m \frac{S_O}{K_O + S_O} X_{Bw} \, \alpha_w^{(T-20)} \tag{5.2}$$

ここで，q_m = 自己維持エネルギー要求速度定数（d^{-1}）

5.3.4　下水管渠内生物膜での従属栄養細菌の増殖と呼吸

　下水管渠内の生物膜の増殖と活性については，現在のところでは浮遊微生物の場合と同じレベルまでわかっていない．したがって，他の有名な決定論的生物膜モデル，例えばGujer and Wanner(1990)などが提案したモデルに比べて単純な生物膜の増殖と呼吸のモデルを使っている．

　実験室と現場の研究により，生物膜表面のDO除去速度には1/2次反応の動力学モデルが適している可能性があることが確認された（Raunkjaer *et al.*, 1997；Bjerre *et al.*, 1998b）．これらの結果は，易生物分解性有機物の影響も示すことができる．さらに，温度依存性が拡散によって制限されるが，このことも(単純なモデルに)含まれている（Nielsen *et al.*, 1998）．次式が好気性の増殖速度として使われる．

$$r_{\text{grf}} = k_{1/2} S_O^{0.5} \frac{Y_{Hf}}{1 - Y_{Hf}} \frac{S_F + S_A}{K_{Sf} + (S_F + S_A)} \frac{A}{V} \alpha_f^{(T-20)} \tag{5.3}$$

ここで，
　　　$k_{1/2}$ = 1/2次反応速度定数（$gO_2^{0.5}\,m^{-0.5}\,d^{-1}$）
　　　Y_{Hf} = 生物膜増殖速度定数［gCOD，生物量（gCOD，基質）$^{-1}$］
　　　A/V = 浸潤表面積を体積で除したもの，$= R^{-1}$，ここでRは径深
　　　K_{Sf} = 生物膜の易生物分解性有機物の飽和定数（gCOD m^{-3}）

　この増殖過程を表すモデルには，最小限の動力学的，化学量論的係数が必要であるが，水理学的な要素はまったく含まれない．下水管渠の生物膜剥離の動力学は定量的に知られていない．したがって，定常状態の生物膜から下水中に剥離する生物膜量は，生物膜内で増殖する量に等しいと仮定している．

　下水中での微生物の増殖と呼吸は，単純な1/2次反応の生物膜理論には包含されていない．その例として，2つの増殖速度，Y_{Hw}とY_{Hf}は，微生物の必要とする基質という観点とは異なるものである（**図5.5**）．

例5.2：下水管渠の生物膜における好気反応

式(5.3)は，生物膜増殖に関する電子供与体(有機基質)と電子受容体(DO)の影響を含んでいる．これらの依存関係の表現は，モノー式と1/2次反応の動力学によっている(**2.2参照**).

種々のタイプの下水中で生長させた生物膜を用いてDO表面除去速度を求め

表5.2 下水管渠の生物膜表面でのDO除去速度(生物膜は下水中からの連続的な供給により成長し，実験は有機基質無制限条件のもとで実施された) (Bjerre et al., 1998b)

観測地点名(処理場からの距離 km)	代表的COD値 ($gCOD\ m^{-3}$)	平均DO除去速度 $r = k \cdot S_O^n (gO_2\ m^{-2}\ h^{-1})$	R^2	DO濃度 ($gO_2\ m^{-3}$)	生物膜厚 (μm)
52	70	$r = 0.07\ S_O^{0.46}$	0.98	0 〜 1.5	80
52	70	$r = 0.085$	—	1.5 〜 6	80
36	130	$r = 0.11\ S_O^{0.53}$	0.83	0.2 〜 5.5	90 〜 180
23	280	$r = 0.08\ S_O^{0.45}$	0.93	0.2 〜 8	130 〜 230
10	280	$r = 0.10\ S_O^{0.35}$	0.86	0.2 〜 6.5	130 〜 250

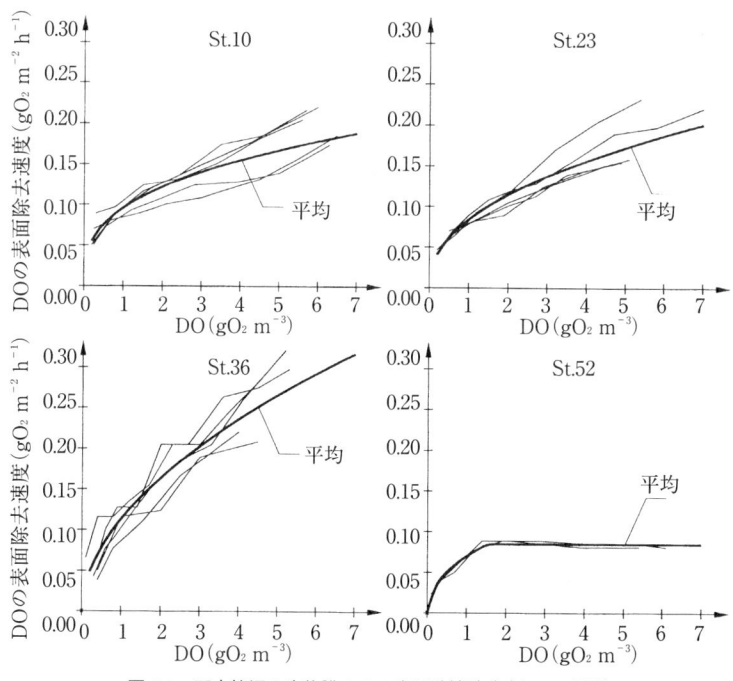

図5.6 下水管渠の生物膜のDO表面除法速度(表5.2参照)

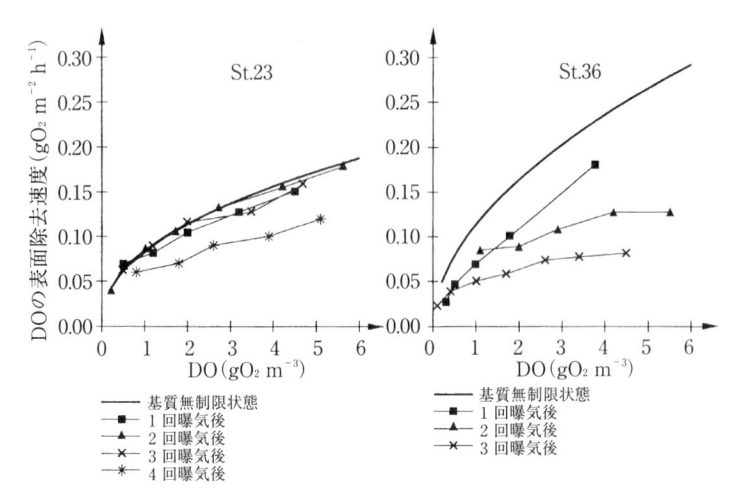

● 第 5 章 ● 好気・無酸素反応—反応の概念とモデル

図 5.7 有機基質と DO の制限のある下水管渠の生物膜の DO 表面除法速度（表 5.2 参照）

る実験が行われた（Bjerre et al., 1998b）．そのような実験により，式(5.3)が好気性の活性の適切な表現と考えられるであろうということがが示された．これらの研究に供された下水は，ドイツの Emscher 川の開水路のものである．実験結果の概要は表 5.2 に，詳細は図 5.6 と図 5.7 に示す．

図 5.6 に示される実験は，有機基質が制限にならない状態で実施された．図 5.7 に，有機基質の添加なしで徐々に空気にさらされた条件のもとで実行された実験結果を示す．これらの実験は，下水の生物分解性という観点から好気性生物膜の活性における有機物の重要性を示している．

表 5.2 および図 5.6 と図 5.7 に示された研究結果は式(5.3)と整合している．この式は，理論上矛盾がなく，したがって，生物膜活性の評価に適切な表現であると考えられる．

5.3.5 加水分解

固形性物質の加水分解により易生物分解性有機物が生産される（図 5.4 と 3.2.3 参照）．加水分解の動力学は，活性汚泥モデル No.1 の理論に基づき，2.2.2 で説明されている．管渠内の下水の加水分解は，以下のように考えられる．固形性有機物は下水中に常に存在し，下水中の浮遊微生物と生物膜（特に活性の落ちた生物膜）が加水分解に関与する．これらの条件で，加水分解可能区分(n)における加

水分解速度 r_hydr は，次のようになる．

$$r_\mathrm{hydr} = k_{hn} \frac{X_{Sn}/X_{Bw}}{K_{Xn} + X_{Sn}/X_{Bw}} \frac{S_\mathrm{O}}{K_\mathrm{O} + S_\mathrm{O}} \left[X_{Bw} + \varepsilon X_{Bf} \frac{A}{V} \right] \alpha_w^{(T-20)} \quad (5.4)$$

ここで，

k_{hn} = 区分 n における加水分解速度定数 (d^{-1})
K_{Xn} = 区分 n における加水分解飽和定数 $(\mathrm{gCOD\ gCOD}^{-1})$
ε = 生物膜微生物のための効率定数 $(-)$

下水や再浮遊した沈澱物の調査で得られた加水分解速度の異なる固形性有機物が存在するという知見は重要である(Bjerre *et al.*, 1995 ; Bjerre *et al.*, 1998a ; Vollertsen and Hvitved-Jacobsen, 1998 ; Tanaka and Hvitved-Jacobsen, 1998a)．一般に，2〜3種類の加水分解区分に分けて管渠内の下水を考えることになる (**3.2.6** 参照)．

5.4　下水管渠内反応モデル

　環境工学において理論やそれに対応したモデルを構築する場合，多くの基礎的要件と法則が確認されなければならない．これは，もちろん下水管渠内反応を扱う場合も同じである．出発点として，それらが公式化される前に，反応は理論的に解明され，説明されなければならない．この作業は継続的に繰り返されなければならず，修正は，関連の実験と観察の結果が反映された手法によりされなければならない．理論と実験的な確認が整合するだけではなく，提案された理論が公式化されるレベルまで達する必要がある．物質収支の確認は，基本的な工学的な要件である．比較的単純な理論で限定された数の成分によって構成され，そのパラメータが実験的に決定できるようになることが主要なゴールである．

　5.3で説明した下水管渠内反応の動力学に加えて，成分反応の化学量論的整合性が物質収支によって確認できることが重要である．微生物と基質の化学量論は，活性汚泥モデル理論によると従属栄養微生物収率 $Y_H(\mathrm{gCOD\ gCOD}^{-1}$ 単位) により決定される．**図 5.5** に示すように収率は，X_{Bw} の生産に関する S_S および S_O の消費量と関連した重要な因子である．

　下水管渠内を流れる下水中には，異なる種類の従属栄養微生物が含まれている．単純な関係式で，増殖と基質利用を説明できることが必要である．いくつかの異

なるタイプの下水や管渠内堆積物を用いた複数の研究が単純な式による表現が可能なことを示している (Bjerre et al., 1995；Vollertsen and Hvitved-Jacobsen, 1999).

微生物増殖の基本的理論は，活性汚泥モデル理論を踏まえているが，しかしながら大きな相違点がある(**図5.3，5.5**参照)．易生物分解性有機物の一部は，自己維持エネルギー要求として，増殖とは関係のない部分に使われるため，増殖収率を決定する時に考慮しておかなければならない．したがって，下水管渠内反応理論の Y_{Hw} は，次のとおり定義される．

$$Y_{Hw} = \frac{dX_{Bw}}{dS_{S,growth}} \tag{5.5}$$

生物膜の経験則的な反応過程の単純なモデル式では，生物膜表面積当りの生物濃度(X_{Bf}：gCOD m^{-2})は，一定であると考えている．生物膜内の生物増殖速度は，生物膜の剥離速度と均衡し定常状態となっていると想定している．管渠内反応理論で扱われている X_{Bw}, S_S, X_{Sn}, S_O は，下水管渠流下中に変化する．結果として，これらの成分に関する物質収支は，異なった連立微分方程式で表現される．

$$\frac{\partial X_{Bw}}{\partial t} = r_{\text{grw}} + r_{\text{grf}} - r_{\text{maint}} \tag{5.6}$$

注：もし S_S が微生物を維持するのに十分ではない時のみ，r_{maint} は重要な意味を持つ．

$$\frac{\partial S_S}{\partial t} = \frac{1}{Y_{Hw}} r_{\text{grw}} - \frac{1}{Y_{Hf}} r_{\text{grf}} - r_{\text{maint}} + \Sigma r_{\text{hydr}.n} \tag{5.7}$$

$$\frac{\partial X_{S,n}}{\partial t} = - r_{\text{hydr}.n} \tag{5.8}$$

注：n は，それぞれ加水分解可能な区分．

$$\frac{-\partial S_O}{\partial t} = - r_{\text{rea}} + \frac{1 - Y_{Hw}}{Y_{Hw}} r_{\text{grw}} + \frac{1 - Y_{Hf}}{Y_{Hf}} r_{\text{grf}} + r_{\text{maint}} \tag{5.9}$$

ここで，r_{rea} ＝再曝気速度

以上の微分方程式群は，活性汚泥モデル理論と同様の表現であり，マトリックス表示として提示できる．このマトリックスは，関係する成分，反応，表示方法，反応速度と定数の間の関係を表現している(**表5.3**)．式(5.6)から式(5.9)までに示された物質収支は，マトリックスにおいて列として示されている．

表 5.3 自然流下管渠での下水中の有機物と好気性微生物反応のマトリックス表示(図 5.5 参照). 表には 2 種類の加水分解性有機物が含まれる

成　分 反　応	1 S_S	2 X_{S1}	3 X_{S2}	4 X_{Bw}	5 $-S_O$	反応速度 (式番号)
(1) 再曝気					-1	r_{rea}[式(4.28), 表4.7 中の式(6)]
(2) 浮遊性微生物増殖	$-1/Y_{Hw}$			1	$(1-Y_{Hw})/Y_{Hw}$	r_{grw}(5.1)
(3) 自己維持エネルギー要求	-1			-1*	1	r_{maint}(5.2)
(4) 生物膜微生物増殖	$-1/Y_{Hf}$			1	$(1-Y_{Hf})/Y_{Hf}$	r_{grf}(5.3)
(5) 加水分解区分 1	1	-1				$r_{hydr}, n=1$(5.4)
(6) 加水分解区分 2	1		-1			$r_{hydr}, n=2$(5.4)

*は, S_S が微生物の自己維持エネルギー要求として不十分な場合を表す.

表 5.3 に示されているモデルに必要な成分と, 化学量論的な指標および動力学を決定する方法は, 第 7 章において扱う. ここで用いた記号は, 付録 A にある.

5.5　下水管渠の酸素収支とモデリング

下水管渠施設全体の DO 物質収支は, 図 5.8 で示される(Matos and de Sousa, 1996). この図は, 下水中での DO 濃度の主要な役割を説明している. この図の考え方は, きわめて自然なものである. すなわち下水中の酸素は, 再曝気によっ

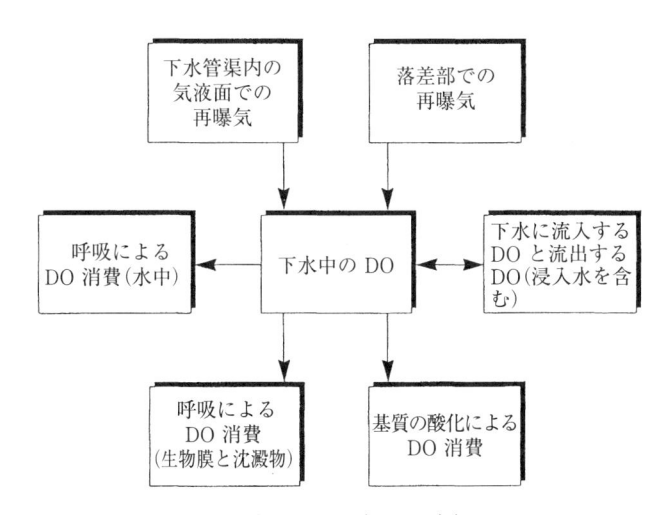

図 5.8　下水管渠施設の DO 収支に関係する主要な反応(Matos and de Sousa, 1996)

て供給され，これがDO消費反応の酸素供給源となっている．さらに，DO濃度の測定は一般に，下水中において行われる．

下水管渠のDO物質収支は，種々の段階で成立する．基本的に，それは式(5.9)の理論モデルは**表5.3**のマトリクスの5番目の列と同じであり，または次式のような単純な式で表される(Parkhurst and Pomeroy, 1972；Jensen and Hvitved-Jacobsen, 1991；Matos and de Sousa, 1991, 1996)．

$$\frac{dS_O}{dt} = \text{input} - \text{output} + K_La(S_{OS} - S_O) - (r_w - r_f) \qquad (5.10)$$

ここで，

r_w = 流下中の下水のDO消費速度($gO_2\ m^{-3}\ h^{-1}$)

r_f = 生物膜のDO消費速度($gO_2\ m^{-3}\ h^{-1}$)

堆積物が溜まらないように設計された流速を持つ下水管渠においては，落差部の反応および生物膜の深部の嫌気層で生産された物質の減量を除外して考えると，式(5.10)の単純化された物質収支は**図5.8**をうまく表現している．式(5.10)は異なるDO消費条件下で数値計算により，または解析的に解くことができる(Matos and de Sousa, 1996)．

下水中の消費速度r_w，および生物膜の酸素消費速度r_fの種々異なる数値が式(5.10)で表現されるような単純な物質収支式を扱う時に用いられる．しかし，Matos and de Sousa(1996)は，温度に依存し，DOに依存しない酸素消費速度式を(5.11)のように提案した．

$$r_w = r_w(20)\ \alpha^{(T-20)} \qquad (5.11)$$

式(5.1)と式(5.2)のようなモノー式の形式でDOの依存式を表して，式(5.11)に加えることもできる．

$r_w(20)$の値は，下水の水質に依存し，また大きく変動する．それは，簡単な実験室での試験から決定できる．**表5.4**に示された値は，様々な条件にある下水管渠から得られた下水を使って調査されたものであり，実際にどのような$r_w(20)$

表5.4　様々な下水におけるDO消費量r_wの実験値

出　典	状　態	r_w($gO_2\ m^{-3}\ h^{-1}$)
Boon and Lister(1975)	嫌気状態の下水	11〜16
USEPA(1985)	新鮮下水	2〜3
Matos and de Sousa(1991)	小口径管	0.1〜0.3(平均値)
Huisman *et al.* (1999)	幹線，15℃	0.5(夜間)〜3(昼間)

5.5 下水管渠の酸素収支とモデリング

を使用するかを決定するためには，その現場の条件に関する情報が必要となる．

生物膜の DO 消費量速度 r_f を $gO_2\ m^{-3}\ h^{-1}$ の単位で記述した単純な式は，Parkhurst and Pomeroy (1972) が式 (5.12) を提案している．

$$r_f = 5.3\ S_O (su)^{-0.5}\ R^{-1} \tag{5.12}$$

ここで，

s = 下水管渠のこう配 $(m\ m^{-1})$

u = 平均流速 $(m\ s^{-1})$

R = 径深 (m)

式 (5.12) は DO 濃度と r_f が線形関係にあることを示しているが，**図 5.6** はこれと一致していない．Matos (1992) は，式 (5.12) と実験結果の不一致も見つけ，式 (5.12) の 5.3 S_O の代わりに定数として 10.9 を代入した．この定数は，生物膜と下水の特性に依存し，現場の計測から決定されるべきものである．例 5.2 の Bjerre et al. (1998b) の生物膜の呼吸速度に関する情報のほかに，**表 5.5** に追加の実験データを示す．

実験的に求められた式 (5.11) と (5.12) は，簡潔であるが，下水管渠内反応理論の一部である DO 収支を表す式 (5.9) とは異なり，下水管渠内で生じる水質変化を式の中に取り入れていないことに気が付いておく必要がある．しかし，式 (5.10) において表現された簡単な DO 収支は，例 5.3 に示すように有益な情報をもたらす．一般に，簡単なモデルとより複雑なモデルが両方存在することは重要である．使用に最も適切なモデルは，使用目的と入手可能な情報に依存する．

表 5.5 実験的に求められた種々の生物膜における DO 消費量速度 r_f

出典	状態	$r_f (gO_2\ m^{-2}\ h^{-1})$
Boon and Lister (1975)	15 ℃	0.7
Matos and de Sousa (1991)	小口径管，20 ℃	0.15 ～ 1.5 (平均値)
Norsker et al. (1995)	20 ℃	1.2 ～ 1.8
Huisman et al. (1999)	幹線，15 ℃	0.17 ～ 0.25

例 5.3：水深・直径比が変化する下水管渠内の DO 濃度の縦断方向の変化

(Matos and de Sousa, 1996)

以下の仮定に基づき，式 (5.10) に従って計算された DO 濃度の縦断方向の変化を，**図 5.9** に示す．

管渠内流入 DO 濃度：$S_O = 4.3\ gO_2\ m^{-3}$

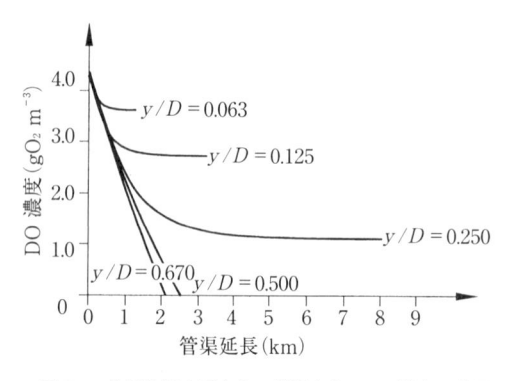

図5.9 自然流下の下水中の縦断方向のDO濃度．水深・直径比を変化させた場合の計算結果

$r_w = 5 \text{ g m}^{-3} \text{ h}^{-1}$

$T = 20\ ℃$

$s = 0.005 \text{ m m}^{-1}$

管径 $D = 0.3 \text{ m}$

流れにおける水理学的諸元は，マニング式に従って計算する．

図5.9の曲線は，DO濃度に対してy/D比率が重大な影響を与えることを示した．式(5.10)および図5.9は，DO消費反応を含むため，図5.9と図4.5を比較することは興味深い．この図は，再曝気の強度，すなわち酸素の供給に対するy/D比率の影響を表している．例5.1においても説明されるように，これら様々なDO収支は，好気条件を確立するうえで，再曝気が中心的な役割を担っていることを説明している．

図5.9は，DOが平衡状態に達するのはy/Dが相対的に小さい値の時であることを示している．

DO収支を考えた場合の計算結果，すなわちDO濃度は，大きく変動する．低いDO濃度においては，DOの変動は好気状態と嫌気状態を左右する．このような状態は，**第6章**において詳しく説明する．個別の地点では，流量，下水水質，および温度は，時間変化，日変化，年変化し，それとともにDO濃度も変化する．例5.3は，流れの条件に重点を置いてそれらの関係を例示した．例5.4は，これをさらに温度と下水水質に注目し，これらがDO濃度に与える影響について説明した．

5.5 下水管渠の酸素収支とモデリング

例 5.4：流量，水質，温度の日変化による下水管渠 DO 濃度の縦断方向の変化
(Gudjonsson et al., 2001)

この例は，管渠内の DO 変化を説明した例 5.3 を補足し拡張している．例 5.3 は，式 (5.10) によって推定された DO 収支に基づいている．ここでは，再曝気と DO 消費を結合させた管渠内反応モデル (**表 5.3**) を使用している．

図 5.10 は，下水管渠で測定された DO 濃度を示す．この例は，自然流下方式の幹線管渠での調査事例である（管径 $D = 0.5$ m；こう配 $s = 0.0023$ m m^{-1}）．下水中の DO は，下水の流量と水質により日夜影響を受けている (Gudjonsson et al., 2001)．正午ごろに，朝の時間に排出された高濃度の下水は，DO を消費しその濃度を低下させる効果がある．さらに，4～6 月の間の異なる 3 日間の DO データを比較することによって，温度の DO 消費量の速度への影響が明らかとなる．**図 5.11** はそれぞれの 1 日間のすべての測定結果を示しており，9～14 ℃ の温度増加の影響が出てきている．なお，嫌気性条件の定義は，DO 濃度 0.1 gO$_2$ m^{-3} 以下としている．

図 5.10 において示された結果は，**表 5.3** に示す下水管渠反応モデルを適用して説明することができる．シミュレーション結果は，パラメータ値の詳細は記述していないが，**図 5.12** のように示される．この場合，DO 濃度の変動は，管渠の諸条件によって決定される．すなわち，下水の流量（水深・直径比 y/D で表現されている）と下水水質である．水質は，昼間高く，夜間は低く変化している．

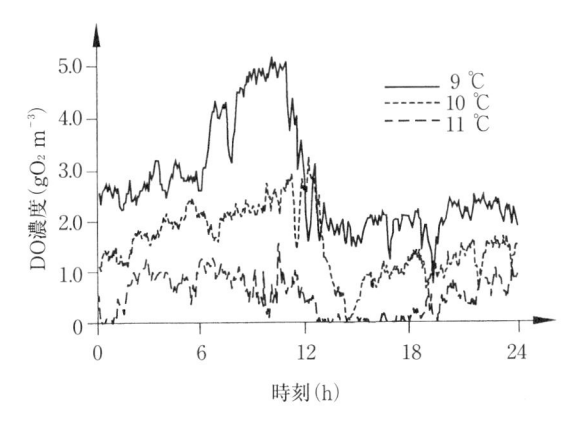

図 5.10 自然流下の下水管渠での日変化 DO 濃度．異なる下水温の 3 日間の変動

● 第 5 章 ● 好気・無酸素反応—反応の概念とモデル

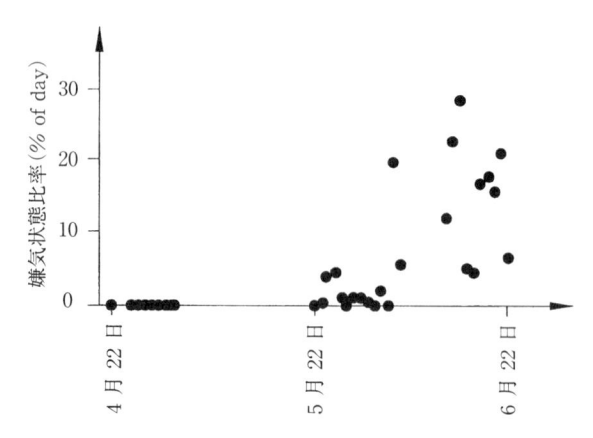

図 5.11　9 ～ 14 ℃の下水温度変化範囲における自然流下の下水幹線管渠の嫌気性状態の出現比率

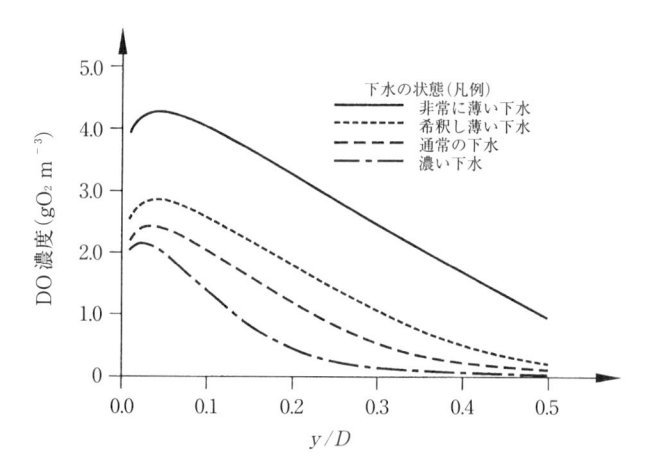

図 5.12　図 5.10 と図 5.11 に示す管渠における下水温度 11 ℃の DO の平衡状態濃度分布．計算は，下水管渠反応モデルによる（表 5.3）

図 5.12 は，下水の流量条件，y/D，および水質が DO 濃度に影響することを表している．下水水質の日変動と y/D 比率（0.14 ～ 0.18）による DO 濃度の計算値は，0.5 と 2.5 $gO_2\ m^{-3}$ の間で変動する．この結果は，**図 5.10** に示す観察結果とよく適合している．

5.6 下水管渠内での無酸素反応

　下水管渠の下水の無酸素状態とは，硝酸または他の硝酸化合物が利用可能な状態で，かつきわめて低いDO濃度の状態ををいう．下水中では，通常はこのような状態は起こらない．下水中では，通常は硝酸塩濃度が低いからである．しかし，硫化物問題を抑制すために人為的に硝酸塩が使用された時には，下水管渠内は無酸素状態となる(**6.2.7**)．この場合，経済性から硝酸消費量を抑えるために，硝酸塩利用速度(NUR)は，低い方が望ましい．

　硝酸塩の使用は，下水管渠の嫌気条件のコントロールのためだけではなく，有機物除去のための無酸素処理にも適用できる可能性がある．無酸素処理は，好気性処理の代案でもある．この代案のメリットは，硝酸塩の添加が酸素の注入に比べて簡単であることである．しかし，有機物の高い除去速度を得るためには，(電子の移動量で比較した場合)実際の酸素利用速度(OUR)と同じオーダーのNURになることが要件である．この理由を含めて，好気反応および無酸素反応を比較することが重要である(例5.5 参照)．

例5.5：好気性および無酸素反応の化学量論的比較

　好気性反応と無酸素反応の化学量論的比較を行うには，電子受容体であるO_2とNO_3^-を酸化還元反応の基本単位である電子を使って理解することが必要である．この比較は，例2.3 と 2.4 に示される．

$$\frac{1}{4} O_2 + H^+ + e^- \rightarrow \frac{1}{2} H_2O$$

$$\frac{1}{5} NO_3^- + \frac{6}{5} H^+ + e^- \rightarrow \frac{1}{10} N_2 + \frac{6}{10} H_2O$$

　これらの2つの還元反応から，電子受容体が次のとおりであるので，$1/5$ molNO_3-Nの反応は，$1/4$ molO_2の反応と等価であり，電子受容体としての酸素・硝酸塩比は次のようになる．

$$\frac{5M_{O_2}}{4A_N} = \frac{5 \cdot 32}{4 \cdot 14} = 2.86 \ gO_2 \ gNO_3\text{-}N^{-1} \tag{5.13}$$

ここで，

M_{O_2} = O_2 モル重量 (gO_2 mol^{-1})

A_N = N 分子重量 (gN mol^{-1})

式(5.13)は，酸素と硝酸塩の関係を好気性反応および無酸素反応におけるそれぞれの電子受容体として考える際重要である．したがって，これらの反応は，電子供与体としての有機物の分解反応と関連する．有機物は，酸化還元反応だけではなく，従属栄養微生物の増殖のためにも使われる．

活性汚泥法での脱窒は，よく知られ，よく理解されている．しかし，下水管渠中での無酸素状態での反応に関する研究はごくわずかしか行われていない．

5.6.1 下水中での無酸素反応

下水中のすべての窒素酸化物は脱窒作用を受けることができるが，硝酸塩は最も重要な物質である．窒素化合物の変化反応は，連続的で緩やかな変化となり，この時，次式のように酸化レベル OX_N が+5から0に変化する．

$$NO_3^- \rightarrow NO_2^- \rightarrow NO \rightarrow N_2O \rightarrow N_2 \qquad (5.14)$$

Abdul-Talib *et al.* (2001)は，下水の硝酸塩濃度が非常に低い濃度レベルに減少するまでの間で，一時的に亜硝酸塩が蓄積されることを発見した(図 **5.13**)．硝酸塩が，5 gNO_3-N m^{-3} 以上だと NUR の制限因子にならないということがわかった．

現実的には，無酸素反応は制限条件下にあるが，エネルギー利用のための有機物分解速度は，無制限条件では約 1～2 gNO_3-N m^{-3} h^{-1} になる．この値は，一般に，好気性の条件下の速度(OUR)より低い．

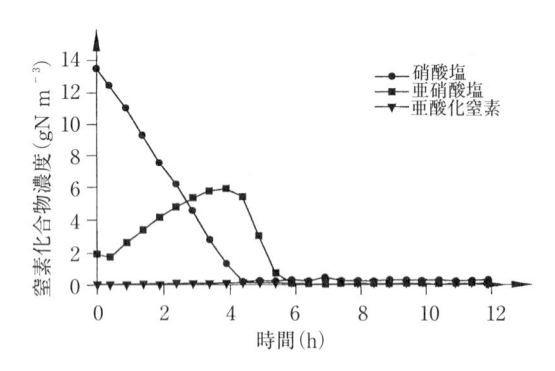

図 5.13　無酸素状態の下水中における硝酸塩，亜硝酸塩，亜酸化窒素の変化

5.6.2 生物膜内における無酸素反応

無酸素生物膜は，一般に N_2 ガスを含むため，ふわふわした状態で，厚さは1～3 mm である．この膜は，嫌気性生物膜より好気性生物膜に似ている（**3.2.7** 参照）．

Poulsen(1997)は，生物ろ過施設での生物膜で起こる下水の無酸素反応を調査し，20 ℃での最大の NUR 値が 0.025～0.055 $gNO_3\text{-}N\ m^{-2}\ h^{-1}$ であることを見出した．ゼロ次反応から 1/2 次反応の変化は，約 3 $gNO_3\text{-}N\ m^{-3}$ のところであることを見出した．Aesoey et al. (1997)は，厚さ 1～2 mm の下水管渠内生物膜からの NUR が 15 ℃の時で 0.15～0.18 $gNO_3\text{-}N\ m^{-2}\ h^{-1}$ であることを見出した．文献として未発表の実験結果ではあるが，通常の家庭からの下水を受け入れている下水管渠内生物膜の硝酸塩の除去速度は，約 0.05 $gNO_3\text{-}N\ m^{-2}\ h^{-1}$ であり，易生物分解性有機物の下水を受け入れている管渠での硝酸塩の除去速度は，0.10～0.18 $gNO_3\text{-}N\ m^{-2}\ h^{-1}$ であった．

Poulsen(1997)によると，増殖速度定数は，約 0.38 $gCOD\ gCOD^{-1}$ であった．Aesoey et al. (1997)によると，易生物分解性基質がある時は，4.8 $gCOD\ gNO_3\text{-}N^{-1}$ が除去されると報告している．もし加水分解により制限されるならば，この値は約 50 ％に減る．

5.6.3 無酸素条件下の硝酸塩除去の予測

下水管渠内の，無酸素条件下の硝酸塩の除去速度は，簡単な実験から予測できる．下水管渠内の下水中と生物膜内の反応の両方を含めた次式は，基質制限のない条件下で適用できる．

$$r_{NO_3} = -\left[V_{w,max}\, \alpha_{w,a}^{T-20} + V_{f,max}\, \frac{A}{V}\, \alpha_{f,a}^{T-20} \right] \tag{5.15}$$

ここで，

r_{NO_3} ＝下水中と生物膜の硝酸の除去速度($gNO_3\text{-}N\ m^{-3}\ h^{-1}$)

$V_{w,max}$ ＝20 ℃における基質制限がない条件下での下水中の硝酸塩の除去速度($gNO_3\text{-}N\ m^{-3}\ h^{-1}$)

$V_{f,max}$ ＝20 ℃における基質制限がない条件下での生物膜の硝酸塩の除去速度($gNO_3\text{-}N\ m^{-3}\ h^{-1}$)

A ＝下水管渠内の湿表面積(m^2)

V = 下水量 (m^3)

$\alpha_{w,a}$ = 下水の温度係数 $(-)$

$\alpha_{f,a}$ = 生物膜の温度係数 $(-)$

T = 温度 $(℃)$

式(5.15)に基づき，下水管渠内での硝酸除去は，式(5.16)により計算できる．

$$\Delta C_{NO_3} = r_{NO_3} t_r \tag{5.16}$$

ここで，

ΔC_{NO_3} = 硝酸塩除去量 $(gNO_3\text{-}N\ m^{-3})$

t_r = 管渠内での無酸素滞留時間 (h)

式(5.15)は，モノー式形式を含ませることで基質制限条件下での反応へ拡張することができる(**2.2.1** 参照)．**5.6.1** から，硝酸塩に対する飽和定数 K_{NO_3} が約 $2\sim3\ gNO_3\text{-}N\ m^{-3}$ であることを示す．

$V_{w,\max}$ と $V_{f,\max}$ の値は，**5.6.1** と **5.6.2** で与えられた情報に基づき予測できる．しかし，無酸素分解の温度係数はあまりよくわかっていなく，$\alpha_{w,a} = 1.07$ と $\alpha_{f,a} = 1.03$ が推定値として適当と考えられている．

5.7 参考文献

Abdul-Talib, S., T. Hvitved-Jacobsen, J. Vollertsen, and Z. Ujang (2001), Anoxic transformations of wastewater organic matter in sewers — process kinetics, model concept and wastewater treatment potential, *Proceedings from the 2nd International Conference on Interactions between Sewers, Treatment Plants and Receiving Waters in Urban Areas (INTERURBA II),* Lisbon, Portugal, February 19–22, 2001, pp. 53–60.

Aesoey, A., M. Storfjell, L. Mellgren, H. Helness, G. Thorvaldsen, H. Oedegaard, and G. Bentzen (1997), A comparison of biofilm growth and water quality changes in sewers with anoxic and anaerobic (septic) conditions, *Water Sci. Tech.,* 36(1), 303–310.

Almeida, M. (1999), Pollutant transformation processes in sewers under aerobic dry weather flow conditions, Ph.D. thesis, Department of Civil and Environmental Engineering, Imperial College of Science, Technology and Medicine, UK, p. 422.

Bjerre, H.L., T. Hvitved-Jacobsen, B. Teichgräber, and D. te Heesen (1995), Experimental procedures characterizing transformations of wastewater organic matter in the Emscher river, Germany, *Water Sci. Tech.,* 31(7), 201–212.

Bjerre, H.L., T. Hvitved-Jacobsen, S. Schlegel, and B. Teichgräber (1998a), Biological activity of biofilm and sediment in the Emscher river, Germany, *Water Sci. Tech.,* 37(1), 9–16.

Bjerre, H.L., T. Hvitved-Jacobsen, B. Teichgräber, and S. Schlegel (1998b), Modelling of aerobic wastewater transformations under sewer conditions in the Emscher river, Germany, *Water Env. Res.,* 70(6), 1151–1160.

Boon, A.G. and A.R. Lister (1975), Formation of sulphide in rising mains and its prevention by injection of oxygen, *Prog. Water Tech.,* 7(2), 289–300.

Characklis, W.G. (1990), Kinetics of microbial transformations. In: W. G. Characklis and K. C. Marshall (eds.), *Biofilms,* John Wiley & Sons, Inc., New York, pp. 233–264.

Dold, P.L., G.A. Ekama, and G. v. R. Marais (1980), A general model for the activated sludge process, *Prog. Water Tech.,* 12, 47–77.

Gaudy, A.F. Jr. and E.T. Gaudy (1971), Biological concepts for design and operation of the activated sludge process, US Environmental Protection Agency, Water Pollution Research Series, *Rep. no. 17090,* FQJ, 09/71, USEPA, Washington, DC.

Grady, C.P. L. Jr., W. Gujer, M. Henze, G. v. R. Marais, and T. Matsuo (1986), A model for single-sludge wastewater treatment systems, *Water Sci. Tech.,* 18, 47–61.

Green, M., G. Shelef, and A. Messing (1985), Using the sewerage system main conduits for biological treatment, *Water Res.,* 19(8), 1023–1028.

Gudjonsson, G., J. Vollertsen, and T. Hvitved-Jacobsen (2001), Dissolved oxygen in gravity sewers — measurement and simulation, *Proceedings from the 2nd International Conference on Interactions between Sewers, Treatment Plants and Receiving Waters in Urban Areas (INTERURBA II),* Lisbon, Portugal, February 19–22, 2001, pp. 35–43.

Gujer, W. (1980), The effect of particulate organic material on activated sludge yield and oxygen requirement, *Prog. Water Tech.,* 12, 79–95.

Gujer, W. and O. Wanner (1990), Modelling mixed population biofilms. In: W. G. Characklis and K.C. Marshall (eds.), *Biofilms,* John Wiley & Sons, New York, pp. 397–443.

Henze, M., W. Gujer, T. Mino, and M. v. Loosdrecht (2000), Activated sludge models ASM1, ASM2, ASM2d and ASM3, *Scientific and Technical Report No. 9,* IWA (International Water Association, p. 121.

Henze, M., C.P.L. Grady Jr., W. Gujer, G. v. R. Marais, and T. Matsuo (1987), Activated sludge model No. 1, *Scientific and Technical Report No.1,* IAWPRC (International Association on Water Pollution Research and Control).

Henze, M., W. Gujer, T. Mino, T. Matsuo, M. C. Wentzel, and G. v. R. Marais (1995), Activated sludge model no. 2, *Scientific and Technical Report No. 3,* IAWQ (International Association on Water Quality), p. 32.

Huisman, J.L., C. Gienal, M. Kühni, P. Krebs, and W. Gujer (1999), Oxygen mass transfer and biofilm respiration rate measurement in a long sewer, evaluated with a redundant oxygen balance. In: I. B. Joliffe and J. E. Ball (eds.), *Proceedings from the 8th International Urban Storm Drainage Conference,* Sydney, Australia, August 30–September 3, 1999, vol. 1, pp. 306–314.

Jensen, N.Aa. and T. Hvitved-Jacobsen (1991), Method for measurement of reaeration in gravity sewers using radiotracers, *Research Journal WPCF,* 63(5), 758–767.

Kappeler, J. and W. Gujer (1992), Estimation of kinetic parameters of heterotrophic biomass under aerobic conditions and characterization of wastewater for activated sludge modelling, *Water Sci. Tech.,* 25(6), 125–139.

Koch, C.M. and I. Zandi (1973), Use of pipelines as aerobic biological reactors, *Journal Water Pollution Control Federation,* 45, 2537–2548.

Kountz, R.R. and C. Forney, Jr. (1959), Metabolic energy balances in a total oxidation activated sludge system, *J. Water Poll. Contr. Fed.,* 31, 819–826.

Kurland, C.G. and R. Mikkola (1993), The impact of nutritional state on the microevolution of ribosomes. In: S. Kjelleberg (ed.), *Starvation in Bacteria,* Plenum Press, New York and London, pp.

225–237.

Marais, G. v. R. and G.A. Ekama (1976), The activated sludge process part 1 — Steady state behaviour, *Water SA,* 2(4), 163–200.

Matos, J.S. (1992), Aerobiose e septicidade om sistemas de drenagem de águas residúais, Ph.D. dissertation, IST, Lisbon, Portugal.

Matos, J.S. and E. R. de Sousa (1991), Dissolved oxygen in small wastewater collection systems, *Water Sci. Tech.,* 23(10–12), 1845–1851.

Matos, J.S. and E. R. de Sousa (1996), Prediction of dissolved oxygen concentration along sanitary sewers, *Water Sci. Tech.,* 34(5–6), 525–532.

McKinney, R.E. and R. J. Ooten (1969), Concepts of complete mixing activated sludge, *Transactions of the 19th Sanitary Engineering Conference,* University of Kansas, pp. 32–59.

Monod, J. (1949), The growth of bacterial cultures, *Annual Review of Microbiology,* vol. 3.

Nielsen, P.H., K. Raunkjaer, and T. Hvitved-Jacobsen (1998), Sulfide production and wastewater quality in pressure mains, *Water Sci. Tech.,* 37(1), 97–104.

Nielsen, P.H., K.Raunkjaer, N.H. Norsker, N.Aa. Jensen, and T. Hvitved-Jacobsen (1992), Transformation of wastewater in sewer systems — A review, *Water Sci. Tech.,* 25(6), 17–31.

Norsker, N.-H., P.H. Nielsen, and T. Hvitved-Jacobsen (1995), Influence of oxygen on biofilm growth and potential sulfate reduction in gravity sewer biofilm, *Water Sci. Tech.,* 31(7), 159–167.

Parkhurst, J.D. and R.D. Pomeroy (1972), Oxygen absorption in streams, *J. Sanit. Eng. Div.,* ASCE, 98(SA1), 121–124.

Pomeroy, R.D. and J.D. Parkhurst (1973), Self-purification in sewers. Advances in water pollution research, *Proceedings of the 6th International Conference,* Jerusalem, June 18–23, 1972, Pergamon Press, Elmsford, NY.

Poulsen, B.K. (1997), Anoxisk omsætning af organisk stof i biofiltre (Anoxic transformations of organic matter in biofilters), MSc thesis, Department of Environmental Technology, Technical University of Denmark (in Danish), p. 56.

Raunkjaer, K., T. Hvitved-Jacobsen, and P. H. Nielsen (1994), Measurement of pools of protein, carbohydrate and lipid in domestic wastewater, *Water Res.,* 28(2), 251–262.

Raunkjaer, K., T. Hvitved-Jacobsen, and P. H. Nielsen (1995), Transformation of organic matter in a gravity sewer, *Water Env. Res.,* 67(2), 181–188.

Raunkjaer, K., P.H. Nielsen, and T. Hvitved-Jacobsen (1997), Acetate removal in sewer biofilms under aerobic conditions, *Water Res.,* 31, 2727–2736.

Russel, J.B. and G.M. Cook (1995), Energetics of bacterial growth: Balance of anabolic and catabolic reactions, *Microbiological Reviews,* 59(1), 48–62.

Sollfrank, U. and W. Gujer (1991), Characterisation of domestic wastewater for mathematical modelling of the activated sludge process, *Water Science and Technology,* 23(4–6), 1057–1066.

Stoyer, R.L. (1970), The pressure pipe wastewater treatment system. Presented at the *2nd Annual Sanitary Engineering Research Laboratory Workshop on Wastewater Reclamation and Reuse,* Tahoe City, CA.

Stoyer, R. and J. Scherfig (1972), Wastewater treatment in a pressure pipeline, *The American City,* 87(10), 84–93.

Tanaka, N. and T. Hvitved-Jacobsen (1998), Transformations of wastewater organic matter in sewers under changing aerobic/anaerobic conditions, *Water Sci. Tech.,* 37(1), 105–113.

Tempest, D.W. and O.M. Neijssel (1984), The status of YATP and maintenance energy as biological interpretable phenomena, *Ann. Rev. Microbiol.,* 38, 459–486.

USEPA (1985), Odor and corrosion control in sanitary sewerage systems and treatment plants, US Environmental Protection Agency, EPA 625/1-85/018, Washington DC.

Vollertsen, J. and T. Hvitved-Jacobsen (1998), Aerobic microbial transformations of resuspended sediments in combined sewers — A conceptual model, *Water Sci.Tech.,* 37(1), 69–76.

Vollertsen, J. and T. Hvitved-Jacobsen (1999), Stoichiometric and kinetic model parameters for microbial transformations of suspended solids in combined sewer systems, *Water Res.,* 33(14), 3127–3141.

Vollertsen, J., A. Jahn, J.L. Nielsen, T. Hvitved-Jacobsen, and P. H. Nielsen (2001), Determination of microbial biomass in wastewater, *Water Res.,* 35(7), 1649–1658.

第6章

嫌気反応―硫化物生成と好気・嫌気統合モデル

　下水管渠内における微生物による水質変化を扱う場合，これまで，嫌気状態が主要な議題となってきた．問題点は主に硫化水素と悪臭性の有機化合物に関するリスクに関連しており，コンクリートや金属の腐食，健康への影響，臭気問題が挙げられる．このような管渠内生物化学反応に関連した問題は，50年以上前から報告されている(Perker, 1945a, 1945b；Pomeroy and Bowlus, 1946)．

　「硫化物問題」は，下水管渠における嫌気状態に関連して，他の問題点よりも重要視されてきた．しかし，下水水質もまた嫌気状態によって影響を受ける．下水が嫌気状態になると易生物分解性有機物の生成，蓄積が促進されることはよく知られているが，最近，このことは，管渠に関連しても重要な視点であることが示された(Tanaka and Hvitved-Jacobsen, 1998, 1999)．つまり，微生物学的に見て活性の高い有機物(易生物分解性有機物および速い加水分解性有機物)は，窒素およびりん除去のために設計された下水処理場において，脱窒や生物学的りん除去を促進する基質として重要である．一方，これらの基質は，機械式の処理場にとっては問題をもたらす可能性がある．

　それゆえに，嫌気反応は，炭素と硫黄の循環の両方に関連して重要である．上述の嫌気反応と下水の好気的反応の相互作用は，都市下水システムの機能上，興味深いものである．

6.1　下水管渠における硫化水素問題―歴史と概論

　1960年代から70年代にかけて，硫化水素に起因する下水管渠の腐食，毒性，悪臭といった問題が関係者と公共(一般住民)の双方に明らかになった．硫化水素

● 第6章 ● 嫌気反応—硫化物生成と好気・嫌気統合モデル

の生成と抑制に関する知見を得るための調査がいくつかの国で実施された．その結果，多数の硫化物生成予測モデルと自然流下管渠と圧送管渠における硫化物問題を解決するためのガイドラインが開発された．これらのモデルとガイドラインは，管渠の設計と，硫化物の生成またはその影響を抑制するための適切な手法の導入に広く使われてきた．

これらのテーマについて，主要な理論的研究と現場に適用できる技術開発は，米国，オーストラリア，南アフリカなどの国々で行われてきた．これらの国では，管渠は長距離に及び，下水の水温も約20〜30℃と高い．

下水管渠における硫化物の挙動(生成，影響，抑制)は，複雑である．水温の重要性は，一つのファクターにすぎない．管渠による下水の輸送に関する設計指針，下水水質(水質は管渠内で変化するが)は，硫化物の挙動に大きく影響する．事実，従来の管渠設計方法は，下水の嫌気状態を招くことも多かった．そのため，設計過程において管渠内での生物化学反応を考慮し，それに応じた予測手法を用いていくことが重要である．

例6.1は，管渠内生物化学反応が考慮されなかった結果，起こった事例である．

例6.1 デンマークとポルトガルにおける下水管渠での硫化物問題

デンマークは温帯気候であるが，管渠における硫化物問題は，1980年代中頃まで重要とは考えられていなかった．従来，デンマークの自然流下管渠(特に，合流式下水道地域)は，晴天時の流量に対し，流下能力が十分になるように設計されてきた．したがって，再曝気が十分行われ，生物膜中で硫化物が生成したとしても，硫化物問題は発生しなかった．ところが，下水の集約処理方針が打ち出されてこの状況が変わった．1980年代に多くの圧送管渠が整備されたからである．圧送管渠では，下水は嫌気状態となるが，いくつかの事業体で，圧送管渠の下流のポンプ場やコンクリート製の自然流下管渠が供用開始から2〜4年で硫化物が原因で腐食する事態となった．その結果，硫化物生成に関する最初の調査が1986年に環境保護庁によって開始された(Miljøstyrelsen, 1988)．それらの調査に加え，近年の調査結果から，水温が6〜8℃となる冬期でもかなりの硫化物が圧送管渠で生成することがわかった(Nielsen et al., 1998)．さらに，硫化物は，処理場で活性汚泥の沈降性に悪影響を与えることも報告されている(Nielsen and Keiding, 1998)．

一方，ポルトガルは南ヨーロッパに位置し，管渠における下水水温は25℃程度となる．1960年代の初めから圧送管渠が用いられてきたが，硫化物によって下流域のコンクリート製および繊維強化セメント製の自然流下管渠の腐食が引き起こされた．硫化物問題は，海水浴場の汚染防止のために設計された沿岸部の長距離管渠の建設とともに特に表面化した．そこで，供用開始から6～8年で圧送管渠とポンプ場が自然流下管渠に置き換えられ，結局，短距離圧送管渠と揚水ポンプ場となった例が2, 3ある．そして，これらのポンプ場では，多くの場合，硫化物問題を抑制するために空気注入が導入されてきた．

これらデンマークとポルトガルの事例から，管渠における硫化物生成が世界中で重要課題であり，その内容は複雑であることがわかる．

6.2 下水管渠における硫化水素

本節では，下水管渠における硫黄の循環に焦点を当てる．下水中の嫌気プロセスに関する一般論(これらは管渠にも関連したものであるが)については第3章，特に3.2.2を参照されたい．硫黄の循環の一部は嫌気条件下で，また一部は好気条件下で進行する．好気状態から嫌気状態，嫌気から好気と変化するような管渠における好気・嫌気複合プロセスは非常に興味深いが，同時に扱うのに複雑でもある．管渠における硫黄の循環は，反応が生物膜中，管渠内の底泥中，下水中，管渠内気相中で進行するうえ，これらの各「場」の間を硫黄が移動するので，さらに複雑である．

第4章で悪臭化合物の放散(水-空気間の物質移動)について述べ，これに関連して硫黄(硫化水素)の挙動を例に挙げた．図4.4は放散現象のみではなく，下水管渠における硫黄化合物の反応経路と沈澱物の概要を示している．

6.2.1 下水管渠における硫黄循環の基本的事項

図4.4の流れの詳細を図6.1に示す．これは，硫黄のサイクルにおける生物的変化を表したものである．

図6.1は，好気プロセス(硫黄の酸化)と嫌気プロセス(硫黄の還元)の両方を含んでいることに注目する必要がある．さらに，増殖と分解は主に好気環境下と関連が深い．嫌気性の硫酸塩還元細菌(主に *Desulfovibrio* と *Desulfotamaculum*)

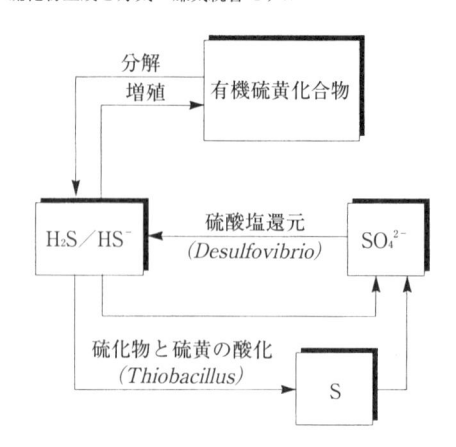

● 第6章 ● 嫌気反応—硫化物生成と好気・嫌気統合モデル

図6.1 下水管渠における好気・嫌気生物化学反応における硫黄の生物学的循環

の増殖速度は遅いので，もしこれらが下水中で生息するのであれば，下水管渠からウォッシュアウトされる．しかし，生物膜と管渠内堆積物中ではそれらの細菌は保持される．その結果，硫酸塩還元は，生物膜や堆積物が存在すれば，主にそれらの場で起こる．剥離した嫌気性生物膜は，通常，下水中で硫化物生成を引き起こすが，これはそれほど重要ではない．嫌気性雰囲気の圧送管渠における硫化物生成にとって，明らかに生物膜が重要である．自然流下管渠においては，下水そのものは好気状態になったり嫌気状態となったりするが，生物膜の深い部分は嫌気状態となっていることが多いので，自然流下管渠においても生物膜が硫化物生成にとって重要であることが理解される．

硫黄単体(S)や硫酸塩(SO_4^{2-})への硫化物の酸化は，好気条件下で起こる．仮に，自然流下管渠内面の生物膜の深い部分で硫化物が生成しても，硫化物は生物膜の表面付近に存在する好気性の部分，または下水中で酸化される可能性がある(図6.2)．酸化に関してはまだ研究が進んでいないが，化学的な反応と生物的な反応で起こると考えられる．この酸化反応では，酸化数0の硫黄単体が一時的に生成されるが，最終的には硫酸塩にまで酸化される．下水管渠の気相中へ放散された硫化水素の酸化については，6.2.6 で述べる．

図6.2 に示したとおり，自然流下管渠内の生物膜中での溶存酸素消費は，好気・嫌気反応と関連して進行するが，これは重要かつ興味深い．嫌気的な微生物反応では，硫化物や低分子有機物などを生成するが，それらは生物膜の表面付近の好

6.2 下水管渠における硫化水素

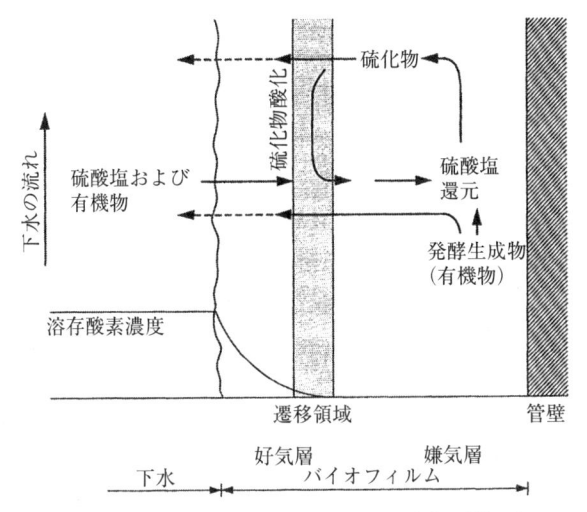

図6.2 自然流下管渠のバイオフィルムにおける好気・嫌気プロセスの相互作用

気部分で酸化される．したがって，例3.1では生物膜中における全溶存酸素消費速度から微生物の増殖を考えたが，この結果は微生物の増殖を過大に見積もっていることになる．理由は，嫌気反応での収率(発酵と呼吸)が小さいからである．例えば，収率は0.05～0.1 gCOD gCOD^{-1}である[式(6.17)参照]．

例6.2 圧送管渠における硫化水素の生成

圧送管渠内面の生物膜中での硫化水素生成速度 r_a = 0.01 gS m^{-2} h^{-1} とし，下水中での生成は無視できるとする．下水流量 Q = 100 m^3 h^{-1}，下水輸送距離 L = 4 000 m，圧送管渠始点の溶存酸素，硫化物濃度はともに0とする．

圧送管渠終点の下水中硫化物濃度に関して，2つの異なる下水輸送シナリオを比較する．圧送管渠の口径を D_1 = 0.3 m と D_2 = 0.4 m とする．圧送管1(D_1 = 0.3 m) の方が管渠内滞留時間は短いが，表面積-下水容量比が圧送管渠2(D_2 = 0.4 m)より大きくなるので，単位下水量当りの硫化物生成速度も大きくなる．

それぞれの管渠の管渠内滞留時間は，

$$\text{圧送管渠1}: t_1 = \frac{\frac{\pi}{4}D_1^2 L}{Q} = \frac{\frac{\pi}{4} \cdot 0.3^2 \cdot 4000}{100} = 2.83 \text{ h}$$

圧送管渠 2： $t_2 = \dfrac{\frac{\pi}{4} D_2^2 L}{Q} = \dfrac{\frac{\pi}{4} \cdot 0.4^2 \cdot 4000}{100} = 5.03$ h

$$R = \dfrac{V}{A} = \dfrac{\frac{\pi}{4} D^2}{\pi D} = \dfrac{D}{4}$$

下水の単位体積当り硫化水素生成速度に管渠内滞留時間を乗じると，圧送管渠終点における硫化水素濃度が求まる．

圧送管渠 1： $c_1 = \dfrac{r_{a,1}}{R_1} t_1 = \dfrac{0.10}{0.3/4} \cdot 2.83 = 3.8$ gS m^{-3}

圧送管渠 2： $c_2 = \dfrac{r_{a,2}}{R_2} t_2 = \dfrac{0.10}{0.4/4} \cdot 5.0 = 5.0$ gS m^{-3}

本例は，管渠内滞留時間と管径が圧送管渠の下水中硫化物濃度に影響することを示している．滞留時間を短縮しようとすると，管径が小さくなり単位体積当り硫化水素生成速度が大きくなる．このように，管渠内滞留時間と管径は逆の影響を与えるが，高流速で下水を圧送する方が硫化物濃度が低くなった．

6.2.2　硫化水素生成の基礎と化学量論

ある種のタンパク質やアミノ酸のような有機硫黄化合物は，分解時に硫化水素を生成する．以下に，アミノ酸の一種であるシステインの加水分解を例として示す．

$$\mathrm{SH-CH_2-CH(NH_2)COOH} + \mathrm{H_2O} \rightarrow \mathrm{CH_3COCOOH} + \mathrm{NH_3} + \mathrm{H_2S} \quad (6.1)$$
　　　　　（システイン）

式(6.1)に示した下水中有機硫黄化合物の分解は，通常，硫化物の生成源とみなされない．硫化物生成の主要なプロセスは，*Desulfovibrio* や *Desulfotamaculum* といった硫酸塩還元従属栄養細菌による硫酸呼吸である(**3.2.2** および**図 6.1** 参照)．**表 3.2** に示した低分子有機物の生成を考慮せず，従属栄養細菌による硫化物生成を簡略化して表すと次式となる．

$$\mathrm{SO_4^{2-}} + 有機物 \rightarrow \mathrm{HCO_3^-}（二酸化炭素）+ \mathrm{H_2S} \quad (6.2)$$

式(6.2)に示した硫酸塩を電子受容体と考えると，還元反応は，次式で表される(例 2.5 参照)．

$$\frac{1}{8}\text{SO}_4^{2-} + \frac{5}{4}\text{H}^+ + e^- \rightarrow \frac{1}{8}\text{H}_2\text{S} + \frac{1}{2}\text{H}_2\text{O} \tag{6.3}$$

硫化物生成の化学量論を求めるためには，従属栄養性の硫酸塩還元細菌への電子供与体である有機物の酸化反応を式(6.3)に導入する必要がある．酸化反応と還元反応をまとめる手順は，2.1.3 に示した方法と同じである．有機物を単純に CH_2O とすると，例 2.2 に示した酸化反応と式(6.3)に示した硫酸塩の還元反応は，次式のようにまとめられる．

$$\text{SO}_4^{2-} + 2\,\text{CH}_2\text{O} + 2\,\text{H}^+ \rightarrow 2\,\text{H}_2\text{O} + 2\,\text{CO}_2 + \text{H}_2\text{S} \tag{6.4}$$

式(6.4)は，有機物を CH_2O として，式(6.2)を化学量論的に正しく表記したものである．

式(6.4)から，有機物を単純に CH_2O とすれば，1 mol の H_2S (32 $\text{gH}_2\text{S-S}$) が生成する間に，2 mol の有機炭素が酸化されることがわかる．電子レベルで見ると，CH_2O 中の炭素酸化の電子 $\Delta \text{OX}_\text{c} = 4$，硫黄還元の電子 $\Delta \text{OX}_\text{s} = 8$ として考えると理解しやすい(2.1.3 参照)．もし，有機物の分解が CH_2O と同じくらい簡単ではないとしても，他の式から化学量論を検討できる．しかし，平均的な下水中有機物の炭素酸化レベル(OX_c)は，ゼロに近い．

6.2.3 硫化物生成への影響因子

硫化物が生成する条件として，嫌気状態すなわち溶存酸素，硝酸塩，その他の酸化された無機窒素化合物が存在しない状態であることが重要である．硫化物は，嫌気条件下でなければ存在しないが，管渠内で溶存酸素濃度の低い部分がある場合，嫌気部分で生成した硫化物がこの部分へ移動し，一時的に存在することもある．一例を挙げると，硫化物は，管渠内生物膜の内部で生成され，生物膜表面の好気的部分まで移動することがある．あるいは，下水中にまで移動することもある．

嫌気状態は，満管で流れる自然流下管渠や圧送管渠で一般的に認められる．好気的な下水がこのような管渠に流入すると，溶存酸素は急激に消費される．溶存酸素がなくなるまでの時間は溶存酸素濃度と好気性呼吸速度によって変化するが，この時間は普通 10 ～ 30 分である．下水管渠における硫化物問題は，特に水温の高い国々で広く起こっている．冬期でも，水温が 5 ～ 12 ℃程度と温暖な地域の場合，圧送管渠において硫化物問題が生じている (Hvitved-Jacobsen *et al.*,

1995；Nielsen *et al.*, 1998)．その程度の水温では硫化物生成速度は小さいので，一般的には嫌気状態に保持されている時間が0.5～2時間を超えると硫化物問題が顕著になってくる．

自然流下管渠内における硫化物生成は，主として流速が遅く(0.3 m s^{-1}以下)，十分な再曝気がなされない大口径の管渠で比較的水温が高い(15～20℃以上)場合に生じる．5.5で述べたように，溶存酸素収支は生物膜中での正味の硫化物生成量と下水中での硫化物の存在に重要な影響を与えるわけである．北ヨーロッパでは，夏期においてもそれほど水温が高くならないので，自然流下管渠の下水中に硫化物が永続的に存在することはまれであるが，図5.10および5.11に示したように好気状態と嫌気状態の遷移現象が起こる可能性はある．一方，中央ヨーロッパ，南ヨーロッパ，米国南部，アフリカ，オーストラリアなどの温暖な地域では，自然流下管渠においても硫化物問題はごく普通に見られる(Meyer and Hall, 1979；ASCE, 1989)．

硫化物が問題になる条件を簡潔にしかも一般的に定義することは，不可能である．USEPA(1974)によれば，溶存酸素濃度が1 gO$_2$ m^{-3}を超えると，通常，下水中に硫化物は存在しないとされている．しかし，実際の現地調査と文献からの情報では，溶存酸素濃度が0.2～0.5 gO$_2$ m^{-3}を超えると，硫化物に起因する問題は生じないと考えられる．硫化物問題が生じた場合，下水中硫化物濃度から，自由水面を持つ管渠における問題の程度や内容を推定できる．これまでの報告から，硫化物濃度0.5, 3, 10 gS m^{-3}が，それぞれほぼ低，中，高濃度とみなすことができる．長距離圧送管渠を採用している国や，自然流下管渠でも水温が高い国では，10 gS m^{-3}を超える高濃度の事例が報告されている(例えば，Thistlethwayte, 1972；Pomeroy and Parkhurst, 1977)．

下水管渠における硫化物問題は，多くの水質関連指標間の複雑なバランスに関連している．そして各種水質指標は，管渠システムの設計に依存する．下水中溶存酸素濃度，関連する微生物反応速度，再曝気速度，硫化物といった因子が本質的に重要である．硫化物問題を予測しようとする場合，このような因子を体系的に組み合わせて考察することが重要である．以下に，硫化物生成に影響する7つの主要な水質指標と管渠システムに関する因子について述べる．

6.2.3.1　硫酸塩

硫酸塩は，通常，下水に含まれており，その濃度は5～15 gS m^{-3}以上である．この濃度では比較的薄い生物膜では硫化物生成の律速にならない（Nielsen and Hvitved-Jacobsen, 1988）．管渠内に堆積物がある場合，堆積物の深層部にまで硫酸塩が浸透するので，下水中硫酸塩濃度が高いほど硫酸塩還元が増大する可能性が高い．例えば，工場排水のような特殊な条件では，チオ硫酸塩や亜硫酸塩などの酸化硫黄化合物も硫酸塩還元細菌にとって硫黄源となることにも注意を要する（Nielsen, 1991）．

6.2.3.2　生物分解性有機物の量と質

下水中には，硫酸塩還元反応に必要な基質である生物分解性有機物が含まれている．例えば，食品工場からの排水には，硫酸塩還元細菌が好む易生物分解性有機物が高濃度に含まれているが，この場合，家庭排水に比べ硫酸塩還元速度が大きくなる．家庭排水の場合でも，節水や水の再利用を行っている地域では易分解性COD成分や速加水分解性COD成分の濃度が高くなり，その結果硫化物生成のポテンシャルが高くなるケースがある．蟻酸，乳酸，エタノールなどが硫酸塩還元細菌に特に利用されやすい有機物として報告されている（Nielsen and Hvitved-Jacobsen, 1988）．

6.2.3.3　水　温

硫酸塩還元細菌そのものの温度依存性は高く，硫酸塩還元速度の温度係数（α）は，約1.13である．これは，水温が10℃上がると速度が3.4倍になることを意味する．しかし，通常，硫化物生成は，基質の生物膜や底泥への拡散プロセスに依存するので，温度係数は1.03程度である（Nielsen et al., 1998）．

長期間のうちには，低温または高温に順応した硫酸塩還元細菌が出現する．そうなると，冬期と夏期の間で水温による反応速度の違いが小さくなる．Nielsen et al.（1998）に報告されている水温が5～12℃の圧送管での調査結果は，上記が原因である可能性がある．

6.2.3.4　pH

硫酸塩還元細菌は，おおむねpHが5.5～9の範囲で生息する．ただし，pHが

約 10 以下では，重大な阻害要因になることはない．

酸化数が 2 である硫化物の形態として H_2S と HS^- の 2 種類があるが，これらの存在比は pH に依存する．詳細は，**4.1.2** および **4.3** を参照されたい．

6.2.3.5 管渠内表面積と下水容積の比

硫化物は，主に生物膜内で生成する(堆積物がある場合は，堆積物内でも生成する)．管渠内表面積と下水容積の比(A/V)から，生物膜内での生成量を下水中濃度で表すことができる．圧送管渠や満管状態の自然流下管渠では，A は管渠内表面積，V は管渠の容量に等しい．非満流の自然流下管渠では，A は下水に接する管内渠表面積，V は下水容量に等しくなる．小口径と大口径の圧送管渠を比べると，他の条件が同じであれば，小口径の A/V 値の方が大きいので下水中硫化物濃度が高くなる(例 6.2 参照)．

6.2.3.6 流　　速

硫化物生成ポテンシャルは，生物膜の厚さによる．圧送管渠内の流速が $0.8 \sim 1 \mathrm{~m~s^{-1}}$ であれば，生物膜の厚さは，通常 $100 \sim 300 \mu \mathrm{m}$ で薄いといえる．しかし，流速が大きい場合，拡散境界層が薄くなり，基質と生成物に対する生物膜と液相間の移動抵抗が小さくなる．全体としては，高流速の場合，通常は硫化物生成ポテンシャルは小さくなるといえる．さらに，流れの状況は気相と液相間の物質移動プロセス(例えば，硫化水素の気相への放散)に影響する(**第 4 章**参照)．

6.2.3.7 嫌気保持時間

管渠内において嫌気状態に保持される時間によって下水中硫化物濃度が異なるが，圧送管渠内滞留時間は，下水流量と管渠の容量で決まる．したがって，ある圧送管渠の終点における硫化物濃度は，圧送管渠への流入量の日変動と合流式下水道の場合であれば降雨パターンに左右されることになる(**図 6.3** 参照)．

6.2.4　圧送管渠における硫化物の予測

圧送管渠では最初の短時間，好気状態である(この時間は，圧送管渠へ流入する下水の溶存酸素濃度により変化する)が，その後，嫌気状態となる．圧送管渠における硫化物生成の要因については，下水と管渠特性も含めて **6.2.3** で述べた．

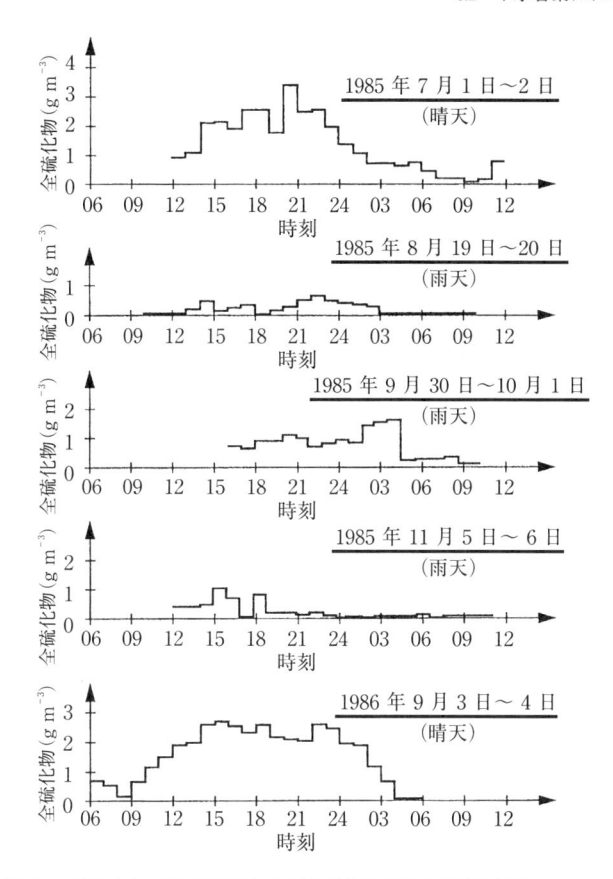

図6.3 延長4 kmの圧送管渠における硫化物濃度の日変動(デンマーク,ユトランド半島北部).晴天時の管渠内滞留時間の変動幅は下水量によって決まり,6〜14時間.雨天時には約1時間になる

生物膜単位面積当り硫化物生成速度から,下水中硫化物濃度を決定する式は,次式で表される.

$$\Delta C_{S^{2-}} = C_{S^{2-},d} - C_{S^{2-},u} = r_a \frac{A}{V} t_r \tag{6.5}$$

ここで,

$\Delta C_{S^{2-}}$ = 下水中濃度で表した硫化物生成量(gS m^{-3})

$C_{S^{2-},d}$ = 管渠終点での硫化物濃度(gS m^{-3})

$C_{S^{2-},u}$ = 管渠始点での硫化物濃度(gS m^{-3})

表 6.1 圧送管渠における単位面積当り硫化物生成速度(r_a)の実験式(単位：gS m^{-2} h^{-1})

式	参考文献
(1) $r_a = 0.5 \cdot 10^{-3}\, u\mathrm{BOD}_5^{0.8}\, S_{\mathrm{SO}_4}^{0.4}\, 1.139^{T-20}$	Thistlethwayte (1972)
(2) $r_a = 0.228 \cdot 10^{-3}\, \mathrm{COD}\, 1.07^{T-20}$	Boon and Lister (1975)
(3) $r_a = 1 \cdot 10^{-3}\, \mathrm{BOD}_5\, 1.07^{T-20}$	Pomeroy and Parkhurst (1977)
(4) $r_a = k * (\mathrm{COD}_S - 50)^{0.5}\, 1.07^{T-20}$	Hvitved-Jacobsen et al. (1988)
(5) $r_a = a ** (\mathrm{COD}_S - 50)^{0.5}\, 1.03^{T-20}$	Nielsen et al. (1998)

* $k = 0.0015$：工場排水を含まない典型的なデンマークの家庭排水
　$k = 0.003$：家庭と食品工場の混合排水
　$k = 0.006$：主に食品工場からの排水
** $a = 0.001 \sim 0.002$：工場排水を含まない典型的なデンマークの家庭排水
　$a = 0.003 \sim 0.006$：家庭と食品工場の混合排水
　$a = 0.007 \sim 0.010$：主に食品工場からの排水

ここで，
　　　BOD_5 = 生物化学的酸素要求量(gO$_2$ m^{-3})
　　　COD = 化学的酸素要求量(gO$_2$ m^{-3})
　　　COD$_S$ = 溶解性化学的酸素要求量(gO$_2$ m^{-3})
　　　S_{SO_4} = 硫酸塩限度(gS m^{-3})
　　　k および a = 速度定数(-)
　　　T = 水温(℃)
　　　s = こう配(m m^{-1})
　　　u = 流速(m s^{-1})

　　　r_a = 生物膜単位面積当り硫化物生成速度(gS m^{-2} h^{-1})
　　　A/V = 内表面積と下水体積の比．管渠内表面積／管渠容積(m^{-1})
　　　t_r = 管渠内嫌気滞留時間(h)

圧送管渠における生物膜単位面積当り硫化物生成速度(r_a)に関し，多くの簡便式が提案されてきた(**表 6.1**，**図 6.4**)．すべての式で硫化物生成は，有機物濃度(BOD，全 COD または溶解性 COD)と水温の影響を受けるとされている．**表 6.1** 中の式(2)〜(5)は，下水中の硫酸塩濃度は高く硫化物生成には律速とならないことを示している．このことは，硫酸塩濃度が $5 \sim 15$ gS m^{-3} を超える場合にいえる(Nielsen and Hvitved-Jacobsen, 1988)．式(1)と(2)は古典的なもので，予想される最大の生成速度を表している．式(4)および(5)は，溶解性 COD のうち生物分解性のものを表す「COD$_S$-50」という指標と，下水の発生源によって異なる速度定数を導入したことにより下水の生物分解性という側面をある程度考慮している．

表 6.1 に示した式には，実験に基づいて経験的に近似値を与えると認められてきた係数が含まれている．これらの値は，個別のケースに対して適合するよう検討されたものである．一例を挙げると，ポンプが連続運転されている場合と間欠

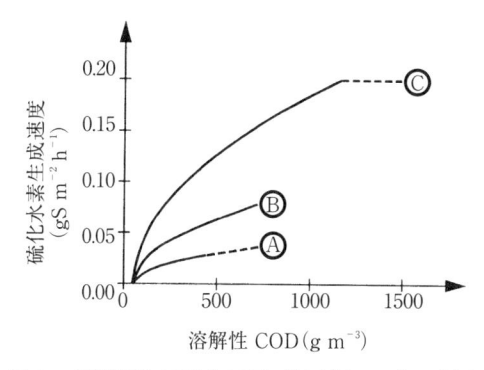

図 6.4 圧送管渠での硫化水素生成速度［表 6.1 中の式 (5) による計算値. $T = 20\,^\circ\mathrm{C}$］. (A : $a = 0.0015$, B : $a = 0.003$, C : $a = 0.006$) (Hvitved-Jacobsen et al., 1988 ; Nielsen et al., 1998)

運転されている場合で流れの状況は異なり，この違いが生物膜と下水との間での物質と生成物の移動に影響を与える．それにより，硫化物の生成状況も異なってくる (Melbourne and Metropolitan Board of Works, 1989).

6.2.5 自然流下管渠における硫化物の予測

下水中と生物膜中における溶存酸素消費反応と再曝気のバランスにより，自然流下管渠で嫌気状態が生じることがあり，その結果で硫化物問題が生じるかどうかが決まる．

通常，溶存酸素濃度が $0.2 \sim 0.5$ g m^{-3} より高ければ，硫化水素は自然流下管渠の下水中に存在しない (USEPA, 1974). もし，高い酸素消費速度あるいは低い再曝気速度のいずれかの原因で溶存酸素濃度が低下すれば，**表 6.1** に示した式 (3) が硫化物の予測に適用できると提案されている (USEPA, 1974). しかしながら，自然流下管渠で硫化物の生成が見られる場合でも，自然流下管渠の r_a は，普通，酸素がまったく存在しない満管となる下水管渠に対して適用される値の 1/3 未満である．また，**表 6.1** に示した他の式についても，同様に考えれば，低い溶存酸素濃度の自然流下管渠における硫化物生成の予測に適用可能である．自然流下管渠では気相中への硫化水素ガス (H_2S) の放散と，下水中での硫化物酸化も起こり得るので，これらも**図 4.4** で解説したように考慮されなければならない (Pomeroy and Parkhurst, 1977 ; Tchobanoglous, 1981 ; Wilmot et al., 1988).

Z式と呼ばれている式を用いることで，口径 0.6 m 未満の自然流下管渠での硫化物問題を簡便に評価することができる(Pomeroy and Parkhurst, 1977；ASCE, 1989；ASCE and WPCF, 1982)．

$$Z = \mathrm{BOD}_5(s^{0.5}Q^{0.33})^{-1}(P/b)1.07^{T-20} \tag{6.6}$$

ここで，

T = 水温(℃)

s = エネルギーこう配(-)

Q = 流量[ft^{3}s^{-1}(フィートの3乗毎秒)]，1 m^3 = 35.314 ft^3

P = 潤辺(m)

b = 流水幅(m)

式(6.6)を変形した式(6.7)がBoon(1995)によって提案された．

$$Z = 3\,\mathrm{BOD}_5(s^{0.5}Q^{0.33})^{-1}(P/b)1.07^{T-20} \tag{6.7}$$

ここで，

T = 水温(℃)

s = エネルギーこう配(m/100 m)

Q = 流量(L s^{-1})

P = 潤辺(m)

b = 流水幅(m)

計算されたZ値の値から硫化物問題の程度を評価できる(**表 6.2** 参照)．

一例を挙げると，口径 600 mm の半管流である自然流下管渠で，下水温度 20 ℃，BOD が 250 g m^{-3} の場合，管渠こう配が 0.03，0.1，0.3 % とすると，Z 値はそれぞれ**表 6.3**に示す値となる．**表 6.3**から，こう配が小さい遮集幹線では容

表6.2　Z式による自然流下管渠の硫化物問題の評価

Z値	硫化物問題の程度
$Z < 5\,000$	硫化物問題はほとんど発生しない
$5\,000 < Z < 10\,000$	硫化物問題のリスクあり
$Z > 10\,000$	硫化物問題が頻繁に発生するリスクあり

表6.3　Z式で評価される自然流下管渠における硫化物問題の例

こう配 s(%)	流速 u(ms^{-1})	流量 Q(Ls^{-1})	負荷(PE)	Z値
0.03	0.32	45	19 000	19 370
0.1	0.58	82	35 000	8 740
0.3	1.00	141	61 000	4 220

易に重大な硫化物問題が起こる可能性があることがわかる.

溶存酸素濃度が低い自然流下管渠における硫化物の生成予測は,硫化水素ガスの気相中への放散と下水中での硫化物酸化を考慮しなければならないので,溶存酸素が存在しない圧送管渠に比べ複雑である.この点,Z式は目安として用いられる.

Pomeroy and Parkhurst(1977)は,満管とはならない自然流下管渠での硫化物生成の定量化を目的に実験式を開発した.この式は2通りに表される.

$$r_a = M'\mathrm{BOD}_5 1.07^{T-20} - N(su)^{3/8} d_m^{-1} R C_{S^{2-}}$$
$$= M'\mathrm{BOD}_5 1.07^{T-20} - N(su)^{3/8} \left[\frac{P}{b}\right]^{-1} C_{S^{2-}} \tag{6.8}$$

ここで,

r_a = 生物膜単位面積当り硫化物生成速度(gS m^{-2}h^{-1})
M' = 係数(m h^{-1})
T = 水温(℃)
N = 係数
s = エネルギーこう配(m m^{-1})
u = 流速(m s^{-1})
d_m = 水理学的水深,流水断面積／流水幅(m)
R = 径深,流水断面積／潤辺(m)
$C_{S^{2-}}$ = 硫化物濃度(gS m^{-3})
P = 潤辺(m)
b = 流水幅(m)

式(6.8)の第1項は,基本的に**表 6.1**の式(3)と同じであり,硫化物生成速度も等しい.しかし,通常,自然流下管渠での単位面積当りの硫化物生成速度は,圧送管渠での速度よりも小さいということがわかっている.これは,おそらく水位と流量の日変動の影響であろう.したがって,M'の値は式(3)の値よりも小さく,PomeroyとParkhurstは$M' = 0.32 \times 10^{-3}$ m h^{-1}を提案している.

式(6.8)の第2項は,主として下水中での硫化物酸化と管渠内気相部への放散による下水中硫化物の減少を表したものである(**図 4.4** 参照).Pomeroy and Parkhurst(1977)は,$N = 0.96$と$N = 0.64$の2水準のN値を提案した.$N = 0.96$は硫化物生成実態の中央値に対応し,$N = 0.64$は下水管渠における硫化物生成予測に過去から用いられている値である.この式は,下水中における硫化物

除去は硫化物濃度に関する1次反応であると考えられることを示している．さらに，本式は，再曝気に関する項，したがって硫化水素の放散に関する項も含んでいる[**表4.7**の式(3)，(6)および**4.3.2**参照]．

式(6.8)は，集中的な調査をもとにして得られたものであるが，実験式として適用するには注意が必要である．すでに述べたように，自然流下管渠において溶存酸素濃度が$0.2 \sim 0.5$ $gO_2 m^{-3}$以上であれば，硫化物は多くの場合存在しない．

Matos(1992)は，非満管流に適用される式(6.8)を，下流の硫化物濃度を推定するために式(6.9)のように変形した．

$$C_{S^{2-},d} = C_1 - (C_{S^{2-},u} - C_1)e^{C_2} \tag{6.9}$$

ここで，

$$C_1 = \frac{M'}{N} BOD_5 (su)^{-(3/8)} \frac{P}{b}$$

$$C_2 = \frac{LNS^{3/8}}{3\,600\ d_m u^{0.625}}$$

$L=$管渠延長(m)

下水管渠の設計や水理的な状況によっては，固形物が一時的あるいは長期間にわたって管底に堆積物として蓄積する場合がある(**3.2.8**参照)．この現象は，汚水管渠では流量の日変動に左右され，合流管渠では特に晴天時と雨天時の流量の違いに影響を受ける．堆積物の表面では生物膜が形成され，それが「厚い生物膜」として機能する．堆積物中は通常，嫌気状態となっており，その結果としていくつかの反応が進行する．

硫化物生成の観点では，堆積物は単に生物膜によって表面を覆われているということのみが考慮され，堆積物内部での硫化物生成は考慮されていない場合が多い．しかし，堆積物の表面積当りの硫化物生成ポテンシャルは，管渠内面の生物膜よりも大きい．報告によれば，$50 \sim 100$％大きいとされている(Schmitt and Seyfried, 1992；Bjerre *et al.*, 1998)．

6.2.6　効　　果

管渠内の下水が嫌気状態になると，その影響は様々な範囲に及ぶ．主要な影響は，以下のとおりである．

・生命の安全

- 悪臭問題
- コンクリートと金属の腐食
- 処理場への嫌気性下水流入による影響
- 公共用水域への雨天時越流水流出による影響

最初の3項目は，揮発性物質の管渠内気相中への放散，さらに管渠から大気への放散に関連する事項である．これらの揮発性化合物は，嫌気状態の下水，生物膜，堆積物中で生成する硫化水素ガスと有機悪臭物質である．

最初の2つの影響(安全と悪臭問題)は，管渠内での液相と気相間の物質交換反応で取り上げたのでここでは言及しない．**表4.6**に示したように，硫化物濃度が 0.5 未満，0.5〜2，2 gS m^{-3} より高い場合，それぞれ軽微な問題，中間程度の問題，大きな問題を引き起こす可能性がある．

6.2.6.1　コンクリート腐食

コンクリート腐食は，硫化水素の生成を原因として起こる．コンクリート腐食を含めて硫化水素問題は，管渠における下水の嫌気化の結果生じる主な問題点として知られてきた(Parker, 1945a, 1945b, 1951；Fjerdingstad, 1969；Thistlethwayte, 1972；USEPA, 1974)．コンクリート腐食は，現在でもその経済的損失を世界規模で与えている(Vincke *et al.*, 2000)．

硫化物が下水中にとどまっている限り，それによる有害な影響はない．コンクリート腐食問題は，気相中の硫化水素ガスが管渠の湿ったコンクリート表面にある液膜に吸着されることによって引き起こされる．特に腐食の激しいのは，水面付近および流れが乱されて硫化水素の放散量が多い部分である．さらに，管頂部にも腐食が見られる．これらの湿潤な管渠内表面では，通常，気相中の酸素が利用可能であり，H$_2$S が微生物反応によって硫酸に酸化される．

$$H_2S + 2\,O_2 \rightarrow H_2SO_4 \tag{6.10}$$

コンクリート管の腐食原理を**図6.5**に示す．

硫化水素の硫酸への酸化に関与する好気性微生物は，好気性で独立栄養細菌の *Thiobacillus* 属である(Sand, 1987；Milde *et al.*, 1983)．これらの微生物は，pH がかなり低い状態においても活性を保持する．*Thiobacillus concretivorus* は，pH が 0.5〜5 の間でも活性を持ち，約7%までの硫酸溶液を生成することもある．これは，pH を低下させる他の *Thiobacillus* 属の共生を必要とする．

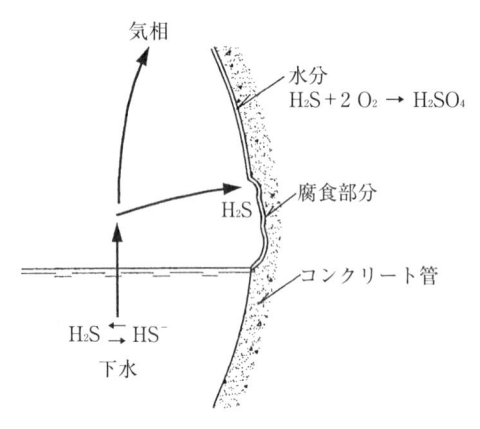

● 第6章 ● 嫌気反応—硫化物生成と好気・嫌気統合モデル

図6.5 下水管渠のコンクリート腐食の原理

Thiobacillus concretivorus と *Thiobacillus neapolitanus* は，硫化物に加え，エネルギー源としてチオ硫酸塩および硫黄単体も利用できる．

管渠表面で生成した硫酸は，コンクリート中のアルカリセメントと反応する．この反応を単純に表した化学量論は，次式で与えられる．

$$H_2SO_4 + CaCO_3 \rightarrow H_2O + CO_2 + CaSO_4 \quad (6.11)$$
$$\text{(セメント)} \qquad\qquad\qquad \text{(ジプサム)}$$

硫酸の生成速度が小さい場合でも，硫酸の大部分がセメントと反応し，不溶性の成分（例えば，砂や砂利）を欠落させてしまう．一方，生成速度が比較的速い場合，硫酸の一部は反応前に下水で流されてしまい，下水中で硫酸イオンとなってアルカリ成分と反応する．管渠表面の液膜で生成するこの硫酸イオンは，コンクリートに対し化学的な劣化を及ぼす．

式(6.10)および(6.11)から，硫酸生成を通じて 32 gH_2S-S が 100 g のコンクリート中のセメント($CaCO_3$)と反応することがわかる．コンクリートの腐食速度は，式(6.12)で表される(USEPA, 1974)．

$$r_{corr} = \frac{100}{32} \frac{f}{A} \quad (6.12)$$

ここで，

r_{corr} ＝コンクリート表面の腐食速度(g m^{-2} h^{-1})
f ＝コンクリート表面への硫化水素吸着速度(g m^{-2} h^{-1})

A = コンクリートのアルカリ度($CaCO_3$ 当量)[†]

式(6.12)は,次のように書き換えることができる.コンクリートの密度を約 2.4×10^6 g m^{-3} とし,単位面積当りの腐食速度を時間当りの腐食深さで表すと次式となる.

$$c = 11.4 \frac{f}{A} \tag{6.13}$$

ここで,c = 腐食速度(mm y^{-1})

式(6.13)は,すべての生成した硫酸がセメントと反応すると仮定して導かれたものである.実際には,式(6.14)が用いられる.

$$c = k\, 11.4 \frac{f}{A} \tag{6.14}$$

ここで,k = 補正係数(-)

硫酸生成速度が小さい場合 k は 1 に近づき,大きい場合 k は 0.3 ～ 0.4 程度である.激しいコンクリート腐食の場合,腐食速度が 4 ～ 5 mm y^{-1} という事例もある(Mori et al., 1991).

コンクリートの腐食速度を正確に推定するのは難しい.腐食速度の推定には,すでに述べたように(図 4.4 参照),主に硫化物の生成,気相中への放散,吸着,管壁での酸化といった複数の反応の詳細や反応速度を決定する必要がある.

腐食が管渠施設に短期間で重大な障害を与えた例が報告されている(EWPCA, 1982;Aldred and Eagles, 1982;ASCE, 1989).腐食の予測は難しいが,これまでの事例や実際の問題点の広がり程度から,いつ,どこでコンクリート腐食が起こるかについて総合的な知見が得られてきた.この内容をまとめると以下のようになる.

通常,温度 20 ℃未満で,下水中硫化物濃度が低い場合(0.5 gS m^{-3} 未満),コンクリート腐食速度は比較的小さい.しかし,以下の事項が腐食のリスクを増大させる可能性がある.

・高濃度の硫化物が生成する条件が整った施設の下流に,コンクリート製の下水管渠やポンプ場がある場合.このような例として圧送管渠や堆積物が存在

[†] $CaCO_3$ 当量を求める標準試験法は,次の文献を参照.Encyclopedia of Industrial Chemical Analysis, Interscience Publishers Division, John Wiley & Sons, New York, vol.15, p.230.

・嫌気性下水の流れの乱れが激しい場合や硫化水素の放散ポテンシャルが高い条件の場合．流れの乱れが増大するリスクのある部分として，流入部，段差，落差工，急曲管部，伏せ越しがある．一例として圧送管渠から自然流下管渠に流れが変化する部分では硫化水素の放散リスクが大きい．

する自然流下管渠が含まれる．

下水管渠の腐食は，水面および管頂付近でよく見られる．これは，この部分が湿っていて硫酸が濃縮しやすいからである．

平均的な腐食速度の推定ができれば，腐食が許容される管厚を考慮して管の寿命を計算できる．

6.2.6.2 金属腐食

硫化水素は，ほとんどの重金属と反応する弱酸で，反応により難水溶性の金属硫化物ができる．2価の金属で示すと，反応は次式で表される．

$$H_2S + Me \rightarrow MeS + H_2 \tag{6.15}$$

金属腐食は，ポンプ場や電子機器を備えた管渠でよく見られる．

6.2.6.3 下水処理場への影響

処理場への流入部では，下水の流れが乱されることが多い．それによって硫化水素や他の悪臭物質が空気中へ放散されると問題となり，脱臭が必要になる場合もある．一方，嫌気性下水を曝気すると，硫化物や数種類の有機悪臭物質は短時間で酸化することができる．しかし，窒素を含む悪臭物質の酸化速度は小さいので，処理場流入部でそれが含まれていると問題となる可能性がある（Hwang et al., 1995）．

硫化物を含む下水が活性汚泥処理を採用している処理場に流入すると，反応タンクにおいてフロック中の Fe^{3+} が FeS に還元されるのでフロックの構造が変わるといわれている（Nielsen and Keiding, 1998）．それにより，フロックの凝集性が低下して解体しやすくなる可能性があるとされている．フロック中の全有機物のうち，10％までの放出が確認されているが，放出された物質は，細胞外ポリマー物質（EPS）と呼ばれる汚泥沈降障害物質，コロイド物質，バルキングを起こす糸状性細菌であった．

6.2.7 下水管渠における硫化物の抑制

下水管渠における硫化物問題の抑制のため，多くの考え方や技術が検討，開発されてきた．硫化物に関する問題点を引き起こさない方法は，管渠の計画と設計段階で検討されるべきである．可能であれば，硫化物問題を起こしたシステムへ運転規定を導入すべきである．特に，圧送管渠では設計過程でそのような方法を適用しなければならないことが多い．抑制手法は，以下のように分類される．

- 硫化物問題への積極的設計対応：硫化物がなるべく生成しないように設計する手法．
- 硫化物問題への受動的設計対応：硫化物の生成を必ずしも抑制しないが，硫化物の影響を小さくするように設計する手法．
- 硫化物問題を抑制する維持管理：硫化物生成と影響を維持管理で低減する手法．この手法は，硫化物問題が顕在化した後，採用される．

上記の3つの硫化物抑制手法は，全体的な分類である．これらの手法には，硫化物の抑制だけではなく，他の臭気物質の低減につながるものもある．以下，詳細な設計原理については言及しないが，反応面を強調していくつかの硫化物抑制方法について述べる．

6.2.7.1 硫化物問題への積極的設計対応

管渠における積極的な設計手法には以下がある．

- 再曝気の増大
- 嫌気性下水の流れが乱れることを防ぐこと
- 堆積物の防止
- 生物膜の厚さの低減

管渠(特に自然流下管渠)を設計する際，硫化物や有機臭気物質の生成を抑制するうえで，再曝気が重要である(4.4 参照)．多くの水理的な条件や管渠諸元が再曝気速度の増大および硫化物に関連した問題の低減に関連する．4.4で述べたように，水理学的水深，径深，流速，管渠こう配が重要な要因である．必ずしも生物膜での硫化物生成を抑制することが目的ではなく，下水中に存在する硫化物濃度を低く抑えることが目的である．したがって，下水中溶存酸素濃度は $0.2 \sim 0.5 \, gO_2 \, m^{-3}$ より低くてはならず，硫化物を十分に酸化して，管渠内気相中に硫化水素として放散しないように高く保つ必要がある．

6.2.6 で述べたが，嫌気性下水の流れが乱れると，硫化物問題のリスクが大きくなるので，これを防ぐ必要がある．一方，好気反応の面からこれを見ると，流れが乱れることによって再曝気が促進されることになる．

管渠内面の生物膜の厚さは，硫化物生成に影響を及ぼす．流速が速くなり生物膜が薄くなれば，硫化物問題が低減する可能性がある．好気性の自然流下管渠で流速が極端に遅い場合，生物膜の厚さは 50 mm を超えることもあるが，流速が大きくなると通常，1～5 mm になる．生物膜の厚さは，下水の流れによって管渠内面に生じるせん断力に関連する．

平均せん断力は，次式で計算される．

$$\tau = \rho g s R \tag{6.16}$$

ここで，

τ = 管渠内面の平均せん断力 (N m^{-2})
ρ = 下水密度 (kg m^{-3})
g = 重力加速度 (m s^{-2})
s = 管渠こう配 (m m^{-1})
R = 径深 (流水断面積／潤辺) (m)

厚い生物膜の形成を防止するために，限界せん断力 (τ_{crit}) として 3～4 N m^{-2} が推奨されてきた．Melbourne and Metropolitan Boards of Work (1989) では，τ = 3.4 N m^{-2} が提案されている．これは，口径 40 cm 以下の小口径では流速約 1 m s^{-1} に相当し，大口径 (1 m 以上) では 1.2～1.4 m s^{-1} 以上が求められることになる．

固形物が堆積しないように管渠を設計することは重要である．堆積物があると，生物膜に比べて大きな硫化物生成速度を示す．固形物の堆積と再浮上は本書では扱わないので，この現象の概要は Ashley and Verbanck (1998) を参照されたい．

管渠の腐食を防止しようとした設計例は，例えば Kienow and Pomeroy (1978) および ASCE (1989) を参照されたい．

6.2.7.2 硫化物問題への受動的設計対応

硫化物問題のリスク低減のための積極的設計対応に加え，多くの受動的な対応方法がある．以下に示す設計手法 (防食材料の選定，管渠内換気の強化) は，特に腐食の防止に有効である．

管渠に用いられるコンクリート材料は，通常，ポルトランドセメントである．ポルトランドセメントであれば，種類が異なっても腐食速度に大差はない．しかし，セメント含有率が高いとアルカリ度が大きくなるので年間腐食深さが小さくなる(Grennan et al., 1980)．骨材として高アルカリ材(石灰石，白雲石)を用いても腐食速度を下げることができる．耐酸コンクリート，アルミナセメント，硫黄コンクリートなどの防食コンクリートも存在するが比較的高価である．表面をエポキシ樹脂やコールタールでコーティングしたものもある．コーティングによる不透水性の確保は有効である．さらに，ポリ塩化ビニル管，ABS樹脂管，ポリエチレン管を用いる方法もある．また，陶器も硫化水素腐食に対し優れた耐食性を示す．

管渠内の換気は，気相中の硫化水素濃度を低下させるだけではなく，管渠壁での微生物活動に欠かせない水分を低減する効果がある．換気にあたっては，管渠周辺で臭気問題を引き起こさないよう考慮しなければならない．場合によっては，酸化，化学洗浄，バイオフィルターによる脱臭処理(生物脱臭)を検討する必要がある．

6.2.7.3 硫化物対策のための維持管理方法

硫化物対策のための管渠維持管理的方法は，過去40～50年間，既存の管渠に対する対策として検討，実施されてきた．硫化物対策は必ずしも管渠施設の設計段階で予測，検討されてきたわけではなく，日々の管理において硫化物が扱われてきたからである．しかし，圧送管渠の場合には，通常，高濃度の硫化物が生成するので硫化水素の抑制が求められ，事業体によっては対策をとる必要性にせまられている．その対策について解説するが詳細は文献を参照されたい．参考となる文献には以下が挙げられる．Melbourne and Metropolitan Board of Works (1989)，ASCE and WPCF (1982)，ASCE (1989)，USEPA (1974, 1985)，Pomeroy et al. (1985)，Vincke et al. (2000)．

表6.4に示した方法の中で，薬品添加手法は，下水処理過程や公共用水域に悪影響を与える場合があるので，この点の検討が必要である．

酸化による対策方法は，悪臭も低減できる可能性がある．これに対し，化学的な沈澱方法は，硫化物問題の抑制のみに効果がある．

以下に，表6.4に示した方法を解説する．

表 6.4 下水管渠における硫化物抑制方法

抑制方法の一般的原理	具体的な手法
硫酸塩還元条件の抑制	下水への空気注入 下水への純酸素注入 下水への硝酸塩添加
副作用の防止	硫化鉄添加による硫化物の固定化 塩化鉄添加による硫化物の固定化
生物反応への特殊効果をねらった方法	pHを上昇させるアルカリ剤 塩素 過酸化水素 オゾン
物理的方法	フラッシング 生物膜除去
処理方法	化学的処理 生物学的処理

6.2.7.3.1 硫酸塩還元条件の抑制方法

これらの方法は，自然流下管渠に適用することも可能であるが，通常，圧送管渠に適用される．

空気注入：注入された空気中の酸素は，管渠中で下水が硫酸塩還元雰囲気になることを防ぐ．下水中溶存酸素によって生物膜の浅い部分が好気性になるので，深い部分あるいは堆積物中で生成した硫化物は酸化される(図 6.2 参照)．硫化物の酸化は，生物的酸化も起こるが，主として化学的反応として進行する(Chen and Morris, 1972)．硫化物酸化速度に影響する要因は，pH，温度，重金属などの触媒の有無である．

硫酸塩還元雰囲気を防ぐために必要な酸素量は，下水中と生物膜中の好気呼吸速度から求められ，管渠での全硫化物生成ポテンシャルから決めるべきではない．酸素の溶解度は，溶存酸素消費速度と比べて低い($9 \sim 11$ gO_2 m^{-3})ので，確実に好気状態を保とうとすれば複数の地点で空気を注入する必要がある場合がある．このため，管理要員が多くなり費用が高くなる．また，易生物分解性有機物，速い加水分解性有機物が管渠内で減少する(Tanaka et al., 2000b)．機械的処理が行われる場合，この現象は処理に良い影響を与えるが，脱窒や生物学的りん除去が処理場で実施される場合は反対に悪影響を与える．

これまでに，多くの空気注入システムが設置されてきた．Boon(1995)は，圧送管渠での必要酸素量を低減できる方法を提案した．このシステムは，圧送管渠終点付近の比較的短い範囲で下水を循環させるので，圧送管渠終点で空気が連続

して注入される.

圧送管渠に空気を注入する場合，酸素量は20％であることを留意しなければならない．溶解しない窒素ガスが圧送管渠の最も高い部分に集められるので，自動でこれを排出する装置が設置されることもある．空気注入された圧送管渠のポンプ性能は，エネルギー損失モデルを用いて評価することができる．

純酸素注入：純酸素の注入は，空気注入に比べていくつかの問題点を解決する．純酸素の水に対する溶解度は，空気中の酸素の5倍で約 $45 \sim 50$ gO_2 m^{-3} である．さらに，非溶解性のガスはほとんどない．欠点は，注入点まで純酸素を運搬・保管しなければならない点，あるいは注入点で製造しなければならない点である．

硝酸塩添加：硝酸塩を添加すると，溶存酸素がなくなった時点で無酸素状態となるので，硫酸塩還元を抑制することができる．硝酸塩は十分に硫化物を酸化するとされているが(Einarsen *et al.*, 2000)，下水中と生物膜中における硫酸塩還元の抑制に関連して，無酸素反応に関する理論的な詳細，および下水中に硫化物が存在する現象については，いまだよくわかっていない(Abdul-Talib *et al.*, 2001).

無酸素状態における微生物の活性は，好気状態よりも低い(Abdul-Talib *et al.*, 2001)．このことは，以下の点で重要である．電子当量単位で見ると，硝酸塩利用速度(NUR)の方が酸素利用速度(OUR)より小さい．これは，有機物のうち，最も生物分解されやすい成分の変化速度も低いことを意味する．空気注入の要点で述べたように，このことは下水処理と密接な関係がある．また，NURが比較的低いため，硫化物生成を抑制するのに必要な硝酸塩を低減できる効果もある．

硝酸塩は，数種類の形態で添加される．例えば，$Ca(NO_3)_2$は，肥料の原料としてよく知られている．硝酸塩の処理場および公共用水域への流入は避けなければならない．したがって，下水への硝酸塩添加量を制御する必要がある(Bentzen *et al.*, 1995；Einarsen *et al.*, 2000).

ハンガリーのBalaton湖処理区の管渠網で，硝酸塩添加による硫化物抑制の効果が調査された(Jobbágy *et al.*, 1994)．**図6.6**に，硝酸塩が添加された地点の下流に位置するマンホール内気相中硫化水素(H_2S)濃度を示す．この図から硝酸塩添加の効果がわかる．**図6.7**に，処理場の流入部における酢酸と硝酸性窒素を示すが，この図から無酸素状態での有機物分解に留意しなければならないといえる．また，処理場流入部で硝酸塩濃度を低く制御可能であることもわかる．

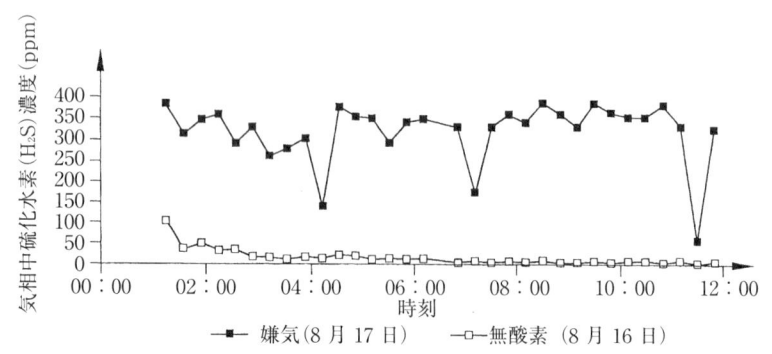

図6.6 硝酸塩添加地点より下流のマンホールにおける，添加ありとなしの場合の気相中 H_2S 濃度

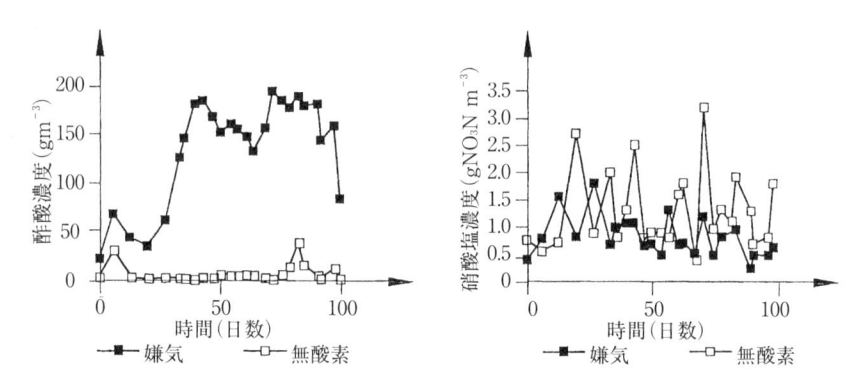

図6.7 処理場流入部における酢酸と硝酸塩濃度の比較．データは2系統の管渠で測定したもの．1系統では硝酸塩添加，他の1系統では添加なし（1992年5月21日〜8月27日）

6.2.7.3.2 悪影響の防止

硫化物の化学的沈澱法：硫化物の悪影響は，金属塩を添加することによって避けることができる．最もよく使われるのは，硫化鉄あるいは塩化鉄の形態をとる2価と3価の鉄塩である(Hvitved-Jacobsen *et al.*, 1988；Jameel, 1989)．嫌気状態の下水では，3価の鉄イオンは2価に還元され，次式で示すように硫化物は非溶解性の硫化鉄(FeS)として固定化される．この反応は，瞬時に進む．

$$Fe^{2+} + HS^- \rightarrow FeS + H^+ \tag{6.17}$$

鉄塩の添加によって硫化物は下水中で固定化され，硫化物の管渠内気相中への放散とそれに伴う悪影響が防止される．硫化物の固定化は，通常，硫化物生成に

対する効果はない．

硫酸塩還元反応において，硫酸塩は電子受容体として必要であるが，下水中では，通常，十分に存在する．嫌気発酵反応が進み，生成した有機悪臭物質は，鉄塩添加によって影響を受けない．

鉄塩は，通常，溶解した状態で好気条件下において添加される．したがって，3価の鉄イオンは，水和され酸としてはたらく（式6.18参照）．

$$Fe(H_2O)_x^{3+} \rightarrow Fe(H_2O)_{x-1}(OH)^{2+} + H^+ \quad (6.18)$$

添加装置には，耐食性の材料を使用する必要がある．鉄塩の添加によって下水のアルカリ度が低下し，pHも低下する可能性があるからである．アルカリ度が低下すれば，下流の処理場における硝化速度が低下する場合もある．

鉄塩は，硫化物が生成する前に管渠上流部で添加してもよいし，管渠下流部で，生成後に添加してもよい．FeSは非常に溶解しにくいことから，反応は100％の効率で進むと考えられる．式(6.17)に示した化学量論から，1 gの(H_2S + HS^-)-Sに対して1.75 gFeの鉄塩を添加しなければならないことがわかる．固定化されたFeSは，小さな粒子として下水中に浮遊し，下水の色を黒くする．鉄塩は，通常，下水中に少量存在するが，必ずしも少量であるために意味がないわけではない．管渠で生成する硫化物が少量の場合，当初から存在する鉄塩によって硫化物は固定化される．

硫化物をFeSとして固定化する方法に関し多くの留意事項が挙げられているが，この方法は十分適用できるのみならず，加えて安価で効果的な方法であると考えられている．添加された鉄塩は処理過程で再び利用される．処理場で下水が好気状態になれば，不定形のFeSは酸化され，その結果，りんの化学的除去に利用される．

6.2.7.3.3 生物反応への特殊効果をねらった方法

硫化物抑制のために多くの化学物質が用いられてきた．以下に広く用いられてきた方法を示すが，これらは生物反応に対して異なる影響を及ぼす．

pHを上昇させるアルカリ剤：pHを約12以上にするアルカリ剤を添加すると生物膜は分解され，ほとんどが管渠内面から流されてしまう．硫化物抑制効果が発揮されるのは，新たな生物膜が生成するまでの数日後までで一時的なものである．実際には，水酸化ナトリウム（NaOH，苛性ソーダ），水酸化カルシウム（$CaOH_2$）

が用いられる．この方法を採用する場合，下水処理過程に及ぼす影響を考慮する必要がある．

塩素：塩素(Cl_2)には，生物に対し毒となる効果と硫化物を酸化する効果があるので，硫化物抑制剤として使用される．塩素を用いた場合，特定できない多くの副作用を下水道に与える可能性がある．また，約 50 g m^{-3} の塩素でも 5 ～ 10 gS m^{-3} の硫化物を十分には低減できない．塩素は，環境にとって問題のある化学物質であるので，管渠では使用しないのが望ましい．

過酸化水素およびオゾン：塩素とは逆に，過酸化水素(H_2O_2)のはたらきは明確で，pH が約 8 以下で硫化物を主に S または SO_4^{2-} まで酸化する．さらに，過酸化水素は生物膜中の硫酸塩還元細菌を分解してしまう．過酸化水素は高価であるが，その効果から考えると経済的ともいえる．濃度 5 ～ 10 g m^{-3} で硫化物生成の抑制に十分である．また，オゾンも硫化物抑制に使用される．

6.2.7.3.4 物理的方法

硫化物対策としての物理的方法の例を挙げると，フラッシングや「クリーニングボール」を用いて生物膜と管渠内堆積物を除去する方法がある．

6.2.7.3.5 管渠からの排気ガスの処理

処理場およびポンプ場への流入部では，管渠内のガスが大気中へ放出される．悪臭防止のためには，このガスを処理する必要がある．鉱業や石炭ガス産業では，排ガス中から硫化水素を除去する方法が広く実用化されている(Herrygers *et al.*, 2000)．

これらには，化学的な方法と生物学的な方法がある．アルカリや酸化物質(例えば，オゾン)への吸着酸化による化学的洗浄が可能である．臭気ガスをフィルターに通すことによる，バイオフィルターのような生物脱臭も広く用いられている．簡便で効果的なバイオフィルターには，鉄鉱石(水和ヘマタイト，3 価鉄)，泥炭あるいはヘザーのような充填材が用いられる．好気性で水分があれば，これらの材料の表面には生物膜が成長する．この生物膜では，管渠で生成した硫化水素および臭気物質，さらに下水中から放散した VOC が分解される．汚染された気体の処理は，30 ～ 60 秒といった短時間で行われることが多い．

上記とは異なる管渠由来ガスの処理として，生物反応タンクの利用がある．生

物反応タンクでは，臭気ガスは活性汚泥に吸着され生物反応過程で分解される．

（訳者注）
硫化物対策として種々の維持管理手法が述べられているが，各国の下水道システムの社会・経済・技術的背景は異なるので，本書で示されている評価がそのまま日本で適用できるとは限らない．したがって，日本で具体的な対策の選定，検討を行う際には，日本における既往の研究成果を十分に参考にする必要がある．

6.3　下水管渠内における嫌気状態での有機物の変化

好気状態での下水中有機物の変化と嫌気状態での変化の違いは重要である．好気と嫌気における微生物反応の基本的事項については第3章で述べた．また，好気状態での有機物の変化とその理論モデルについて第5章で解説した．

第3章と6.2で述べたことから，嫌気状態の下水中で進行する反応は下記のようにまとめられる．

- 嫌気加水分解：この反応によって，加水分解性有機物（X_{Sn}）は発酵可能な易生物分解性有機物（S_F）に変換する．
- 発酵：この反応によって，発酵可能な易生物分解性有機物（S_F）は発酵生成物（S_A）（VFAs）に変換する．
- メタン生成：発酵生成物（VFAs）をメタンに変換させる反応．
- 硫酸塩還元：硫化水素生成反応．

下水管渠におけるこれらの生物反応について種々の調査がなされてきた（Tanaka and Hvitved-Jacobsen, 1998, 1999, 2000；Hvitved-Jacobsen et al., 1999；Tanaka et al., 2000a, 2000b）．これらの室内レベル，実験管渠レベルおよび現場管渠での調査と理論的な考察の結果，嫌気状態における炭素の変化に関する知見が得られた（図 6.8 参照）．

図 6.8 に示した概念は，比較的単純化したものである．最も重要な部分は，実線で示している．点線は，管渠内生物化学反応モデルにとってさほど重要ではない反応である．これらの反応をより詳細に記述することは可能であるが，重要な点は，モデルに含まれる成分とパラメータを，現実的に実施可能な室内および現地調査から実験的に決定できる方法論を確立することであった．この決定方法に

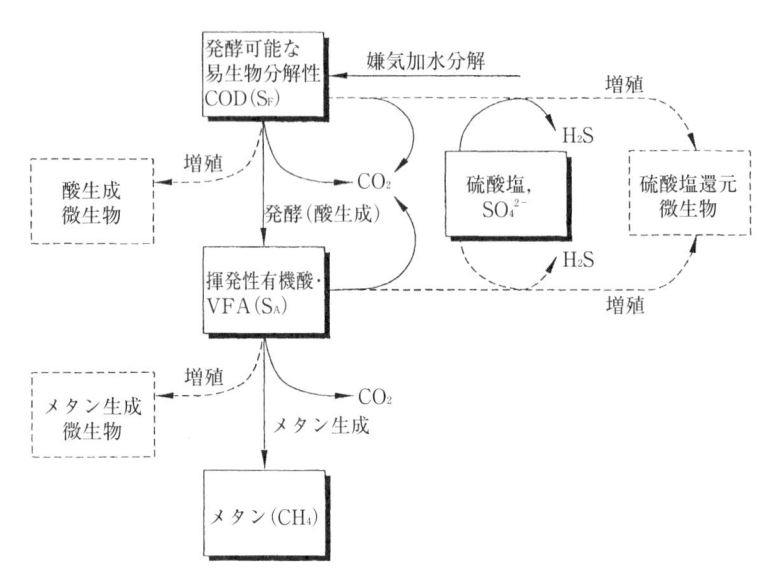

● 第6章 ● 嫌気反応—硫化物生成と好気・嫌気統合モデル

図6.8 下水管渠内での下水中および生物膜中における有機物の嫌気変化に関する概念

ついては，第7章で述べる．

　図6.8中で省略されているものの一つは，硫酸塩還元細菌の増殖である．Characklis et al.(1990)は，硫酸塩還元細菌のエネルギー摂取と増殖のための炭素源として乳酸を取り上げ，硫酸塩還元反応の化学量論として式(6.19)を提案した．本式により，硫酸塩還元細菌の増殖を省いたことの妥当性を評価できる．

$$CH_3CHOHCOOH + 0.43\ H_2SO_4 + 0.067\ NH_3 \rightarrow$$
（乳酸）

$$0.33\ CH_{1.4}N_{0.2}O_{0.4} + 0.96\ CH_3COOH + 0.43\ H_2S + 0.7\ CO_2 + 0.94\ H_2O \quad (6.19)$$
（微生物）

硫酸塩還元細菌の収率(Y)は，式(6.19)より下記となる．

$$Y = (\text{g 微生物})/(\text{g 乳酸}) = 0.083\ \text{g g}^{-1} \quad (6.20)$$

　式(6.20)から，硫酸塩還元細菌の増殖反応は収率が小さいので省略できると考えられる．

　硫酸呼吸に関連して最も重要な嫌気硫黄循環は，図6.8に示したように，炭素

の循環と統合することができる．易生物分解性有機物(S_S)をS_FとS_Aに分類することで，管渠内生物膜中の硫酸塩還元細菌は主にS_Fを利用するという仮説を表すことができた．このように硫化物生成を統合することで，硫化物生成に対して，**表 6.1**に示した実験的なモデルから理論的なアプローチが可能になった．

嫌気状態における下水中有機物の変化に関する反応速度は，好気状態における速度(第 5 章参照)とまったく異なる．一例として，**図 6.9**に一連の室内実験から得られた有機物の収支を示す(Tanaka and Hvitved-Jacobsen, 1999)．有機成分と反応は，**図 6.8**に示した概念に従って設定した．**図 6.9**に示した結果は，複数の実験の平均値を示しているので，全体の収支としては誤差がある．メタン生成は，観察されなかった(**図 3.2** 参照)．

図 6.9から，嫌気加水分解による易生物分解性有機物(S_S)の生成速度は，除去速度よりも大きいことがわかる．したがって，易生物分解性有機物は保持されるのみではなく生成されるが，これは重要な知見である．脱窒と生物学的りん除去に関して見れば，この結果は，管渠の下流に位置する処理場へ好影響を与えることがわかる．一方，BOD の除去のみが求められる処理に対しては，逆に悪影響を与えるといえる．

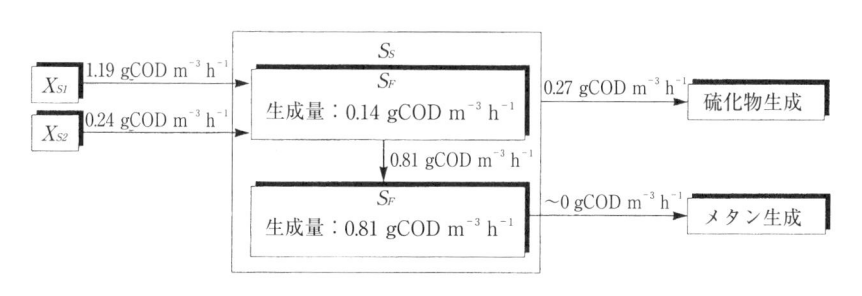

図 6.9 嫌気状態での下水中有機物の変化速度の例

6.4 微生物による下水変化に関する好気・嫌気統合モデルのコンセプト

有機物の変化について，好気状態での理論を**図 5.5**に，嫌気状態でのそれを**図 6.8**に示したが，これらを統合して一つにまとめることができる．好気状態と嫌

●第6章●嫌気反応—硫化物生成と好気・嫌気統合モデル

気状態では活性を持つ微生物が異なるが，有機物の分類(易生物分解性有機物と加水分解有機物)は両ケースで共通であり，各種反応を表現するうえで妥当なものである．好気および嫌気の両理論で示した有機物の分類，有機物の生成や利用の反応を見れば，好気反応と嫌気反応を統合できることがわかる．

管渠内における下水の変化に関し，好気システムと嫌気システムを統合することによって，好気・嫌気遷移状況を記述することができるようになった．**第5章**で述べたいくつかの例(例えば，**図5.10**，**5.11** 参照)は，自然流下管渠において，好気から嫌気への変化，逆に嫌気から好気への変化が経時的に，また場所によって生じることを示している．好気状態と嫌気状態の遷移は，圧送管渠においても空気あるいは酸素を注入した場合に見られる現象である．**図6.10** に，**図5.5** と **図6.8** に基づいて考察した好気・嫌気統合理論を示す．

下水中で進行する反応として，従属栄養細菌の増殖，増殖を伴わない酸素消費，加水分解，発酵を取り上げた．生物膜中での反応としては(例えば，硫酸呼吸)，生物膜表面での変化に関する簡潔な記述とした．管渠内堆積物に関する反応は本

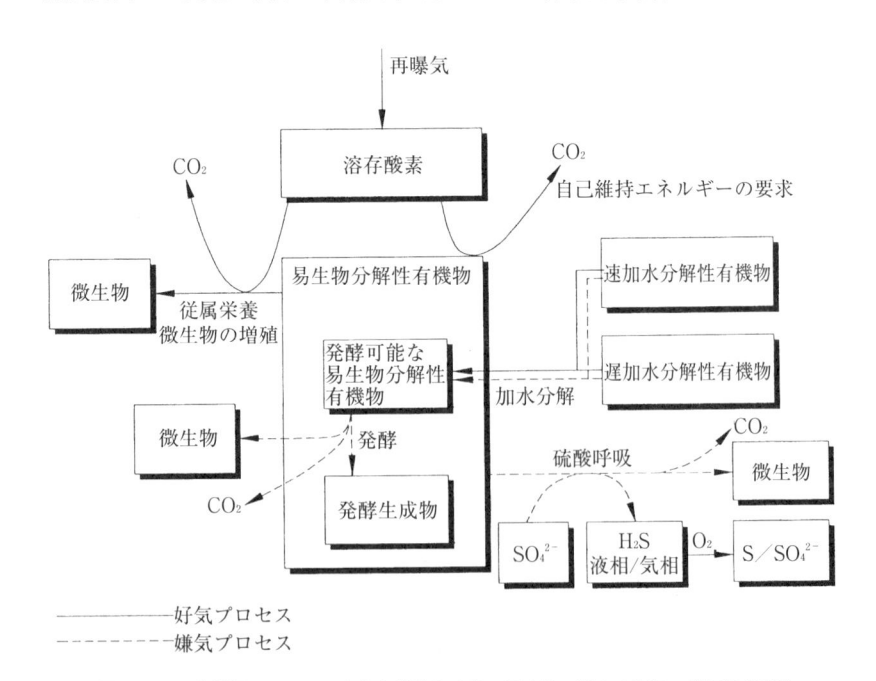

図6.10 下水管渠における下水中有機物と硫黄の質変換に関する好気・嫌気統合理論

6.4 微生物による下水変化に関する好気・嫌気統合モデルのコンセプト

モデルに含まれていないが,これは生物膜中のプロセスとして扱うことができる(6.2.5 参照).本モデルでは,表 6.1 に示した硫化物生成速度の実験式に比べ,硫化物生成に関する予測制度が向上した.これは,このモデルにおいては下水の生物分解性が,実験式で採用されている BOD などより直接的に表現されているからである.さらに,自然流下管渠および圧送管渠における好気・嫌気遷移状態での硫化物生成予測も可能になった.表 6.6 にマトリックス形式で表した数学モデルを示す.また,表 6.5,6.7,6.8 に成分とパラメータの値の例を示す.これらの成分とパラメータの値を求める方法については第 7 章で述べる.

硫化物生成速度式として選択したのは表 6.6 中の式 g であるが,この式は Nielsen et al.(1998)で提案されたものである(表 6.1 参照).実験式である表 6.1 中の(5)式で水質指標として用いられている溶解性 COD は,表 6.5 に示した管渠内生物化学反応モデルの COD 成分には採用されていない.この式で採用されている(COD_S-50)は,硫化物生成過程において微生物に利用される生物的に活性を持った COD 成分,言い換えると生物分解性の COD 成分と考えられる.硫酸塩還元細菌はアルコール,乳酸,ピルビン酸や芳香族の基質など易生物分解性有機物を利用するが,一般には直接摂取するのではなく高分子の炭水化物として利用する.したがって,理論的には,(COD_S-50)を S_S や X_{S1} で表すことができると考えられる.このことを実験的に検討した結果を図 6.11 に示す.図 6.11 に示すように,実験用圧送管とフィールドでの調査から,(COD_S-50)を $(S_S + X_{S1})$ に置き換えることができることがわかった(Tanaka and Hvitved-Jacobsen, 1998;

表 6.5 遮集管渠上流における COD 成分および溶存酸素の典型的な値(図 3.10 参照).下水中には固形性成分(X)と溶解性成分(S)が含まれる

成 分	定 義	典型的な値	単 位
X_{Bw}	下水中従属栄養微生物	$20 \sim 100$	$gCOD\ m^{-3}$
X_{Bf}	生物膜中従属栄養微生物	~ 10	$gCOD\ m^{-2}$
X_{S1}	加水分解性有機物(速い生物分解性)	$50 \sim 100$	$gCOD\ m^{-3}$
X_{S2}	加水分解性有機物(遅い生物分解性)*	$300 \sim 450$	$gCOD\ m^{-3}$
S_F	発酵可能な易生物分解性有機物	$0 \sim 40$	$gCOD\ m^{-3}$
S_A	発酵生成物(VFAs)	$0 \sim 20$	$gCOD\ m^{-3}$
S_S	易生物分解性有機物($S_F + S_A$)	$0 \sim 40$	$gCOD\ m^{-3}$
S_O	溶存酸素	$0 \sim 4$	$gO_2\ m^{-3}$
COD	全 COD	約 600	$gCOD\ m^{-3}$
S_{H_2S}	全硫化物	$0 \sim 5$	$gS\ m^{-3}$

* これは非常に遅く生物分解される有機物と非生物分解性有機物を含む.

● 第6章 ● 嫌気反応―硫化物生成と好気・嫌気統合モデル

表 6.6　下水管渠内での有機物と硫黄成分の変化に関する好気・嫌気統合プロセス(生物化学反応)モデル．成分とパラメータの定義は表 6.5，6.7，6.8 参照．記号は付録 A を参照

	S_F	S_A	X_{S1}	X_{S2}	X_{Bw}	S_{HS}	$-S_O$	反応速度
下水中好気増殖	$-1/Y_{Hw}$				1		$(1-Y_{Hw})/Y_{Hw}$	式 a
生物膜中好気増殖	$-1/Y_{Hf}$				1		$(1-Y_{Hf})/Y_{Hf}$	式 b
自己維持エネルギー要求	-1			(-1^*)			1	式 c
速好気加水分解	1		-1					式 d, $n=1$
遅好気加水分解	1			-1				式 d, $n=2$
速嫌気加水分解	1		-1					式 e, $n=1$
遅嫌気加水分解	1			-1				式 e, $n=2$
発酵	-1	1						式 f
硫化水素生成						1		式 g
再曝気							-1	式 h

* $S_F + S_A$ が微生物の自己維持エネルギー獲得のために十分な濃度でない場合．

a　$\mu_H(S_F+S_A)/(K_{Sw}+(S_F+S_A))S_O/(K_O+S_O)X_{Bw}\,\alpha_w^{(T-20)}$
b　$k_{1/2}S_O^{0.5}\,Y_{Hf}/((1-Y_{Hf})A/V(S_F+S_A)/(K_{Sf}+(S_F+S_A))\,\alpha_f^{(T-20)}$
c　$q_m S_O/(K_O+S_O)X_{Bw}\,\alpha_w^{(T-20)}$
d　$k_{hn}(X_{Sn}/X_{Bw})/(K_{Xn}+X_{Sn}/X_{Bw})S_O/(K_O+S_O)(X_{Bw}+\varepsilon\,X_{Bf}A/V)\,\alpha_w^{(T-20)}$
e　$\eta_{fe}\,k_{hn}(X_{Sn}/X_{Bw})/(K_{Xn}+X_{Sn}/X_{Bw})K_O/(S_O+K_O)(X_{Bw}+\varepsilon\,X_{Bf}A/V)\,\alpha_w^{(T-20)}$
f　$q_{fe}\,S_F/(K_{fe}+S_F)K_O/(S_O+K_O)(X_{Bw}+\varepsilon\,X_{Bf}A/V)\,\alpha_w^{(T-20)}$
g　$k_{H_2S}\,24\cdot 10^{-3}(S_F+S_A+X_{S1})^{0.5}\,\alpha_f^{(T-20)}K_O/(S_O+K_O)A/V$
h　$K_{La}\,24(S_{OS}-S_O)$，ここで，$K_{La}=0.86(1+0.20F_r^2)(su)^{3/8}d_m^{-1}\alpha_r^{(T-20)}$

表 6.7　下水管渠内生物化学反応モデルに使用するパラメータの例(表 6.6 参照)

記号	定　義	値	単　位
μ_H	従属栄養微生物の最大比増殖速度	6.7	d^{-1}
Y_{Hw}	下水中従属栄養微生物の収率	0.55	$gCOD\,gCOD^{-1}$
K_{Sw}	下水中易生物分解性有機物の飽和定数	1.0	$gCOD\,m^{-3}$
K_O	溶存酸素の飽和定数	0.05	$gO_2\,m^{-3}$
α_w	下水中反応の温度係数	1.07	―
q_m	自己維持エネルギー要求速度定数	1.0	d^{-1}
$k_{1/2}$	1/2 次反応速度定数	4	$gO_2^{0.5}m^{-0.5}d^{-1}$
Y_{Hf}	生物膜中従属栄養微生物の収率	0.55	$gCOD\,gCOD^{-1}$
K_{Sf}	生物膜中易生物分解性有機物の飽和定数	5	$gCOD\,m^{-3}$
ε	生物膜中微生物の効率係数	0.15	―
α_f	生物膜中反応の温度係数	1.05	―
k_{h1}	最大比加水分解速度，区分 1 (速生物分解性)	5	d^{-1}
k_{h2}	最大比加水分解速度，区分 2 (遅生物分解性)	0.5	d^{-1}
K_{X1}	加水分解性有機物の飽和定数，区分 1 (速生物分解性)	1.5	$gCOD\,gCOD^{-1}$
K_{X2}	加水分解性有機物の飽和定数，区分 2 (遅生物分解性)	0.5	$gCOD\,gCOD^{-1}$
η_{fe}	嫌気状態での加水分解効率係数	0.14	―
q_{fe}	最大比発酵速度	3	d^{-1}
K_{fe}	発酵の飽和定数	20	$gCOD\,gCOD^{-1}$
k_{H_2S}	最大比硫化水素生成速度定数	2(3)	$gS^{2-}m^{-2}h^{-1}$
α_s	硫化水素生成の温度係数	1.03	―

表 6.8 下水管渠内生物化学反応モデル(表 6.6)に使用する再曝気,水理,管渠に関する諸元.管渠によって変わるパラメータには値を示していない

記号	定　義	値	単　位
K_La	総括酸素移動係数容量係数		h^{-1}
T	下水水温		℃
S_{os}	水温 T℃での溶存酸素の飽和濃度		$gO_2\ m^{-3}$
F_r	フルード数 $= u(gd_m)^{-0.5}$		—
u	平均流速		$m\ s^{-1}$
g	重力加速度	9.81	$m\ s^{-2}$
s	こう配		$m\ m^{-1}$
d_m	水理学的水深		m
A/V	生物膜表面積と下水容積の比		m^{-1}
α_r	再曝気の温度係数	1.024	—

Tanaka et al., 2000a).

管渠における好気・嫌気モデルによって,硫化物生成の予測が可能となったが,その他にもモデルにより,管渠内における有機物の変化と生物分解性の変化をシ

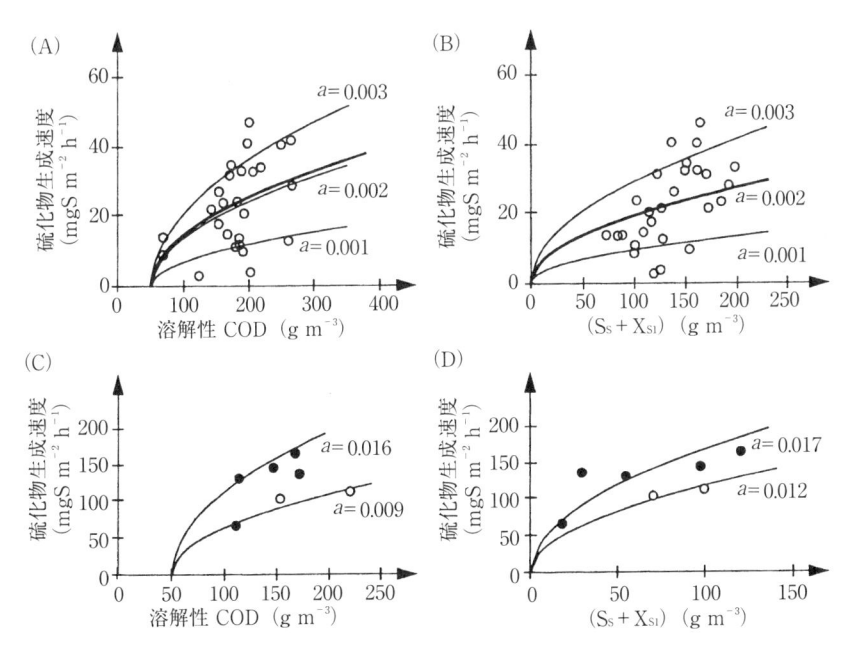

図 6.11 下水管渠内硫化物生成速度と下水水質の関係.AとBは実験管渠の結果であり,CとDは実管渠での調査結果.○は宮城県川崎町,●は男鹿市での調査で得られたデータ

ミュレーションすることができる．また，モデルは管渠内での水質変化の予測，その変化が管渠下流に位置する下水処理場へ与える影響，合流式下水道における雨天時越流水が公共用水域の水質変化に及ぼす影響を予測するツールとしても利用できる(Hvitved-Jacobsen and Vollertsen, 1998)．

表 6.6 に示した好気・嫌気統合管渠内生物化学反応モデルの適用例は第 8 章で述べる．管渠における変化に関して，これまでに提案されている経験的モデルは限られた条件でのみ適用できるものであった．それに比べ，本モデルは以下に示すような種々の条件下で進行する現象を一体的にシミュレーションできるものとなっている．

・好気状態，嫌気状態，あるいは両者の遷移状態でのシミュレーション
・自然流下管渠と圧送管渠における下水の水質変化のシミュレーション

本モデルは，管渠内で進行する複数の反応を簡略化したもので，他の反応を追加することも可能である．例えば重要な例として，自然流下管渠内での溶存酸素濃度が低い条件における硫化物の酸化，さらに管渠内気相部への硫化水素の放散を加えることが挙げられる．実験データが得られれば，これらのプロセスを追加することは可能である．ただし，一般的には，管渠によって変わるパラメータの数を増やさないために，扱うプロセスを重要なものに限ることが大切であろう．

本モデルは，理論をもとに構築されたものであり，その応用範囲も広い．4.3.3 で述べたように，硫化物の存在の有無は，悪臭問題に関する実用的指標である．したがって，本管渠内生物化学反応モデルは，悪臭問題の検討にも適用できる．さらに，8.5.2 で解説するが，本モデルは管渠内での好気状態における浮遊固形物(堆積物が流され浮遊している状態のもの)の変化も予測可能である(Vollertsen and Hvitved-Jacobsen, 1998, 1999 ; Vollertsen et al., 1998, 1999)．したがって，雨天時越流水が公共用水域に与える影響を検討するツールとしても使うことができる．

6.5 参考文献

Abdul-Talib, S., T. Hvitved-Jacobsen, J. Vollertsen, and Z. Ujang (2001), Anoxic transformations of wastewater organic matter in sewers — process kinetics, model concept and wastewater treatment potential, *INTERURBA II*.

Aldred, M.I and B. G. Eagles (1982), Hydrogen sulfide corrosion of the Baghdad trunk sewerage system, *Water Pollut. Contr.*, 81(1), 80–96.

ASCE (American Society of Civil Engineers) (1989), Sulfide in wastewater collection and treatment systems, ASCE manuals and reports on engineering practice no. 69, p. 324.

ASCE (American Society of Civil Engineers) and WPCF (Water Pollution Control Federation) (1982), Gravity sanitary sewer design and construction, ASCE manuals and reports on engineering practice no. 60 or WPCF manual of practice no. FD-5, p. 275.

Ashley, R.M. and M.A. Verbanck (1998), Physical processes in sewers, *Congress on Water Management in Conurbations,* Bottrop, Germany, June 19–20, 1997. In *Emschergenossenschaft: Materialen zum umbau des Emschersystems,* Heft 9, 26–47.

Bentzen, G., A.T. Smith, D. Bennett, N. J. Webster, F. Reinholt, E. Sletholt, and J. Hobson (1995), Controlled dosing of nitrate for prevention of H_2S in a sewer network and the effects on the subsequent treatment processes, *Water Sci. Tech.*, 31(7), 293–302.

Bjerre, H.L., T. Hvitved-Jacobsen, S. Schlegel, and B. Teichgräber (1998), Biological activity of biofilm and sediment in the Emscher river, Germany, *Water Sci. Tech.*, 37(1), 9–16.

Boon, A.G. (1995), Septicity in sewers: Causes, consequences and containment, *Water Sci. Tech.*, 31(7), 237–253.

Boon, A.G. and A.R. Lister (1975), Formation of sulfide in rising main sewers and its prevention by injection of oxygen, *Progress in Water Technology,* 7, 289–300.

Characklis, W.G., W.C. Lee, and S. Okabe (1990), Kinetics and stoichiometry of planktonic and biofilm (sessile) sulfate-reducing bacteria, report of Inst. Biological and Chemical Process Analysis, Montana State University, Bozeman, MT.

Chen, K.Y. and J.C. Morris (1972), Kinetics of oxidation of aqueous sulphide by oxygen, *Envir. Sci. Technol.*, 6, 529–537.

Einarsen, A.M., A. Aesoey, A.-I. Rasmussen, S. Bungum, and M. Sveberg (2000), Biological prevention and removal of hydrogen sulphide in sludge at Lillehammer Wastewater Treatment Plant, *Water Sci. Tech.*, 41(6), 175–182.

EWPCA (European Water Pollution Control Association) (1982), *Proceedings of EWPCA International State-of-the-art Seminar on Corrosion in Sewage Plants,* Hamburg, January 28–29, 1982.

Fjerdingstad, E. (1969), Bacterial corrosion of concrete in water, *Water Res.*, 3, 21–30.

Grennan, J.M., J. Simpson, and C.D. Parker (1980), Influence of cement composition on the resistance of asbestos cement sewer pipes to H_2S corrosion, *Corrosion Australasia,* 5(1), 4–5.

Herrygers, V., H. van Langenhove, and E. Smet (2000), Biological treatment of gases polluted by volatile sulfur compounds. In: P.N. L. Lens and L. H. Pol (eds.), *Environmental Technologies to Treat Sulfur Pollution — Principles and Engineering,* IWA Publishing, pp. 281–304.

Hvitved-Jacobsen, T. and J. Vollertsen (1998), An intercepting sewer from Dortmund to Dinslaken, Germany, report submitted to the Emschergenossenschaft, Essen, Germany, p. 35.

Hvitved-Jacobsen, T., K. Raunkjær, and P. H. Nielsen (1995) Volatile fatty acids and sulfide in pressure mains, *Water Sci. Tech.*, 31(7), 169–179.

Hvitved-Jacobsen, T., J. Vollertsen, and N. Tanaka (1999), Wastewater quality changes during transport in sewers — an integrated aerobic and anaerobic concept for carbon and sulfur microbial transformations, *Water Sci. Tech.*, 39(2), 242–249.

Hvitved-Jacobsen, T., B. Jütte, P. Halkjær Nielsen, and N.Aa. Jensen (1988), Hydrogen sulphide control in municipal sewers. In: H. H. Hahn and R. Klute (eds.), *Pretreatment in Chemical Wa-*

ter and Wastewater Treatment, proceedings of the 3rd International Gothenburg Symposium, Gothenburg, Sweden, June 1–3, 1988, Springer-Verlag, New York/Berlin, pp. 239–247.

Hwang, Y., T. Matsuo, K. Hanaki, and N. Suzuki (1995), Identification and quantification of sulfur and nitrogen containing compounds in wastewater, *Water Sci. Tech.,* 29(2), 711–718.

Jameel, P. (1989), The use of ferrous chloride to control dissolved sulfides in interceptor sewers, *J. Water Pollut. Contr. Fed.,* 61(2), 230–236.

Jobbágy, A., I. Szántó, G. I. Varga, and J. Simon (1994), Sewer system odour control in the Lake Balaton area, *Water Sci. Tech.,* 30(1), 195–204.

Kienow, K.K. and R.D. Pomeroy (1978), Corrosion resistant design of sanitary sewer pipe, *ASCE (American Society of Civil Engineers) Convention and Exposition,* Chicago, IL, October 16–20, 1978, p. 25.

Matos, J.S. (1992), Aerobiose e septicidade im sistemas de drenagem de águas residuais, Ph.D. thesis, IST, Lisbon Portugal.

Melbourne and Metropolitan Board of Works (1989), Hydrogen sulphide control manual — septicity, corrosion and odour control in sewerage systems, Technological Standing Committee on Hydrogen Sulphide Corrosion in Sewerage Works, vols. 1 and 2.

Meyer, W.J. and G.H. Hall (1979), Prediction of sulfide generation and corrosion in concrete gravity sewers: A case study, J. B. Gilbert & Associates, A Division of Brown and Caldwell, Sacramento, CA.

Milde, K., W. Sand, W. Wolf, and E. Bock (1983), Thiobacilli of the corroded concrete walls of the Hamburg sewer system, *J. General Microbiology,* 129, 1327–1333.

Miljøstyrelsen (1988), Hydrogen sulfide formation and control in pressure mains, The Danish Environmental Protection Agency, project report no. 96, p. 109 (in Danish).

Mori, T., M. Koga, Y. Hikosaka, T. Nonaka, F. Mishina, Y. Sakai, and J. Koizumi (1991), Microbial corrosion of concrete pipes, H_2S production from sediments and determination of corrosion rate, *Water Sci. Tech.,* 23(7–9), 1275–1282.

Nielsen P.H. (1991), Sulfur sources for hydrogen sulfide production in biofilm from sewer systems. Water Sci. Tech. 23, 1265-1274.

Nielsen, P.H. and K. Keiding (1998) Disintegration of activated sludge flocs in the presence of sulfide, *Water Res.,* 32(2), 313–320.

Nielsen, P.H. and T. Hvitved-Jacobsen (1988), Effect of sulfate and organic matter on the hydrogen sulfide formation in biofilms of filled sanitary sewers, *J. WPCF,* 60, 627–634.

Nielsen, P.H., K. Raunkjaer, and T. Hvitved-Jacobsen (1998), Sulfide production and wastewater quality in pressure mains, *Water Sci. Tech.,* 37 (1), 97–104.

Parker, C.D. (1945a), The corrosion of concrete 1. The isolation of a species of bacterium associated with the corrosion of concrete exposed to atmospheres containing hydrogen sulphides, *Aust. J. Expt. Biol. Med. Sci.,* 23, 81–90.

Parker, C.D. (1945b), The corrosion of concrete 2. The function of *Thiobacillus concretivorus* (nov. spec.) in the corrosion of concrete exposed to atmospheres containing hydrogen sulphide, *Aust. J. Expt. Biol. Med. Sci.,* 23, 91–98.

Parker, C.D. (1951), Mechanics of corrosion of concrete sewers by hydrogen sulfide, *Sewage Ind. Wastes,* 23, 1477–1485.

Pomeroy, R.D. and F.D. Bowlus (1946), Progress report on sulphide control research, *Sewage Works J.,* 18 (4).

Pomeroy, R.D. and J.D. Parkhurst (1977), The forecasting of sulfide buildup rates in sewers, *Prog. Water Techn.*, 9 (3), 621–628.

Pomeroy, R.D., J.D. Parkhurst, J. Livingston, and H.H. Bailey (1985), Sulfide occurrence and control in sewage collection systems, Technical Report, US Environmental Protection Agency, USEPA 600/X-85-052, Cincinnati, OH.

Sand, W. (1987), Importance of hydrogen sulfide, thiosulfate and methylmercaptan for growth of thiobacilli during simulation of concrete corrosion, *Applied and Environmental Microbiology*, 53(7), 1645–1648.

Schmitt, F. and C.F. Seyfried (1992), Sulfate reduction in sewer sediments, *Water Sci. Tech.*, 25(8), 83–90.

Tanaka, N. and T. Hvitved-Jacobsen (1998), Transformations of wastewater organic matter in sewers under changing aerobic/anaerobic conditions, *Water Sci. Tech.*, 37 (1), 105–113.

Tanaka, N. and T. Hvitved-Jacobsen (1999), Anaerobic transformations of wastewater organic matter under sewer conditions. In: I. B. Joliffe and J. E. Ball (eds.), *Proceedings of the 8th International Conference on Urban Storm Drainage,* Sydney, Australia, August 30–September 3, 1999, pp. 288–296.

Tanaka, N. and T. Hvitved-Jacobsen (2001), Sulfide production and wastewater quality — investigations in a pilot plant pressure sewer, *Water Science and Technology*, 43(5), 129–136.

Tanaka, N., T. Hvitved-Jacobsen, and T. Horie (2000a), Transformations of carbon and sulfur wastewater components under aerobic-anaerobic transient conditions in sewer systems, *Water Env. Res.*, 72(6), 651–664.

Tanaka, N., T. Hvitved-Jacobsen, T. Ochi, and N. Sato (2000b), Aerobic-anaerobic microbial wastewater transformations and reaeration in an air-injected pressure sewer, *Water Env. Res.*, 72(6), 665–674.

Tchobanoglous, G. (ed.) (1981), Occurrence, effect and control of the biological transformations in sewers. Chapter 7 in: *Metcalf and Eddy, Inc., Wastewater Engineering: Collection and Pumping of Wastewater,* McGraw-Hill, New York, pp. 232–268.

Thistlethwayte, D.K.B. (ed.) (1972), *The Control of Sulfides in Sewerage Systems,* Butterworth, Sidney, Australia, p. 173.

USEPA (1974), Process design manual for sulfide control in sanitary sewerage systems, USEPA 625/1-74-005, Technology Transfer, Washington, DC.

USEPA (1985), Odor and corrosion control in sanitary sewerage systems and treatment plants, USEPA 625/1-85/018, Washington, DC.

Vincke, E., J. Monteny, A. Beeldens, N.D. Belie, L. Taerwe, D. van Gemert, and W.H. Verstraete (2000), Recent developments in research on biogenic sulfuric acid attack of concrete. In: P.N. L. Lens and L. H. Pol (eds.), *Environmental Technologies to treat Sulfur Pollution — Principles and Engineering,* IWA Publishing, pp. 515–541.

Vollertsen, J. and T. Hvitved-Jacobsen (1998), Aerobic microbial transformations of resuspended sediments in combined sewers — a conceptual model, *Water Sci. Tech.*, 37(1), 69-76.

Vollertsen, J. and T. Hvitved-Jacobsen (1999), Stoichiometric and kinetic model parameters for microbial transformations of suspended solids in combined sewer systems, *Water Res.*, 33(14), 3127–3141.

Vollertsen, J., M. do C. Almeida, and T. Hvitved-Jacobsen (1999), Effects of temperature and dissolved oxygen on hydrolysis of sewer solids, *Water Res.*, 33(14), 3119–3126.

Vollertsen, J., T. Hvitved-Jacobsen, I. McGregor, and R. Ashley (1998), Aerobic microbial transformations of pipe and silt trap sediments from combined sewers, *Water Sci. Tech.*, 38(10), 249–256 (read text pp. 257–264). Errata: *Water Sci. Tech.*, 39(2), 234–241.

Wilmot, P.O., K. Cadce, J.J. Katinic, and B. V. Kavanagh (1989), Kinetics of sulfide oxidation by dissolved oxygen, *J. Water Poll. Control Fed.*, 60, 1264–1270.

第 7 章

下水管渠内生物化学反応の研究と
モデルのキャリブレーション

　本章では，下記の2点に焦点を当てる．まず，下水管渠における化学および微生物反応に関する効果的な研究手法を示すことである．生物化学反応に関する知見は，試験室，実験管渠および実施設を用いた調査，測定，分析から得られるが，これらによる具体的な研究方法について述べる．次に，2番目の目的として，管渠内生物化学反応モデルのキャリブレーションと検証に用いるパラメータの決定に関し理論的基礎を確立することが挙げられる．本章では，以上の主な目的を一体的に述べることとする．すなわち，下水水質の特徴の決定（これには，特定地域の管渠内生物化学反応シミュレーションモデルに適用できる動力学および化学量論に関するパラメータの決定も含まれる）を行ううえで必要な計画的試料採取，実験施設および実施設での各種測定，試験室規模の研究，さらに各種分析について解説する．

　管渠内生物化学反応に関する研究手法を，主要な反応に関する特性の決定に直接関係する事項に絞って述べる．例えば，管渠内水理や固形物の輸送に関する研究手順および測定方法は本書では対象としない．このような分野の研究成果は，管渠内反応のモデルシミュレーションや評価に使用できるが，すでに発表された文献を利用することができる．管渠内の水理計測に関する文献としては，ASCE (1983)，Bertrand-Krajewski *et al.*(2000)が挙げられる．管渠内の物理プロセスを解説したものとして Ashley and Verbanck(1998)がある．

　本章には関連するすべての研究方法を記述しているわけではなく，重要で代表的な事例を取り上げた．

7.1 実施設，実験施設および試験室規模での方法

7.1.1 管渠内生物化学反応の研究に関する方法論

管渠内生物化学反応のモデルを確立するための研究を遂行するうえで，以下の3点が最も重要な研究姿勢である．健全な基礎理論，確実で適切な調査手法，管渠内で起こる種々の現象と生物化学反応に関する理論的記述である．このような体系的取組みによって，エンジニアリングツールとしての基礎が形成されてくる．そして，このツールを利用し生物化学反応が進行する環境システムの設計や維持管理が可能となる．

管渠内反応の調査・研究に関する方法論では，特に管渠内生物化学反応モデルのパラメータを求めることが大きな目的となる．これらの研究手法は，試験室規模，実験施設および実施設による調査から生み出されてきたものである．以下，研究手法について例を交えて述べることとする．実験は，設定された目的にしたがって注意深く計画する必要がある．実験を実施するうえで最も重要な基本的事項は，各種成分の収支を把握することである．

7.1.1.1 試験室での分析と研究

特定の成分の分画には，Standard Methods for the Evaluation of Water and Wastewater (1998) に述べられている方法がある程度利用できる．

反応に関する研究は，バッチ方式あるいは連続流式リアクターを用いて行われる場合が多い．試験室規模の研究において一般的に重要なことは，反応が制御された状態で実験を実施することである．

リアクターを用いた実験では，その目的を満足するために詳細に計画する必要がある．実験装置の設計に加え，試料採取，その取扱いおよび分析についても周到に計画する必要がある．有益な試験室規模の研究を行うためには用意周到な計画と経験が必要といえる．

図 7.1 に示す生物膜リアクターは，制御された条件下での実験例である (Raunkjaer *et al.*, 1997)．本研究の目的は，下水中で成長した生物膜による，基質(酢酸)と溶存酸素の消費速度を求めることである．基質と溶存酸素の両方の挙動を消費に対する律速要因として調査するには，精密に実験装置を制御する必

7.1 実施設，実験施設および試験室規模での方法

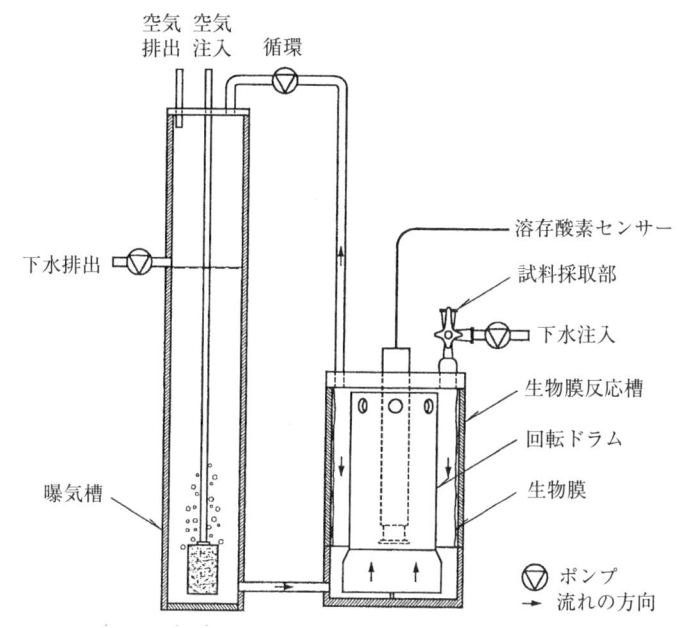

図7.1 試験室内の制御された条件下における生物膜内反応の研究に使用したリアクターの例

要がある．ここでは詳細は省略するが，実験遂行のために多くのノウハウが考えられた．

7.1.1.2 実験施設による研究

　実験施設や試験室による研究は，通常，反応に影響を及ぼす種々の要因を制御するために行われる．試験室における実験に対し，実験施設による研究の利点は，規模が実施設に近いことである．例えば，下水容量と管渠内表面積の比や流れの状況を実際の状況に近づけることができる．一方，欠点は，設備の建設と運転により多くのコストと人員が必要なことである．さらに，実験の遂行が難しく，特別な技能が要求される．

　実験施設規模の管渠では，下水を循環させることが多い．その場合，液相と気相間のプロセスが物質収支の一部を形成するようなシステムでは，特に注意を要する．特に重要なのは，ポンプや曲管部である．この部分では，流れの状態，液相と気相間の物質移動，生物膜の状態，下水中に浮遊する粒子の構造が変化する

●第7章● 下水管渠内生物化学反応の研究とモデルのキャリブレーション

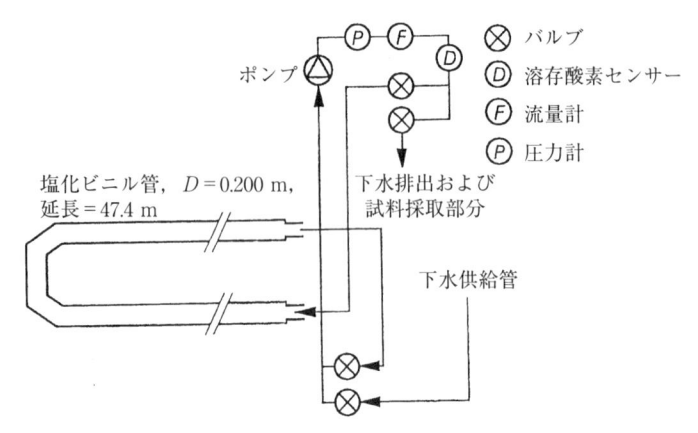

図7.2 実験施設規模の管渠の例．自然流下管渠と圧送管渠の実験が可能

からである．図7.2に管渠内反応の研究に使用した実験施設規模の管渠を示す(Tanaka and Hvitved-Jacobsen, 2000)．

7.1.1.3 現地調査

生物化学反応に関する工学的成果は，実施設で検証されなければならない．しかし，実管渠は反応を詳細に研究するうえで最適ではない．というのは，各種条件を制御することが難しいからである．実管渠による調査の目的は，試験室および実験施設での研究では直接測定することが難しいパラメータについて，適切な値を求めることであるといえよう．

通常，現地調査では，管渠の上流と下流で試料を採取し測定が行われる．上流で試料を採取した水塊が下流の試料採取点まで到達したかどうかは，上流の採取点で下水中にトレーサを添加しそれを観測することによって確認できる．トレーサとして，ローダミン(染料)，放射性物質，塩が通常用いられる．トレーサが通過後に試料を採取するのが，同一水塊を採取し水質の変動による誤差を防ぐうえで推奨できる方法であろう．

一般的にいって，現地調査は，比較的大きな水質変化が起こる長距離管渠を用いるのがよい．なぜなら，求めようとするパラメータのばらつき以上の水質変化が期待できるからである．さらに，支管の接続のない管渠，浸入水および漏水のない管渠がよい．そのような管渠であれば，比較的単純な試料の採水計画で，管

渠へのインプットとアウトプットを定量的に把握できるからである．

　もっとも，科学的な立場から見れば，現地調査は困難であり，理想的でない場合が多いが，必要なものである．第一に，現実の水質変化を把握するためには現地調査が不可欠であること，第二に，モデルのキャリブレーションと検証には現地調査結果が必要であるからである．

7.1.2　試料採取および取扱いの手順

　どのような種類の実験でも，試料採取，その取扱い，分析に十分留意する必要がある．これらが研究目的の達成に大きな意味を持っている．

　管渠内生物化学反応の研究を行ううえでは，システム全体あるいはシステムの一部を代表する試料が求められる．通常，試料は，マンホールやポンプ場で採取される．試料の採取にあたって(試料が下水，生物膜，底泥のいずれを対象としていても)，日変動や季節変動および時間と場所による変化を考慮しなければならない．通常，試料の採取はこれらの変動の程度と重要性を調査するために繰り返して行う．また，採取は自動的に行う場合が多く，物質量の流下状況を把握するために流量測定も同時に行う場合が多い．

　調査・研究に関連して，試料の取扱いは，7.1.1 で述べたとおりである．試料採取地点から試験室までの運搬中に試料が変質する可能性があるので，その反応速度と運搬にかかる時間を考慮して，理想的には運搬中の変質を防がなければならない．一般的に，嫌気状態における反応速度は好気状態よりも小さいので，可能であれば嫌気状態で試料を運搬することが多い．

7.1.3　下水中の酸素利用速度の測定

　下水中の酸素利用速度(oxygen uptake rate：OUR)の測定は，試験室で行われる．この測定は，管渠内反応の研究にとって非常に重要であるので，本項で独立して取り扱う．

　OUR は，電子供与体(有機基質)と電子受容体(溶存酸素)に影響を及ぼす好気性微生物の活性を定量的に測定する手法である．これによれば，好気状態における反応全体の「電子の流れ」を測定できる(図 2.2 参照)．管渠から採取した下水を対象に測定した OUR と時間の関係は，微生物反応を解析するための基礎データとなる．さらには下水中 COD 成分の分画および管渠内生物化学反応に関する動

力学と化学量論パラメータの解析に不可欠である.

下水の OUR の測定手法は,元々,活性汚泥の COD 成分の分画と反応に関するパラメータの決定を目的として開発されたものである(Ekama and Marais, 1978;Dold *et al.*, 1980).この測定では,活性汚泥に不連続に下水が供給され,基質制限条件および非制限条件下において増殖が起こる条件で活性汚泥の OUR が測定される.近年,例えば活性汚泥プロセスの制御を目指した,呼吸速度測定の原理と技術開発が進んできている(Spanjers *et al.*, 1998).

活性汚泥ではなく下水そのものを対象とした OUR の測定原理は,活性汚泥を対象としたものとは異なる.OUR は,通常,リアクターを用いて 1 ～ 2 日間測定される.この測定で得られる OUR と時間の関係から,下水の COD 成分と反応の定量化が可能である.OUR の測定は,温度一定(例えば,20 ℃),下水中微生物の増殖に関して溶存酸素が律速とならない状態で行われる.普通,溶存酸素濃度は 8 ～ 6 $gO_2 \ m^{-3}$ の範囲で変化させ,一つの OUR の値を決定する.図 7.3 に,溶存酸素と時間の関係および時間 t_n における OUR 値の算出方法を示す.

好気性従属栄養細菌による管渠内反応を単純化したモデルを表 5.3 に示したが,表 5.3 から再曝気と生物膜中の増殖を省略すると,残りの反応がまさに OUR の測定時に下水中で進行することになる.これらの反応は互いに関連し合って進み,OUR 測定中には温度一定,溶存酸素濃度は増殖の律速とならない範囲に保たれる(表 7.1 参照).

易生物分解性有機物と加水分解性有機物を含む下水の OUR 測定例を図 7.4 に

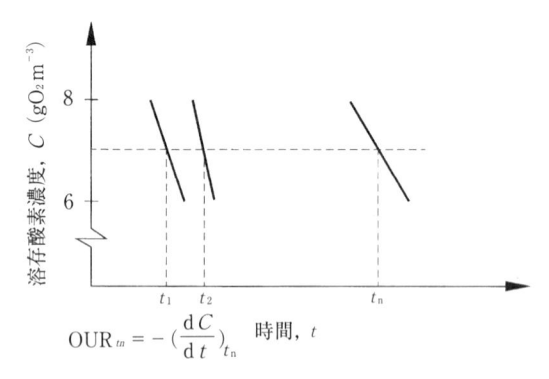

$$\mathrm{OUR}_{tn} = -\left(\frac{dC}{dt}\right)_{t_n}$$

図 7.3 溶存酸素濃度と時間の関係および OUR 値の算出方法の説明

7.1 実施設，実験施設および試験室規模での方法

表7.1 OUR測定時における下水中有機物の好気性微生物による反応に関するモデル式のマトリックス表示．2種類の加水分解性有機物を含む場合

	S_S	X_{S1}	X_{S2}	X_{Bw}	$-S_O$	反応速度
下水中微生物の増殖	$-1/Y_{Hw}$			1	$(1-Y_{Hw})/Y_{Hw}$	式a
自己維持エネルギー要求	-1			-1^*	1	式b
加水分解，区分1(速)	1	-1				式c, $n=1$
加水分解，区分2(遅)	1		-1			式c, $n=2$

* 易生物分解性有機物(S_S)が十分に存在しない場合，下水中の従属栄養微生物(X_{Bw})が内生呼吸に利用される．

a $\mu_H S_S/(K_{Sw}+S_S)X_{Bw}$
b $q_m X_{Bw}$
c $k_{hn}(X_{Sn}/X_{Bw})/(K_{Xn}+X_{Sn}/X_{Bw})X_{Bw}$

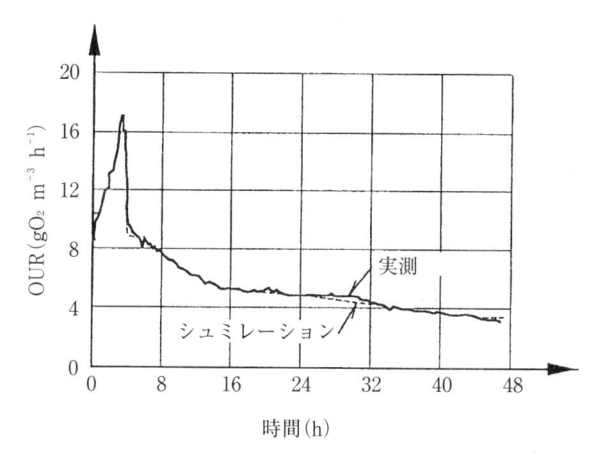

図7.4 下水のOUR測定結果とシミュレーション結果

示す．測定開始から最初の4時間で，当初から下水に含まれていた易生物分解性有機物が分解されたことがわかる．この間に微生物濃度が増加し，その結果，呼吸速度(OURの値)が約9から17 gO_2 m^{-3} h^{-1} に上昇している．その後，易生物分解性有機物は加水分解性有機物から生成するもののみとなるが，これは微生物の増殖による呼吸と自己維持エネルギー要求反応で消費されるため，生成してもすぐに分解されてしまう．測定開始から約15時間後，速い加水分解性有機物($n=1$)が分解されてなくなっている．これより後，遅い加水分解性有機物($n=2$)からのみ易生物分解性有機物が生成する．上記の下水を対象としたOUR測定結果に関する考察をもとに，表7.1(これは表5.3から得られる)に示した理論に基づくモデル式が考察された．図7.4には，OUR測定値とシミュレーション結

果の例を示したが，このように，比較的簡易な微生物反応のモデル式（**表7.1** 参照）を用いたシミュレーションが実測値とよく合致することがわかる．

　一般的に，OUR測定結果は，従属栄養細菌の活性が，利用できる有機基質の量と質によってどう変化するかを表すものである（3.2.6参照）．ここで述べたOUR測定に関する原理と理論は，微生物による下水反応理論から管渠システムの設計と管理のためのツールを構築していくうえで非常に重要な基礎となるものである．

　OURと時間の関係を得るための測定装置は，費用と測定回数によって異なってくるが，様々なタイプのものがある．簡易に手動で測定できるタイプがBjerre et al.(1995)で用いられた．その後，Tanaka and Hvitved-Jacobsen(1998)により安価で簡易な自動測定装置が設計された．しかし，この装置ではOURが小さい時，リアクター内の窒素で満たされたヘッドスペースに溶存酸素が放散することにより，若干の誤差を生じる可能性が認められた．

　上記に対して，Vollertsen and Hvitved-Jacobsen(1999)は，比較的高価で高度な装置を設計し使用した（**図7.5**参照）．このタイプは，自動測定が可能で，リアクター内の変化に対して柔軟に対応できる．**図7.5**に示したリアクターは，容量

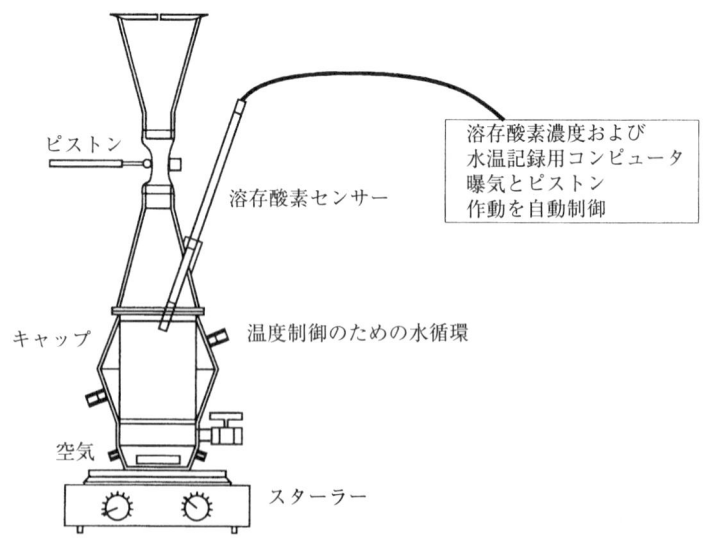

図7.5　OUR測定装置

が 2.2 L でステンレス製である．このリアクターは，溶存酸素濃度が 6 〜 8 gO$_2$ m^{-3} h^{-1} の範囲で運転され，リアクター周囲のカバー内に水を循環させることにより下水温度を一定（20 ℃）に保つことが可能である．溶存酸素濃度が約 6 gO$_2$ m^{-3} h^{-1} 以下に低下すると，リアクター内にコンプレッサーで空気を送り込み，同時に上部の拡張部に到るピストンが開かれて曝気が開始される．曝気終了後，リアクター内の気泡を確実に逃がすため，あらかじめ設定した時間だけ遅れてピストンが閉じる．溶存酸素濃度の測定値は自動的に記録され，溶存酸素濃度が 8 から 6 gO$_2$ m^{-3} h^{-1} に低下する間の OUR が計算される．

7.1.4 下水管渠における測定

試料採取と特定の成分分析，あるいは試験室や実験施設による実験に加え，実管渠での直接的または間接的な測定が不可欠である．管渠内反応の研究にとって重要な測定項目として，溶存酸素，再曝気，生物膜の特徴，臭気が挙げられる．

7.1.4.1 溶存酸素の測定

管渠でセンサーによる溶存酸素濃度測定を行う場合，プローブが下水中の汚泥で詰まることがあるので注意を要する．**図 7.6** にこの問題点を回避した例を示す（Gudjonsson *et al.*, 2001）．この例では，溶存酸素センサーをポリウレタン製の小さなフロートに取り付けることでプローブを下水中に沈め，同時にセンサーへ

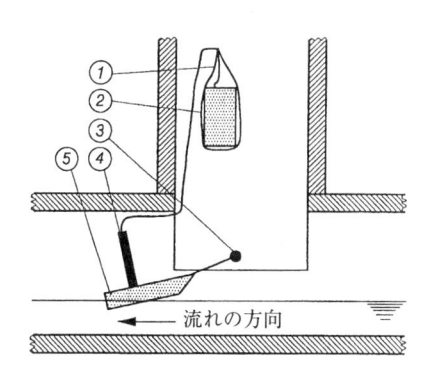

図 7.6 マンホールでの溶存酸素測定．溶存酸素メータ④の記録と電源を備えた防水性の箱②が袋①に収められている．フロート⑤は，棒鋼③によって固定されている

の汚泥の付着を防いでいる．

　信頼できる溶存酸素の測定を行うためには，センサー表面を定期的に洗浄して生物膜の付着を避けなければならない．生物膜が生長すると，膜内で酸素が消費され正確な測定ができなくなる．

7.1.4.2　再曝気の測定

　再曝気プロセスを調査するためには，気相液相間酸素移動係数を測定する必要がある（4.4.2 参照）．自然流下管渠での測定は，河川を対象に開発され適用されてきた方法に準じて実施されるのが普通である．酸素移動係数の測定方法は，直接測定と間接測定の2種類に大別される．間接測定とは，溶存酸素の収支から酸素移動係数を求めるものである．直接測定では，酸素に比べ気相と液相間の移動係数が一定で不活性な物質が用いられる．再曝気速度を求めるための直接測定と間接測定の概要は，Jensen and Hvitved-Jacobsen（1991）を参照されたい．

　自然流下管渠における再曝気速度の間接測定方法として，Parkhurst and Pomeroy（1972）によって開発された方法がある．この方法では，機械的に管渠内面の生物膜を除去したうえ，苛性ソーダによって膜の活性が抑えられ，さらに，測定中には下水に化学物質を加えることによって下水中の微生物の活性を抑制する手法がとられた．この状態で，管渠上流と下流で溶存酸素濃度を測定し，溶存酸素の収支から再曝気速度を求めている．

　Jensen and Hvitved-Jacobsen（1991）により，自然流下管渠における気相液相間酸素移動係数を直接測定する方法が開発された．この方法では，気相と液相間の物質移動調査のためにはクリプトン85が，液体シンチレーションカウンターでの二重測定手法による拡散調査にはトリチウムが使用された（Tsivoglou et al., 1965, 1968 ; Tsivoglou and Neal, 1976）．溶存酸素とクリプトン85の気相液相間物質移動係数の比は等しいので，クリプトン85の係数を直接測定することで再曝気速度を求めることができる．ほかに，六フッ化硫黄（SF_6）も管渠内再曝気速度の測定に用いられる不活性な物質である（Huisman et al., 1999）．

7.1.4.3　生物膜の呼吸に関する原位置測定

　生物膜の活性は，試験室でのリアクター実験，または実際の管渠内で生じる生物膜の成長を考慮した試験室での実験を通じて測定される（Raunkjaer et al.,

1997 ; Bjerre et al., 1998). また, Huisman et al.(1999)は, 管渠内原位置生物膜呼吸測定装置を開発した. この装置は, 溶存酸素センサーと管渠内面に密着できる容器から構成されており, 測定範囲全体に及ぶ均等な流れで一方向流を生じさせるようになっている. また, 酸素供給は純酸素の注入によっている.

7.1.4.4 臭気の測定

これまでに, 臭気の試料採取と測定に関連して多くの方法が用いられてきた. ヨーロッパでは, 標準化が進められ案がまとめられている(CEN, 1999 ; Sneath and Clarkson, 2000).

臭気は, 非常に低濃度でも検出される. そのため, 臭気の試料採取, その取扱いおよび分析には注意を要する. 現在, 管渠における臭気測定の手順は確立されていないが, 以下に試料採取と測定に関する一般的事項を述べる.

官能臭気検査に用いる空気試料は, 通常, サンプルバッグに補修され試験室へ運ばれるが, サンプルバッグへの試料採取は下記のように行われる. サンプルバッグを容器の中に置き, 容器とバッグの隙間の空気を真空ポンプで吸引する. すると, バッグが膨らみバッグ内に臭気試料が徐々に捕集される.

臭気測定を行う試験室は無臭状態でなければならず, 通常は空気清浄機能を備えた空調設備が備えられている. 試料は, 試料を希釈する機能を持つオルファクトメータ(臭気測定器)にセットする. 普通, オルファクトメータには2つの試料流出部があり, そのうちの一つから希釈された臭気試料が流出し, 他方から清浄な無臭の空気が流出する. 直接臭覚検査では, 複数の検査担当者が上記の2種類の空気を検査し, どちらが希釈された臭気試料であるかを示す. 最初の測定では, 試料は検査担当者の閾値を超えて, すなわち臭気を感じないように十分希釈され, 測定が進むごとにこの濃度が2倍にされる. 検査担当者が推測ではなく, 確信を持って臭気試料を選んだ時, その時の濃度を臭気に反応した濃度とする.

CENの手順ではヨーロッパ臭気単位(ou_E m^{-3})を用いるが, 検出臭気濃度の閾値を 1 ou_E m^{-3} とする.

Electronic nose(電子鼻)と名付けられた一連のセンサーを配列したものがあるが, 下水の臭気測定の場合, これが迅速で比較的簡単な方法である(Stuetz et al., 2000). 電子鼻には, 化学組成を参照することなく臭気を特定するため, 臭気に対する親和性の異なるいくつかのセンサーが用いられている.

7.2 管渠内生物化学反応モデルの成分およびパラメータの決定方法

　管渠内生物化学反応モデルによる有機物の微生物的反応をシミュレーションするには，モデルの成分とパラメータを決定する必要がある．これらは，試験室での実験と現地調査を組み合わせて求めることができる(5.2～5.4, 6.3, 6.4 参照)．硫化物生成に関しては，さらなる情報が必要である．成分とパラメータの決定にあたっては，間接的に求めるよりも直接，求める方が望ましい．しかし，実験によって直接モデルパラメータを求め，反応の詳細まで決定するのは難しいので，ある程度，モデルキャリブレーションが必要である．

　管渠内生物化学反応モデルのパラメータを決定するうえで，OUR と時間との関係を実験で得ることが最も重要である(**7.1.3** 参照)．さらに，適切な水理情報(流れの特徴)，管渠システムの特徴(延長，口径，こう配)，原位置で測定する水質パラメータ(水温，溶存酸素濃度)が必要である．管渠上流と下流から採取した下水の OUR 測定は，管渠内面の生物膜の影響を調査するために用いられる．

　モデル成分とパラメータ決定の詳細な方法は，下記の4分野に分かれる．

(1) モデルの中心となるパラメータの決定(**7.2.1** 参照)．管渠への流入水のOUR 測定．ただし，測定時に易生物分解性有機物(例えば，酢酸)を必要に応じて添加．

(2) 下水中有機物の生物分解性の分画(**7.2.2** 参照)．管渠への流入水の OUR 測定．

(3) 繰り返しシミュレーションによるモデルパラメータの決定(**7.2.3** 参照)．OUR 測定結果に関する繰り返しシミュレーション．

(4) 管渠内生物化学反応モデルのキャリブレーションと検証(**7.2.4** 参照)．管渠上流部と下流部で同一水塊を採取し，それに対する OUR 測定，およびモデルによるシミュレーション(キャリブレーション)．

　自然流下管渠反応モデルのパラメータ決定と検証のためには，これら4つの手順すべてをその番号順に実施するのが最も望ましい(**図7.7** 参照)．新設管渠を設計する場合には，手順4の実施はもちろん不可能であり，生物膜に関する動力学パラメータは比較対照とできるシステムの情報から選択し，評価しなければならない．

7.2 管渠内生物化学反応モデルの成分およびパラメータの決定方法

手順

1. OUR 測定 上流の試料 → モデルの中心パラメータの直接的決定(**7.2.1**): Y_{Hw}, μ_H, K_{Sw}, q_m

2. OUR 測定 全COD, 上流の試料 → 下水の COD 成分の直接的決定(**7.2.2**): S_S, X_{Bw}, X_{Sn} (μ_H, K_{Sw})

3. OUR 測定 上流の試料 → モデルのパラメータの間接的決定(**7.2.3**): k_{hn}, K_{Xn}

4. OUR 測定 上流と下流の試料, 管渠の諸元, 溶存酸素, 水温 → 管渠内生物化学反応モデルのキャリブレーションと検証(**7.2.4**)

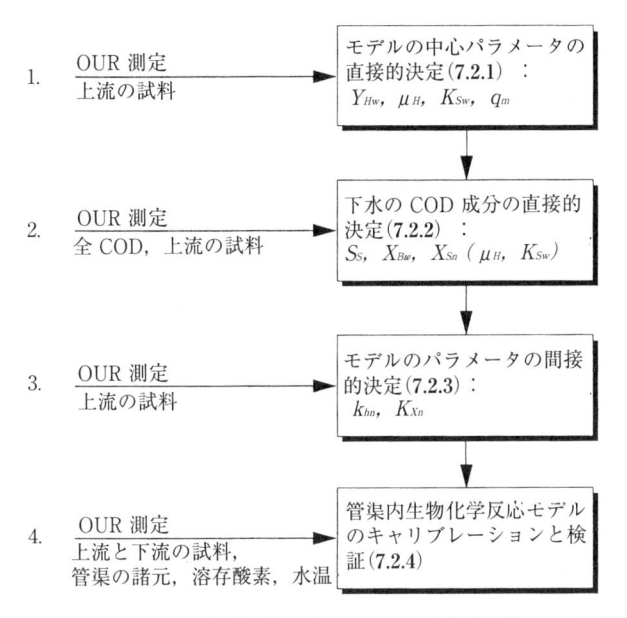

図 7.7 下水成分および管渠内生物化学反応モデルのパラメータ決定手順 1 〜 4 の概要

下水成分と下水中の反応は,非常に変化しやすい.手順 1 〜 4 は,成分,化学量論,動力学パラメータの決定のための典型的な分析方法である.しかし,7.2.1 〜 7.2.4 で述べる手順のいずれかの実行が難しい,またはできない場合もあると思われる.その場合には,手順 1 〜 4 の内容を適切に変えて対応する必要があるので,下水水質に関する詳細で高度な知識および試験室での実験やモデル化の経験が重要になると考えられる.

7.2.1 〜 7.2.4 では,好気条件での管渠内生物化学反応モデル(**表 5.3**)を参照して手順を解説するが,7.2.5 では嫌気条件における水質変化(**表 6.6** 参照)に関するモデルパラメータの決定に適用する方法を扱う.

7.2.1 中心となるモデルパラメータの決定

対象管渠への流入水から試料を採取し OUR 測定を行う.この時,試料に易生物分解性有機物を添加する.通常,易生物分解性有機物として酢酸やグルコース

が用いられる．この測定によって，直接的に下記の4つの反応パラメータを求めることができる．

- μ_H，最大比増殖速度
- K_s，易生物分解性有機物の飽和定数
- Y_{Hw}，下水中従属栄養微生物の収率
- q_m，自己維持エネルギー要求速度定数

下水中に含まれる易生物分解性有機物と速い加水分解性の有機物が消費されてなくなるまで，OUR 測定を行う．この時，多数の測定を同時並行で実施するのが望ましい．典型的な家庭排水では測定開始から1～2日でこの状態になり，この状態では有機基質が不足するので微生物が増殖しないと考えられる．この状態に達したら易生物分解性有機物（通常，酢酸またはグルコース）を下水に添加し，添加した有機物が消費されて OUR が徐々に低下する状態になるまで OUR 測定を続ける．そして，微生物増殖が起こらない状態で有機物を添加した影響を評価する．

この実験の考え方の要点は，微生物増殖速度をゼロから最大に変化させるという点にある．既知の量の有機物を制御された状態で添加することにより OUR は変化するが，その OUR の変化をモデル（図 7.1 参照）で表すことができ，4つの中心パラメータを決定できる．実験から有用な結果を得るためには，下記の2条件が重要である．

- 易生物分解性有機物を添加する前の段階で，微生物の自己維持エネルギー要求による易生物分解性有機物の必要量が，遅い加水分解性の COD 成分から生成する易生物分解性有機物の量と等しいことが理想である．この平衡状態になったかどうかは，OUR がほぼ一定となったかどうかで判断できる．
- 微生物は，添加された易生物分解性有機物に直接反応すること（添加直後から指数増殖が見られること）．

これらの2条件は，正しい実験結果を得るために不可欠である．酢酸またはグルコースでは実験がうまくいかない場合，よく知られている他の有機物（例えば，酵母エキス）を試みることもできる．それでも実験が成功しない場合はキャリブレーション（手順4の拡張）を行うことになろう．

図 7.8 に 6 実験を同時並行で行った例を示す．易生物分解性と速い加水分解性の有機物が消費され，OUR がほぼ一定（緩やかに低下）となった状態で酢酸を添

加した．添加量は，6段階とした．酢酸を添加した時は，微生物の自己維持エネルギー要求が遅い加水分解性有機物によって満たされている状態である．酢酸添加後，OUR の急上昇が見られるが，これは，微生物が基質非制限下で増殖して

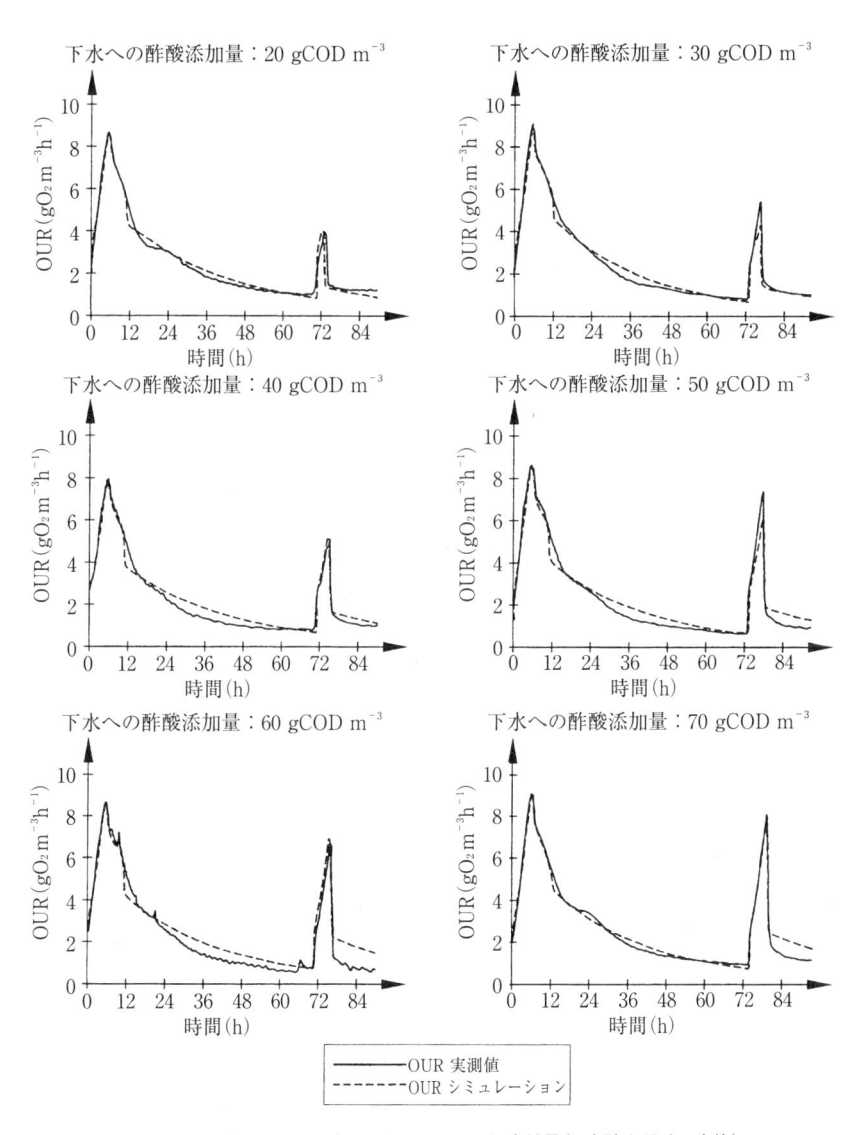

図7.8 酢酸の添加量を変えて行った OUR 測定結果（6実験を同時に実施）

いることを表している．添加した酢酸のほとんどが消費されるまで，微生物の指数増殖が起こり，その後，増殖が遅い加水分解性有機物によって決められるレベルに OUR が低下する．

実験によって 4 つのパラメータを決定する方法は，理論（**表 7.1** 参照）から構築された数学モデルによっている．有機物添加の場合も含めて OUR の実測値とシミュレーションが合致することが，微生物による下水水質変化の検証にとって必須である．本書に記述した方法論を適用すれば，通常，OUR の実測値とシミュレーションはよく合致する．このことから，理論の妥当性が十分に検証されたといえる．本理論の中心要素である微生物濃度 X_{Bw} は OUR に比例する［式(7.5) 参照］ので，これを適切に決定することがモデルを適用するうえで重要である．管渠の設計と管理のために用いる目的で管渠内生物化学反応モデル理論の実用化を進めるには，適切な理論を考察し，パラメータの推定手順を確立しなければならない．

上述の 4 つのパラメータの導出は，**表 7.1** に示したモデルによっているが，詳細については，Vollertsen and Hvitved-Jacobsen(1999) を参照されたい．最終的にこれらのパラメータは，下記の方法で求められる．

$$Y_{Hw} = \frac{\Delta S_{S,add} - \Delta S_{O,growth}}{\Delta S_{S,add}} \tag{7.1}$$

$$\mu_H = \frac{\ln\left[\dfrac{OUR(t)}{OUR(t_0)}\right]}{t - t_0} \tag{7.2}$$

K_{Sw} は，添加した S_S が消費し尽くされる時の OUR 低下の傾きから求められる．

$$q_m = \frac{\mu_H \dfrac{1 - Y_{HW}}{Y_{HW}} \Delta S_{O,maint}}{\Delta S_{O,growth}} \tag{7.3}$$

これらの式の中で $S_{S,add}$，$S_{O,growth}$，$S_{O,maint}$ については以下で説明するが，他の記号については付録 A を参照されたい．

酢酸添加（添加量は $\Delta S_{S,add}$）実験から得られた酸素消費（ΔS_O）の説明を**図 7.9** に示す．これは，**図 7.8** に示した実験結果の一例である．**図 7.9** からわかるように，ΔS_O は，2 つの部分に分けられる．増殖に関連する酸素消費（$\Delta S_{O,growth}$）と微生物の自己維持エネルギー要求に関連する酸素消費（$\Delta S_{O,maint}$）である．

7.2 管渠内生物化学反応モデルの成分およびパラメータの決定方法

下水への酢酸添加量：70 gCOD m^{-3}

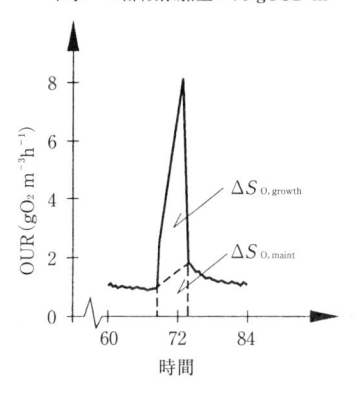

図 7.9　易生物分解性有機物添加による微生物の指数増殖に関する酸素消費（ΔS_O）の説明．酸素消費は，増殖に関連するものと微生物の自己維持に関連するものに分けられる

例 7.1：従属栄養微生物の最大比増殖速度 μ_H を求める式(7.2)の導出

表 7.1 に示したモデルから式(7.1)～(7.3)の導出例として，μ_H を求める式(7.2)の導出を示す．**表 7.1** から時間 t の OUR は，次式で表される．

$$\text{OUR}(t) = \frac{dS_{O,growth}}{dt} + \frac{dS_{O,maint}}{dt} = \left(\frac{1 - Y_{Hw}}{Y_{Hw}} \mu_H \frac{S_S}{K_{Sw} + S_S} + q_m\right) X_{Bw}$$

増殖反応は，基質非制限条件下で進行するので，次式が成り立つ．

$$\frac{S_S}{K_{Sw} + S_S} = 1$$

したがって，

$$\text{OUR}(t) = \left(\frac{1 - Y_{Hw}}{Y_{Hw}} \mu_H + q_m\right) X_{Bw}(t)$$

$$\text{OUR}(t_0) = \left(\frac{1 - Y_{Hw}}{Y_{Hw}} \mu_H + q_m\right) X_{Bw}(t_0)$$

表 7.1 から $dX_{Bw}/dt = \mu_H X_{Bw}$．これを積分すると次式が得られる．

$$X_{Bw}(t) = X_{Bw}(t_0) e^{\mu_H(t - t_0)}$$

$$\mu_H(t - t_0) = \ln \frac{X_{Bw}(t)}{X_{Bw}(t_0)}$$

この式の X_{Bw} に OUR を代入すると，

$$\mu_H(t - t_0) = \ln \frac{\mathrm{OUR}(t)}{\mathrm{OUR}(t_0)}$$

この式は，式(7.2)と同じである．

式(7.1)～(7.3)，および前述の手順で求めた反応パラメータの値を表7.2に示す．これらは，図7.8に示した実験から求めた値である．

表7.2 図7.8に示した6実験から求めた反応パラメータ．パラメータは，式(7.1)～(7.3)およびK_{Sw}決定手順によって求めた

パラメータ（単位）	実験1	実験2	実験3	実験4	実験5	実験6
Y_{Hw} (－)	0.65	0.66	0.71	0.67	0.67	0.65
μ_H (d^{-1})	5.4	6.5	4.7	5.7	5.3	5.3
K_{Sw} (gO$_2$ m^{-3})	0.7	0.9	0.9	1.0	1.1	0.8
q_m (d^{-1})	2.13	1.84	1.02	1.15	0.87	1.02

易生物分解性有機物の添加量が少ない場合と多い場合で q_m の値が異なっているが，その他のパラメータはほぼ安定しており，ばらつきの小さい結果となった．表7.1に示した理論からパラメータを決定する式を導出したが，実験結果からこれらの式を用いてパラメータを求めることができた．また，図7.8に示すように実測値とシミュレーション結果はよく合致した．理論の検証上ポイントとなるのは，中心的な成分である微生物を正しく表しているかどうかである．図7.8で，酢酸の添加直前と直後において実測値とシミュレーションが合致したことから，本モデルで微生物を正しく表せていると考えられる．モデルでは，基質非制限条件下においてOURは微生物に比例すると考えている[式(7.5)参照]．図7.8を見ると，添加した有機物が消費された時，シミュレーション結果は実測と合致しない場合もある．この点，微生物の活性を表すうえで本モデルがいまだ完全ではないといえる．

7.2.2 下水中有機物の生物分解性の決定

OUR測定は，微生物および各種有機物成分からなる下水のCODの分画に用いられる．下水中従属栄養微生物の活性は利用できる有機物によって変化するが，図7.4に示したように，OURにはこうした微生物の活性の変化が反映される．したがって，OURの測定を基質制限条件下と非制限条件下で行えば，異なったCOD成分が得られることになる．OUR測定の初期には易生物分解性有機物が存

在するので，基質非制限条件，その後，制限条件となる．
OUR 測定により，下記の COD 成分を決定することができる．
(1) 基質非制限条件下での OUR 測定
- S_S(易生物分解性有機物)
- X_{Bw}(従属栄養微生物)

(2) 基質制限条件下での OUR 測定
- X_{Sn}(加水分解性有機物)

さらに，従属栄養微生物の最大比増殖速度(μ_H)は基質非制限条件での測定から求められ，飽和定数(K_{Sw})はこの状態が終了する時の測定結果から求められる．これらのパラメータ決定方法は **7.2.1** で述べた原理のとおりである．

COD 成分の決定方法は，有機物消費は実験的に OUR 曲線と関連しているという事実によっている．従属栄養微生物の収率(Y_{Hw})は，易生物分解性有機物の消費に関連して，**7.2.1** の手順 1 で求めることができる．この時，易生物分解性有機物が直接利用できるものであろうと，加水分解性 COD 成分から生成したものであろうと関係ない．

COD 成分の分類に関する詳細は，Vollertsen and Hvitved-Jacobsen(2001)を参照されたい．2 種類の加水分解性有機物がある場合，測定時間 $t_0 = 0$ における成分は，式 7.4 〜 7.6 から求められる(式中の酸素消費を表す ΔS_{O1} と ΔS_{O2} については，**図 7.10** を参照)．

$$S_S = \frac{\Delta S_{O1}}{1 - Y_{Hw}} \tag{7.4}$$

$$X_{BW} = \frac{\text{OUR}}{\frac{1 - Y_{Hw}}{Y_{Hw}}\mu_H + q_m} \tag{7.5}$$

$$X_{S,\text{fast}} = \frac{\Delta S_{O2}}{1 - Y_{Hw}} \tag{7.6}$$

これらの COD 成分は通常 0.5 〜 2 日間の OUR 測定実験から決めることができる．COD 成分のうち，遅い加水分解性有機物(X_S 遅分解性)は，酸素消費から求めることができない．というのは，この有機物の分解にはかなりの時間を要し，実験中に生成した微生物の分解が干渉するからである．そこで，COD の収支からこの成分を式(7.7)によって求める．

$$X_{S,\text{slow}} = \text{COD}_{\text{tot}} - (X_{Bw} + S_S + X_{S,\text{fast}}) \tag{7.7}$$

● 第7章 ● 下水管渠内生物化学反応の研究とモデルのキャリブレーション

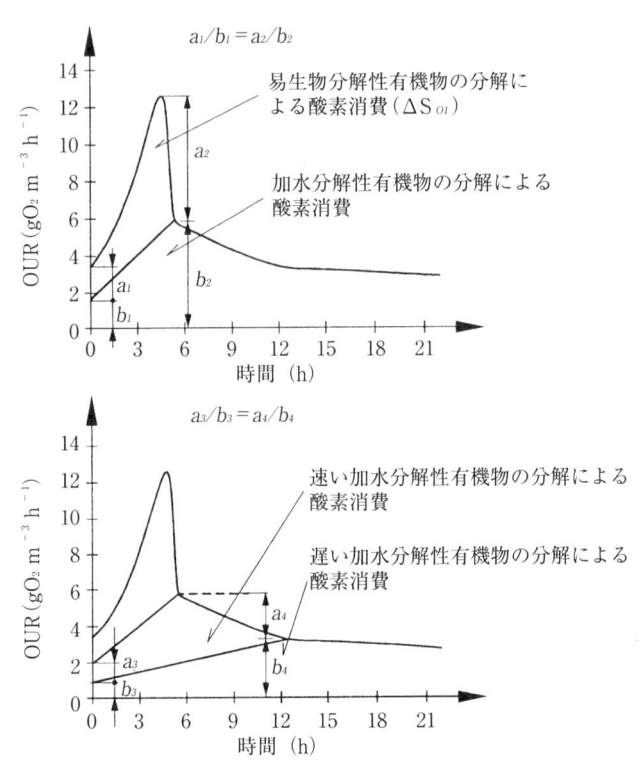

図7.10 S_S および $X_{S,fast}$ 決定に関する酸素消費の説明．酸素消費の区分を分類する線は，理論的には指数曲線であるが直線とした．S_S 濃度が高い範囲ではこの考え方は重要である

　$X_{Bw}(t_0)$ を求めるには，$t = 0$ で，確実に基質非制限条件下での増殖が起こるために，少なくとも $10 \sim 15$ gCOD m^{-3} の易生物分解性有機物が必要である．易生物分解性有機物が含まれず，OUR測定カーブが平坦な形状の場合，式(7.5)から $\mu_H = 0$ と仮定して $X_{Bw}(t_0)$ の推定が可能である．X_{Bw} は，易生物分解性有機物（例えば，酢酸）を下水に添加することによっても求めることができる．

　COD成分は，**表7.1** にマトリックスとして示したモデルと **7.2.1** で述べた手順1から求めたパラメータを用いて，反復計算で求めることも可能である．本方法では，管渠内生物化学反応に関する理論的考察のみならず，モデルキャリブレーションの経験が必要である．

7.2.3 反復計算によるモデルパラメータの決定

7.2.1 で述べた手順1と2および 7.2.2 で，簡単に実施できる OUR 測定から COD 成分と管渠内生物化学反応モデルの中心となるパラメータを直接的に求める方法について解説した．ここでは，加水分解に関する下記のパラメータの決定について述べる．

・ k_{hn}（最大比加水分解速度）
・ K_{Xn}（加水分解性有機物の飽和定数）

手順1および2の結果を利用できる場合，これらのパラメータを求めるために，反復計算による OUR カーブのモデルキャリブレーション手法が使われる．使用するモデルの基本は，**表 7.1** に示したものである．**表 6.7** に示した k_{hn} および K_{Xn} の値を反復計算の初期値として用いることができる．

7.2.4 管渠内生物化学反応モデルのキャリブレーションと検証

前述の3つの項で述べた手順1～3は，通常，管渠の上流部で採取した下水試料に対して行われる．これらの目的は，管渠への流入下水の COD 成分と反応に関連するパラメータを求めることである．これに対し，ここで述べる手順4は，生物膜と再曝気を含めて，管渠内反応の特徴を決定することである．手順1～3で考察した下水中の反応の特徴が，特に好気反応を扱う場合には，手順4によって自然流下管渠における微生物による変質に関連するすべての反応にまで拡張されることになる．嫌気反応を考える場合，より詳細な検討が必要となるが，これについては **7.2.5** で述べる．

管渠内の流れを押出し流れと考え，管渠下流から採取した下水試料の COD 成分と前述の上流から採取したものと比べることで管渠内反応を考察することができる．上流と下流の COD 成分の違いは，下水が管渠内を流下中に起こった微生物反応の結果を反映していると考えられるからである．この微生物反応は，再曝気の影響下で，下水中と生物膜中（さらには堆積物中）で進行したものである．

上記の2種類の下水を対象に測定した OUR と時間の関係は，成分と適切な反応パラメータを決定するうえで基本的データとなる（手順1～3参照）．下水中の反応に関する数学的記述（**表 7.1**）は，特に手順3の段階で体系的に用いられることになる．また，再曝気を表すためには，管渠の諸元と水理条件に関する情報が必要である（**4.4** 参照）．

シミュレーション手順4は，基本的に，好気状態での微生物による変質に関する管渠内反応モデル(**表5.3**のマトリックス表記参照)のキャリブレーションである．これには，生物膜内反応と再曝気も含まれる．このシミュレーションにあたって，成分と反応パラメータの初期値には，管渠上流で採取した試料から得られた値が用いられる．下流のCOD成分のシミュレーション結果が実測値と合致する時，キャリブレーション完了である．キャリブレーションされる主なモデルパラメータは，生物膜関連，特に$k_{1/2}$とK_{sf}である．キャリブレーション後，検証を行って，モデルを実際に使用できることになる．

生物膜内反応に関して詳細なモデルがよく知られている[例えば，Gujer and Wanner(1990)]が，ここでは簡単な1/2次モデルを選択した．理由は，パラメータの推定とキャリブレーションを簡単にしかも正しく行えるからである．

好気性の自然流下管渠では，手順4がモデルキャリブレーションの最終段階である．手順4は，手順1～3で得られた管渠上流と下流のOUR測定結果，さらに管渠の諸元，水理条件，水温，溶存酸素濃度を考慮して実施される．例7.2に延長5 kmの遮集管渠を対象に行ったキャリブレーションと検証の概要を示す．

例7.2 管渠内生物化学反応モデルのキャリブレーションと検証

ここでは，**7.2.1～7.2.4**で述べた手順1～4を適用して，COD成分，モデルパラメータを決定し，晴天時好気状態での管渠内生物化学反応モデルのキャリブレーションおよび検証を行った例を示す．異なった季節を通じて合計29回の試験を行ったが，この結果から，**表5.3**に示した管渠内反応モデルの有効性を確認でき，さらに**5.2**で述べたモデルに関する理論の妥当性を検証できた．

調査は，デンマークに存在する延長5.2 kmの自然流下管渠で実施した．手順4に従って上流と下流で29回試料を採取し，手順1～3によってOUR測定とデータ解析を行った．29の試料のうち，6の試料(夏期3，冬期3)からパラメータを求めて，それらを全体の代表値とし，残りの試料(夏期11，冬期12)を用いてモデルの検証を行った．

本調査(キャリブレーションと検証)を行ったのは，デンマークのユトランド北部に位置するDronninglund市とAsaaにある下水処理場を繋ぐ遮集管渠である(**図7.11**参照)．

下水への負荷を人口当量(PE)で表すと4 350 PEで，そのうち3 525 PEが

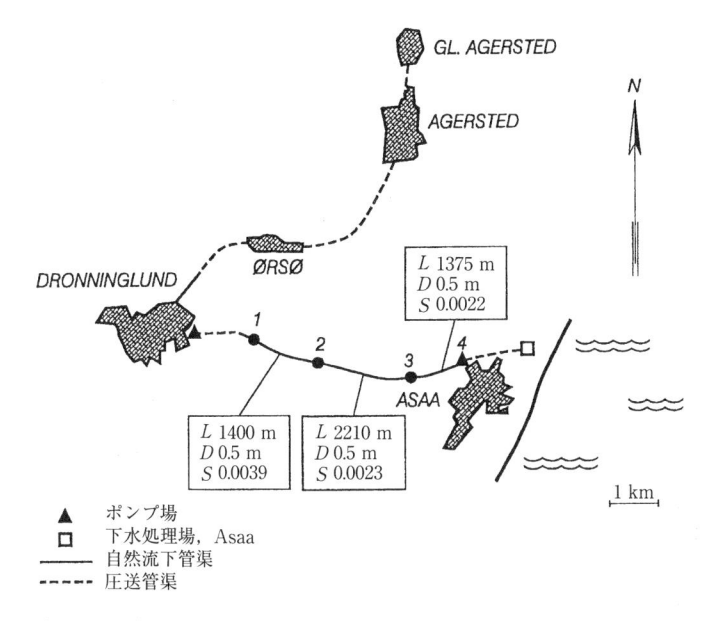

図7.11 調査を行った自然流下管渠. OUR 測定の試料はステーション1と4のマンホールから採取.
L：延長(m)，D：口径(m)，S：こう配(—)

Dronninglund 市からのものである．工場排水は，ほとんど含まれていない．Dronninglund 市では主として汚水管渠が整備されており，3つの小村落は大部分，合流管渠となっている．Dronninglund 市からの下水はまず，1.2 km の圧送管渠を流下し，その後，5.2 km のコンクリート製の遮集自然流下管渠を Asaa の処理場まで流れる．この間，管渠への流入はない．

29回の調査中，平均流量は 0.013 ～ 0.016 $m^3 s^{-1}$ であり，管渠内滞留時間は 2.96 ～ 3.11 h の範囲で変化した．夏期と冬期の平均水温は，それぞれステーション1で 15.2 ℃および 8.2 ℃，ステーション4で 12.7 ℃および 7.5 ℃であった(標準偏差は 0.5 ～ 1.0 ℃)．溶存酸素濃度は全ステーションで 1.0 ～ 3.0 $gO_2 m^{-3}$ の範囲であり，夏期の全 COD 平均値は 670 $gCOD m^{-3}$ (標準偏差 145 $gCOD m^{-3}$)，冬期は 450 $gCOD m^{-3}$ (標準偏差 70 $gCOD m^{-3}$)であった．

6回の測定結果からモデルのキャリブレーションを行い，29回の測定を代表するパラメータの値を決定した．表7.3 にこれらの値を示す．測定ごとに異なる残りのパラメータは，個別に決定した．

● 第 7 章 ● 下水管渠内生物化学反応の研究とモデルのキャリブレーション

表 7.3　全 29 回の測定で一定と考えられるモデルパラメータの値

パラメータ	単　位	値
K_O	$gO_2\ m^{-3}$	0.5
K_{Sw}	$gCOD\ m^{-3}$	1.0
K_{Sf}	$gCOD\ m^{-3}$	5
$K_{1/2}$	$gO_2^{0.5}\ m^{-0.5}\ d^{-1}$	6
q_m	d^{-1}	1.0
X_{Bf}	$gCOD\ m^{-2}$	10.0
Y_{Hf}	$gCOD\ biomass\,(gCOD\ substrate)^{-1}$	0.55
Y_{Hw}	$gCOD\ biomass\,(gCOD\ substrate)^{-1}$	0.55
α_r	−	1.024
α_f	−	1.05
α_w	−	1.07
ε	−	0.15

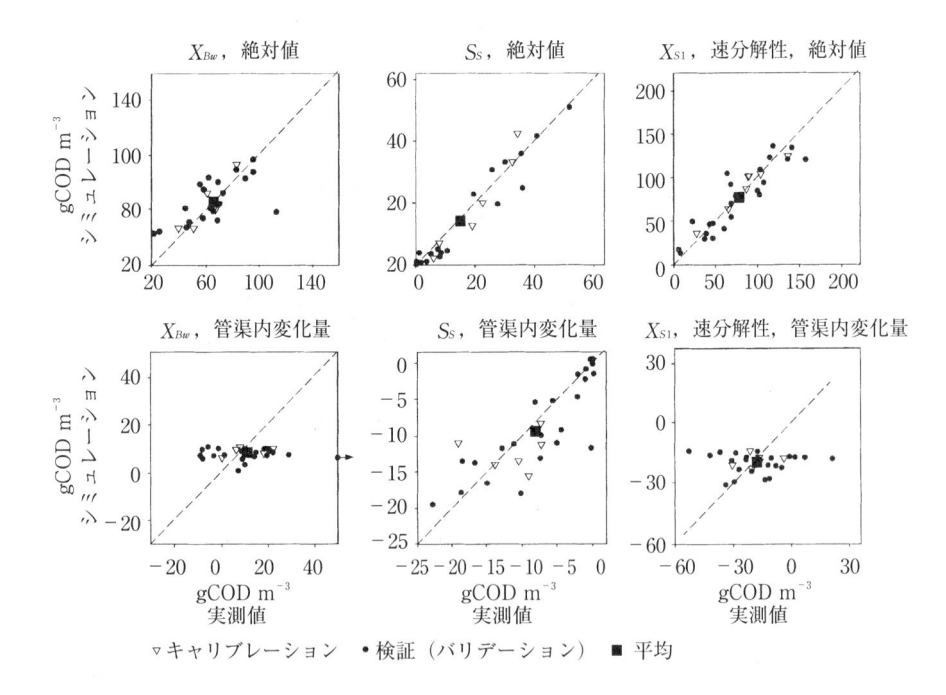

図 7.12　下水の水質変化予測のための理論的管渠内生物化学反応モデルの検証結果．Dronninglund 市から Asaa に到る 5.2 km の自然流下管渠における晴天時の COD 成分の絶対値と管渠内変化に関する実測値とシミュレーションの比較（測定回数 29 回）

7.2 管渠内生物化学反応モデルの成分およびパラメータの決定方法

下水がステーション 1 から 4 まで流下する間の下水中有機物の変化をモデルによって予測できるかどうかで，モデルシミュレーションの有効性を検証した．ここでいう変質は，COD 成分（X_{Bw}, S_S, $X_{S,\text{遅分解性}}$）で評価した．**図 7.12** に，これら 3 成分のステーション 4 における実測値とシミュレーション結果，また，3 成分の管渠内での変化の実測値とシミュレーション結果を示す．成分の絶対値に関して，実測値とシミュレーションは合致した．さらに，より重要なことは，モデルによって晴天時の COD 成分の変化の平均を予測できたことである．

本調査結果から，本書で述べてきた内容，特に**第 5 章**で詳述した管渠における下水の水質変化の予測に関する理論が妥当であったことが確認できた．さらに，この理論から構築した反応モデルによって晴天時における平均的な管渠内水質変化をシミュレーションでき，モデルが反応の設計と管理に使用できることがわかった．管渠は，下流に位置する処理場との関連において，晴天時では，管渠内で進行する微生物反応に関して静的に設計され運用される施設であると考えられる．汚水管渠と合流管渠のいずれについても（合流式下水道の雨天時の機能を考慮するとともに），下水水質の変化を考慮する場合には，詳細な短期間の現象まで検討する必要はなく，平均的な晴天時の状態で運用されると考えて設計すべきである．なぜなら，管渠内生物化学反応モデルは管渠における微生物による変質（下水の水質変化）の予測に用いられるからである．これは，管渠と処理場の統合的生物化学反応管理にとって重要な概念である．

7.2.5 管渠内嫌気条件下での微生物による反応に関するパラメータの推定

第 6 章で，有機物の変化と硫黄の循環に関し，管渠システムにおける嫌気生物化学反応について述べた．特に，**6.4** で好気・嫌気統合管渠内反応モデルを詳しく解説した．理論的にいえば，嫌気的質変換は下水中における好気反応ほど詳細に考察されていない．したがって，反応を記述するにあたり理論的背景に適合した簡便な方法をとってきたし，今後もこの視点が必要とされるであろう．

嫌気状態における有機物の変化に関する反応速度は，好気状態に比べて極端に遅く，基本的に易生物分解性有機物は保持される．さらに，好気反応とは逆にある程度生成される．これまで，管渠内反応モデルでは，硫黄の循環を硫化物生成の実験式に従って簡潔に記述してきた．硫黄の循環に関して，硫化水素の放散と硫化物の酸化も重要であり，これらの反応を理論的に研究したうえでモデルに組

み込む必要がある．

好気・嫌気反応モデルにおける嫌気反応に関するパラメータ決定方法は，7.2.1 および 7.2.4 で述べた手順に比べ体系化されていないが，以下にそのポイントを示す．

・VFA (揮発性有機酸)の決定．これは，発酵可能な易生物分解性有機物 (S_F) と VFA である発酵生成物 (S_A) を求めて発酵反応を記述するために必要である．
・硫化物の測定および硫化物生成速度の決定
・易生物分解性有機物の生成速度の決定
・キャリブレーションによるパラメータの推定

最初の 3 つの方法は，反応成分とパラメータ決定にとっておおむね直接的手法といえる．以下に，上記 4 つの嫌気変化調査手法の概要を述べる．

7.2.5.1　VFA (揮発性脂肪酸)

主として蟻酸，酢酸，プロピオン酸，n-酪酸，イソ酪酸である揮発性脂肪酸はイオンクロマトグラフ法によって分析できる (Standard Methods for the Examination of Water and Wastewater, 1998)．発酵可能な易生物分解性有機物 (S_F) および発酵生成物 (S_A) は COD 当量で表されるので，VFA 成分もこの単位に換算する必要がある．蟻酸の場合の換算例を以下に示す．

$$HCOO^- + \frac{1}{2}O_2 \rightarrow CO_2 + OH^- \tag{7.8}$$

式(7.8)の化学量論から，COD と蟻酸の比は下記となる．

$$\frac{16}{45} = 0.36 \text{ gCOD}(\text{g 蟻酸})^{-1}$$

表 7.4 に他の VFA 成分の化学量論関係を示す．

易生物分解性有機物 (S_S)，発酵可能な易生物分解性有機物 (S_F)，発酵生成物 (S_A) の関係は，式(7.9)に示すとおりである．

表 7.4　VFA 成分の COD と量の関係

VFA 成分	COD と量の比 (COD g^{-1})
蟻酸	0.36
酢酸	1.08
プロピオン酸	1.53
乳酸	1.08
酪酸	1.84

$$S_S = S_F + S_A \tag{7.9}$$

7.2.5.2 硫化物と硫化物生成速度

　全硫化物は，メチレンブルー法による光度測定で求めることができる(Cline, 1969 ; Standard Methods for the Examination of Water and Wastewater, 1998)．空気中の硫化水素については信頼できるセンサーがあり，広く用いられている．

　硫化物は，酸化されやすく，重金属と容易に反応して沈澱し，さらに液相から気相へ放散するので，試料採取に先立ち事前準備をしなければならない．また，分析結果の解釈にも注意を要する．

　試験室で，下水中で成長した嫌気性生物膜による硫化物生成速度を求める実験としては，単純な反応槽を用いるものと複雑な運転を求められるものがある．また，反応槽の回転ドラムを使用する場合としない場合がある(Nielsen, 1987 ; Norsker *et al.*, 1995)．Bjerre *et al.*(1998)では，試験室と現地の一体的な実験から生物膜の成長とともに硫化物生成速度が調査された．硫化物生成速度は，実管渠で上流と下流から同一水塊の試料を採取して分析し，水理条件や管渠の諸元を考慮して求めることも可能である(Nielsen *et al.*, 1998)．また，満管で流れる実験管渠に下水を循環させて，硫化物生成速度を測定した例もある(Tanaka and Hvitved-Jacobsen, 2000)．圧送管渠における硫化物生成速度を求める場合，実管渠や実験管渠を用いるのが適切な方法である．しかし，自然流下管渠の場合，硫化物の気相への放散と酸化が起こるので，このような方法が有用であるとはいえない．

7.2.5.3　易生物分解性有機物の生成速度（嫌気性加水分解）の決定

　易生物分解性有機物(S_S)の保持と生成は，嫌気的条件の下水中で見られる特徴である．この現象を調査するための実験的手法は，有機物の嫌気条件における変化および嫌気加水分解速度の推定の基礎として重要である(**図 6.10** 参照)．

　OUR測定手法に基づいて，好気・嫌気遷移状態での実験方法が開発された(Tanaka and Hvitved-Jacobsen, 1998)．同じ下水試料を用いた2つのOUR測定によって，嫌気状態でのS_Sの生成速度を求めることができる．2つの測定のうち，一つは通常のOUR測定である(**7.1.3** 参照)．もう一つは，OUR測定中に，下水を数時間，嫌気状態にする方法である（嫌気状態にする回数は，1回あるいは2回）．このような実験を同時に行った結果を**図 7.13** に示す．2種類の実験で

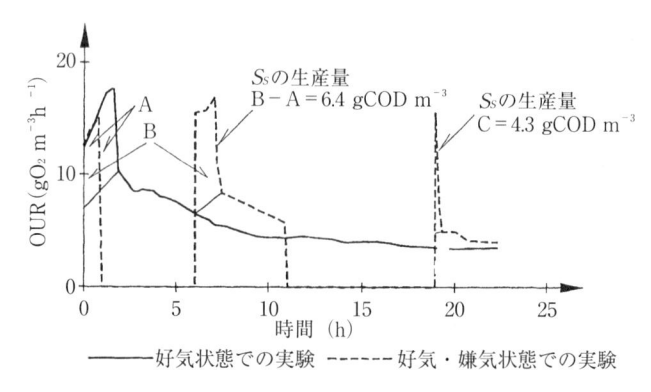

● 第 7 章 ● 下水管渠内生物化学反応の研究とモデルのキャリブレーション

図 7.13 同じ下水を用いて同時に実施した 2 種類の OUR 測定実験結果.一つの実験では,好気状態を保ち通常の OUR 測定を実施.もう一つでは,好気と嫌気が変化する状態で実施

S_S 消費量を比べる(**7.2.2** 参照),すなわち,酸素消費量(OU)の違いを比べると,この違いは嫌気状態の間に生成した S_S の量を表すと解釈できる.ただし,酸素消費量から S_S の量に換算するためには,Y_{Hw} を用いる必要がある.

S_S の生成量は,嫌気状態の時間の長短によるので平均生成速度で評価する.観察された S_S 生成量は基本的に正味の生成量であるが,本実験の嫌気状態で微生物の増殖に消費された有機物は少量であると考えられる.実験中,生物膜の生成は観察されず,硫化物の生成も見られなかったからである(**6.3** および **図 6.9** 参照).

図 7.13 に示した嫌気状態前後の OUR の値を比較すると,OUR は変化していない.このことから,従属栄養微生物の活性が嫌気状態の間でも保たれていることがわかる.少なくとも約 24 時間までは,活性が保たれることが確認されている(Tanaka and Hvitved-Jacobsen, 1999).

下水中有機物の生物分解性(好気状態における)は,嫌気状態での S_S 生成速度に影響する.**図 7.14** に示した実験結果からこのことがわかる.さらに,この結果は,溶解性 COD(COD_S)の値が 50 gCOD m^{-3} では有機物は非生物分解性と遅い生物分解性であるので,溶解性 COD が 50 gCOD m^{-3} 以下であれば硫化物は生成しないという過去の研究結果(**6.2.4** 参照)に合致する.

嫌気反応において,硫酸塩還元微生物と発酵微生物による S_S 消費を考えなければならない場合,全嫌気性加水分解速度は式(7.10)で表される.ここでは,堆

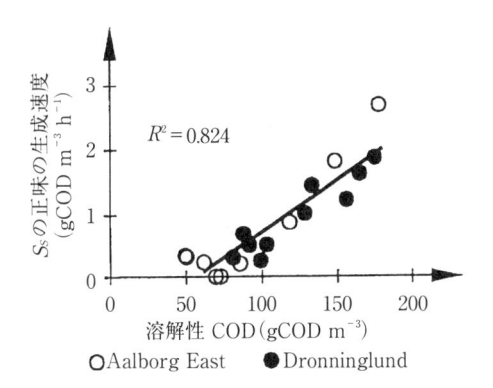

図7.14 嫌気状態の下水中における易生物分解性有機物(S_S)の正味の生成速度．2箇所の下水処理場へ流入する下水を用いて19回実験を行った結果

積物のない管渠でのメタン生成は無視できるとしている(**3.2.2** 参照)．

$$r_{S,tot} = r_{S,net} + 2r_{S,S} + r_{S,ferm} \tag{7.10}$$

ここで，

$r_{S,tot}$ = 全嫌気性加水分解速度($gCOD\ m^{-3}\ h^{-1}$)

$r_{S,net}$ = 正味の S_S 生成速度($gCOD\ m^{-3}\ h^{-1}$)

$r_{S,S}$ = 硫化物生成速度($gS\ m^{-3}\ h^{-1}$)

$r_{S,ferm}$ = 発酵微生物による有機物消費速度($gCOD\ m^{-3}\ h^{-1}$)

式(7.10)は，式(6.4)が有機物消費と硫化物生成の関係を適切に表しているという仮定のうえに成り立っている．式(6.4)では，2 mol の CH_2O (32 $gCOD\ mol^{-1}$) が，1 mol の H_2S-S (32 $gS\ mol^{-1}$) の生成で消費されるとされている．

嫌気状態における S_S 生成量と下水中の CO_2 量の間に比較的高い直線的相関があることが Tanaka and Hvitved-Jacobsen(1999)によって実験的に確認された．さらに，CO_2 のうち 50% が硫酸塩還元微生物によって，残りの 50% が発酵微生物によって生成されたことがわかった．正味の S_S 生成速度は，嫌気加水分解による全 S_S 生成速度の約 70% であった(式7.10)．このことから，式(7.10)は，嫌気状態における易生物分解性有機物の生成の推定に有用であるといえる．

7.2.5.4 キャリブレーションによるパラメータの推定

好気・嫌気理論モデル（**表6.6**）によって嫌気反応を記述するうえでパラメータを推定する必要がある．ここまで，パラメータ推定の3つの方法論として実験的手法について述べた．本モデルにおける他の動力学および化学量論に関するパラメータを求めるには，上述した3つの方法の結果と合わせて，モデルのキャリブレーションが必要である．**表6.7**に，これらの3方法とキャリブレーションから決定した典型的な値を示す．

図6.9に，嫌気状態での炭素の流れに注目して嫌気反応速度を示したが，これは，本項で述べた3つの方法と，**表6.6**に示した好気・嫌気管渠内生物化学反応モデルのキャリブレーション結果から求められたものである．

7.3 まとめ

本章では，管渠内反応モデルのパラメータおよび成分を決定するために行われる実施設，実験施設，試験室規模の研究方法について述べてきた．実際に管渠内反応の設計や管渠の運転を行う場合，いかなるシミュレションモデルを用いても，反応に関する適切な研究方法がなければ意味がない．

管渠内生物化学反応のモデル化は新しい分野であり，研究結果の蓄積も少なく利用できる情報も限られている．本章で述べた方法論と各種研究結果は，管渠内反応の理論のみならずモデルパラメータの決定についても基礎となるものである．しかし，下水水質は多様であり，微生物反応が進行する管渠システムの種類は多岐にわたる．そのため，管渠内反応に関する過去の情報を適用しようとする場合には注意を要する．したがって，本章で述べた研究手法は，新たな知見や情報を得るうえで不可欠である．

管渠内における調査研究は不快な環境の中で行わなければならず，各種調査，測定を行うために現場へ行くことすらも難しいことが多い．このことが，管渠内反応のみならず管渠の性能に関する知見が少ないということの一因であったともいえる．しかし，微生物に関する視点から見れば，管渠内は変化と多様性に富んだ非常に興味深い環境である．今後，管渠内生物化学反応に関する研究の方法論が，実用化を伴って進展することが望まれる．

7.4 参考文献

ASCE (1983), Existing sewer evaluation and rehabilitation, *ASCE* (American Society of Civil Engineers) *Manual and Report on Engineering Practice* 62; *WPCF* (Water Pollution Control Federation) *Manual of Practice* FD-6, p. 106.

Ashley, R.M. and M.A. Verbanck (1998), Physical processes in sewers, *Congress on Water Management in Conurbations,* Bottrop, Germany, June 19–20, 1997. In Emschergenossenschaft: Materialien zum Umbau des Emscher-Systems, *Heft,* 9, 26–47.

Bertrand-Krajewski, J.-L., D. Laplace, C. Joannis, and G. Chebbo (2000), Mesures en hydrologie urbaine et réseau d'assainissement, *Tec et Doc,* Paris, p. 808.

Bjerre, H.L., T. Hvitved-Jacobsen, B. Teichgräber, and D. te Heesen (1995), Experimental procedures characterizing transformations of wastewater organic matter in the Emscher river, Germany, *Water Sci. Tech.,* 31(7), 201–212.

Bjerre, H.L., T. Hvitved-Jacobsen, S. Schlegel, and B. Teichgräber (1998), Biological activity of biofilm and sediment in the Emscher river, Germany, *Water Sci. Tech.,* 37(1), 9–16.

CEN (1999), Air quality — determination of odour concentration measurement by dynamic olfactometry, European Committee for Standardisation, draft prEN 13725.

Cline, D.J. (1969), Spectrophotometric determinations of hydrogen sulfide in natural waters, *Limnology and Oceanography,* 14, 454–458.

Dold, P.L., G.A. Ekama, and G. v. R. Marais (1980), A general model for the activated sludge process, *Prog. Water Tech.,* 12, 47–77.

Ekama, G.A. and G. v. R. Marais (1978), The dynamic behaviour of the activated sludge process, Research report No. W 27, Department of Civil Engineering, University of Cape Town.

Gudjonsson, G., J. Vollertsen, and T. Hvitved-Jacobsen (2001), Dissolved oxygen in gravity sewers — measurement and simulation, *Proceedings of the 2nd International Conference on Interactions between Sewers, Treatment Plants and Receiving Waters in Urban Areas* (INTERURBA II), Lisbon, Portugal, February 19–22, 2001, pp. 35–43.

Gujer, W. and O. Wanner (1990), Modeling mixed population biofilms. In: W. G. Characklis and K. C. Marshall (eds.), *Biofilms,* John Wiley & Sons, Inc., New York, pp. 397–443.

Huisman, J.L., C. Gienal, M. Kühni, P. Krebs, and W. Gujer (1999), Oxygen mass transfer and biofilm respiration rate measurement in a long sewer, evaluated with a redundant oxygen balance. In I.B. Joliffe and J.E. Ball (eds.), *Proceedings from the 8th International Urban Storm Drainage Conference,* Sydney, Australia, August 30–September 3, 1999, vol. 1, pp. 306–314.

Jensen, N.Aa. and T. Hvitved-Jacobsen (1991), Method for measurement of reaeration in gravity sewers using radiotracers, *Research J. WPCF,* 63(5), 758–767.

Nielsen, P.H. (1987), Biofilm dynamics and kinetics during high-rate sulfate reduction under anaerobic conditions, *Appl. Environ. Microbiol.,* 53(1), 27–32.

Nielsen, P.H., K. Raunkjaer, and T. Hvitved-Jacobsen (1998), Sulfide production and wastewater quality in pressure mains, *Water Sci. Tech.,* 37(1), 97–104.

Norsker, N.H., P.H. Nielsen, and T. Hvitved-Jacobsen (1995), Influence of oxygen on biofilm growth and potential sulfate reduction in gravity sewer biofilm, *Water Sci. Tech.,* 31(7), 159–167.

Parkhurst, J.D. and R. D. Pomeroy (1972), Oxygen absorption in streams, *ASCE, J. Sanit. Eng. Div.,* 98(SAI), 101.

Raunkjaer, K., P.H. Nielsen, and T. Hvitved-Jacobsen (1997), Acetate removal in sewer biofilms under aerobic conditions, *Water Res.,* 31(11), 2727–2736.

Sneath, R.W. and C. Clarkson (2000), Odour measurement: A code of practice, *Water Sci. Tech.,* 41(6), 25–31.

Spanjers, H., P.A. Vanrolleghem, G. Olsson, and P.L. Dold (1998), Respirometry in control of the activated sludge process: Principles, IAWQ Scientific and Technical Report no. 7, p. 48.

Standard Methods for the Examination of Water and Wastewater, 20th Edition (1998), American Public Health Association, American Water Works Association and Water Environment Federation, Washington DC.

Stuetz, R.M., R.A. Fenner, S. J. Hall, I. Stratful, and D. Loke (2000), Monitoring of wastewater odours using an electronic nose, *Water Sci. Tech.,* 14(6), 41–47.

Tanaka, N. and T. Hvitved-Jacobsen (1998), Transformations of wastewater organic matter in sewers under changing aerobic/anaerobic conditions, *Water Sci. Tech.,* 37(1), 105–113.

Tanaka, N. and T. Hvitved-Jacobsen (1999), Anaerobic transformations of wastewater organic matter under sewer conditions. In: I. B. Joliffe and J. E. Ball (eds), *Proceedings of the 8th International Conference on Urban Storm Drainage,* Sydney, Australia, August 30–September 3, 1999, pp. 288–296.

Tanaka, N. and T. Hvitved-Jacobsen (2000), Sulfide production and wastewater quality — investigations in a pilot plant pressure sewer, *Proceedings from the 1st World Water Congress of the International Water Association* (IWA), vol. 5, pp. 192–199.

Tsivoglou, E.C. and L.A. Neal (1976), Tracer measurement of reaeration: III, Predicting the reaeration capacity of inland streams, *J. Water Pollut. Control Fed.,* 48(12).

Tsivoglou, E.C., J.B. Cohen, S.D. Shearer, and P.J. Godsil (1968), Tracer measurements of stream reaeration: II, Field studies, *J. Water Pollut. Control Fed.,* 40(2).

Tsivoglou, E.C., R.L. O'Connell, M.C. Walter, P.J. Godsil, and G.S. Logsdon (1965), Tracer measurements of atmospheric reaeration: I, Laboratory studies, *J. Water Pollut. Control Fed.,* 37(10), 1343–1363.

Vollertsen, J. and T. Hvitved-Jacobsen (1999), Stoichiometric and kinetic model parameters for microbial transformations of suspended solids in combined sewer systems, *Water Res.,* 33(14), 3127–3141.

Vollertsen, J. and T. Hvitved-Jacobsen (2001), Biodegradability of wastewater — a method for COD-fractionation, *Proceedings of the 2nd International Conference on Interactions between Sewers, Treatment Plants and Receiving Waters in Urban Areas* (INTERURBA II), Lisbon, Portugal, February 19–22, 2001, pp. 25–33.

第 8 章

モデルの適用例―管渠内反応を考慮した管渠の統合的設計と運用

　実際の下水管渠には様々な種類があり，個々の管渠で多種多様な生物化学反応が生じている．これら個別の反応の詳細を解説することは，不可能であるし，また，本書の目的でもない．下水管渠は，その地域特有の考え方や要求される機能によって異なり，その種類は多数にのぼる．そのため，本書では，管渠内で進行する生物化学反応に関する一般的な事柄，これらの反応を引き起こす条件，都市下水システムに関する反応論を扱ってきた．この観点でいえば，下水管渠とその他の都市下水道施設，特に処理場との相互作用が検討すべき重要事項であるといえる．

　管渠に携わる技術者には，管渠内生物化学反応に関する知識やシミュレーションツールを用いて，様々な管渠の管理を適切に行っていくことが求められる．これには，本章で取り上げた事例が参考になるであろう．さらに，これまで述べてきた経験的モデルや理論モデルが考察のためのツールとして有用であると考えられる．

　工学を学ぶ学生に限らず，下水管渠システムの設計，運用，維持管理に携わる技術者や管理者にもこれらの事例は参考となると考えている．

8.1　下水道システムの設計―下水処理のための統合的アプローチ

　下水管渠内生物化学反応は，反応の結果が管渠そのものや周囲の環境に悪影響を与えることがある．よく知られた例として，硫化物の生成による健康上の問題，腐食問題，悪臭問題がある．ほかには，管渠内で生じる水質変化に関連した管渠と処理場の相互作用が挙げられる．

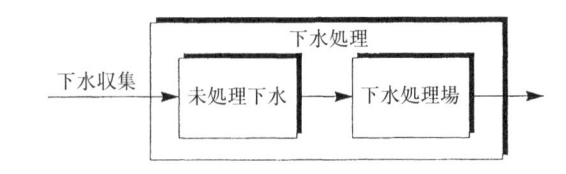

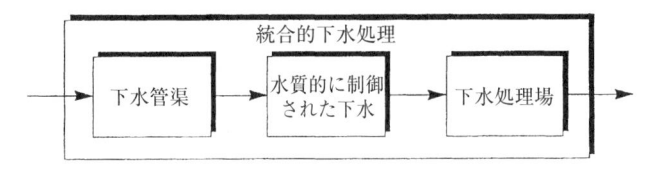

● 第 8 章 ● モデルの適用例―管渠内反応を考慮した管渠の統合的設計と運用

図 8.1 下水処理場の設計と運用に関する従来のアプローチと統合的プロセス設計によるアプローチの比較

　これまで，下水処理場の設計では，処理場への流入水の水量と水質に適した施設を設計するという考え方がとられてきた．しかし，これまで述べてきたように，下水水質は下水が管渠を流下する間に変質し，管渠内において，処理場における処理に適するように下水水質を管理することが可能である．従来の処理場の設計では，この点がまったく考慮されていなかった．

　上述の従来の考え方に対し，統合的プロセス設計では，下水の水質は管渠を流下中に変化してしまうものであるとは考えず，設計技術者や維持管理技術者が管渠内での水質変化を管理できるとみなす．この点が両者の根本的な違いである．処理場の設計と運転の立場から見れば，処理場への流入水（これは未処理の下水とされているが）は，処理場でのプロセスに適するように管渠内で制御できるのである．図 8.1 に，これら 2 種類の下水管理の考え方を示す．この図は，「下水道システムの設計」の基本理念も表している．

8.2　管渠内水質変化に影響を及ぼす構造的側面と運用的側面

　管渠内で進行する反応として，好気，無酸素，嫌気プロセスがあるが，どのプロセスになるかは，利用できる電子受容体によって決まる（**表 1.1** 参照）．**表 1.1** は，管渠の種類によってプロセスの種類もある程度決まることも示している．こ

8.2 管渠内水質変化に影響を及ぼす構造的側面と運用的側面

表8.1 管渠内生物化学反応に関する構造的手法(A)と運用的手法(B)の例

構造的または運転上の管渠内反応管理手法		影響を受ける反応および現象
A1：	流動形態と流れの乱れ (例：管渠こう配，管口径，管渠の均質性の程度)	気相と液相間の揮発性成分の交換 (例：好気または嫌気状態に影響する再曝気，悪臭物質の放散)
A2：	換気 (例：密閉式マンホール蓋の使用，強制換気)	悪臭物質の大気中への放散，管渠内気相中の酸素濃度低下による再曝気の低減
A3：	管渠容量(管渠内滞留時間)	生物化学反応時間
A4：	管渠の相対的容量(管口径と水深)	再曝気，下水中反応と生物膜中反応の相対的な重要度
A5：	流速(せん断応力)	生物膜の成長と底泥の発生による管渠内反応への影響
B1：	発生源管理[一般家庭(例：水道消費量，尿分離，ディスポーザの使用)，産業排水，浸入水の減少]	管渠上流部での水質(管渠上流部での水質が管渠内反応に影響し，その結果，下流での水質が変化する)
B2：	酸素あるいは硝酸塩の注入	反応への影響(好気，無酸素，嫌気)

のことは，管渠の種類を決めることによってプロセスを選択できるということを意味する．すなわち，管渠の設計および維持管理技術者にとって，管渠内で好ましい生物化学反応を起こすために，管渠をどのような構造にすべきか，どのように運用すればよいかという面のガイドラインとなる．

表8.1に，管渠内で生じる晴天時の生物化学反応に影響する構造的な面と運用的な面の概要を示す．これは，下水管渠においてプロセスを制御する方法の例を示している．言い換えると，「下水水質の設計手法」を表しているともいえる．

構造的および運用的手法が管渠内プロセスと水質に与える影響は，モデルシミュレーションで検討できる．以下に示す例8.1と8.2は，主に表8.1の項目A4に関する検討例である．

例8.1：自然流下管渠における溶存酸素利用に関する水深の影響(生物膜中での消費と下水中での消費の比較)

管渠内での呼吸プロセスを溶存酸素消費で表すと，堆積物がない場合，生物膜中と下水中での溶存酸素消費の和となり次式で表される．

$$r_{tot} = \frac{A}{V} r_f + r_w$$

ここで，

● 第8章 ● モデルの適用例―管渠内反応を考慮した管渠の統合的設計と運用

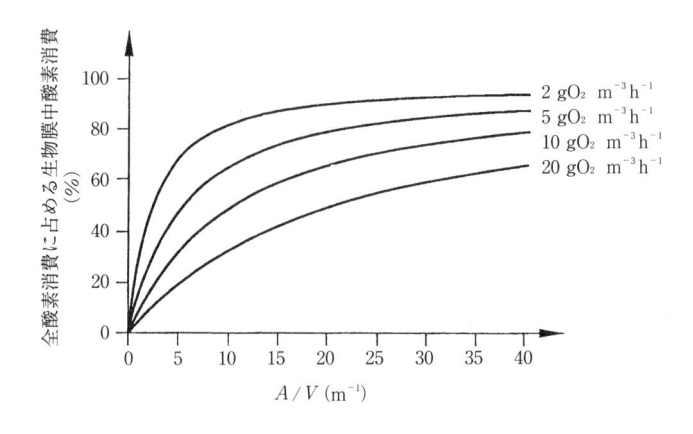

図 8.2 全溶存酸素消費速度に対する生物膜の溶存酸素消費速度(%)と A/V 比
（下水体積に対する生物膜面積の比）

r_{tot} = 全管渠内溶存酸素消費速度 $(gO_2\ m^{-3}\ h^{-1})$

A = 生物膜面積 (m^2)

V = 下水体積 (m^3)

r_f = 生物膜中溶存酸素消費速度 $(gO_2\ m^{-2}\ h^{-1})$

r_w = 下水中溶存酸素消費速度 $(gO_2\ m^{-3}\ h^{-1})$

図 8.2 に，生物膜での溶存酸素消費速度 (r_f) が全溶存酸素消費速度に占める割合 (r_{tot}) を％で表したものと A/V 比の関係を示す．r_f の値は，$1.0\ gO_2\ m^{-2}\ h^{-1}$ で一定であるとし，r_w は $2 \sim 20\ gO_2\ m^{-3}\ h^{-1}$ の範囲で変化するとした．

口径 500 mm の管渠で，一日のうちで水深が $100 \sim 250$ mm の範囲で変化するとすると，それらの水深に対する A/V 比は 17 および 8 m^{-1} に相当する．この場合，下水中溶存酸素消費速度が $10\ gO_2\ m^{-3}\ h^{-1}$ であれば，全溶存酸素消費速度に占める生物膜での消費速度の寄与率は，**図 8.2** から 60 および 40 ％ であることがわかる．

下水中で生じる下水変質に対する生物膜中での反応の相対的な影響割合は，一日のうちで起こる水理的条件の変化のみに左右されるわけではない．例えば，管渠の設計段階で，より小さな口径の管渠を選定することによって生物膜の影響を小さくすることが可能である．

例8.2：自然流下管渠における再曝気とDO変化

ここでは，管渠の水理的条件が再曝気に及ぼす影響と，その結果として溶存酸素濃度に与える影響について述べる．例として，口径500 mm，こう配0.003 m m^{-1}の自然流下管渠を考えてみる．管渠には堆積物はないが，内面には生物膜が付着しているとする．10℃における下水中溶存酸素消費速度(r_w)の最大値は5 gO$_2$ m^{-3} h^{-1}と考えられるが，実際には再曝気の程度で制限される．生物膜中溶存酸素消費速度(r_f)は，式5.2から溶存酸素濃度に関する1次反応とみなされる．

図8.3に，総括酸素移動容量係数(K_La)，流速(u)，下水中溶存酸素濃度，生物膜中溶存酸素消費速度(r_f)と流量(Q)の関係を示す．これらは，上述の条件における定常状態での計算結果である．

この図から，775 m^3 h^{-1}(215 L s^{-1})で満流となり，再曝気と溶存酸素濃度は水

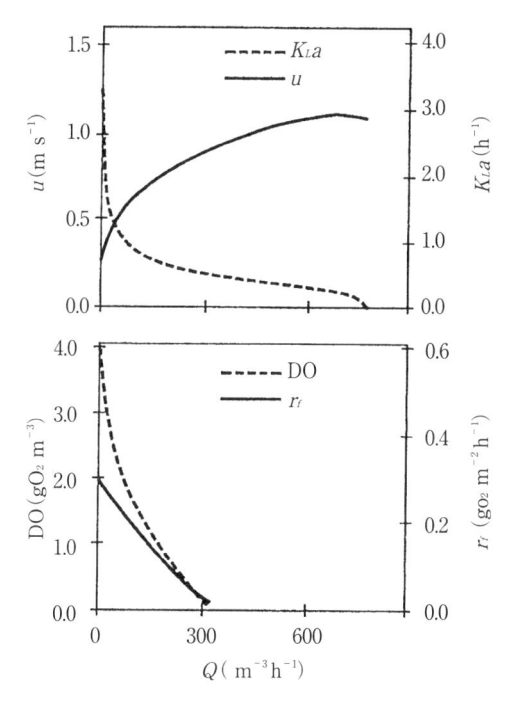

図8.3 総括酸素移動容量係数(K_La)，流速(u)，下水中DO濃度，生物膜中溶存酸素消費速度(r_f)と流量(Q)の関係(定常状態における計算結果で温度は10℃)

●第8章●モデルの適用例—管渠内反応を考慮した管渠の統合的設計と運用

理条件によって大きく変化することがわかる．流量が小さい範囲では溶存酸素濃度は $2 \sim 4$ gO_2 m^{-3} と計算されるが，流量が増えると，半管流の状態以下の流量でさえ濃度は大きく低下することがわかる．すなわち，管渠内の水深を変えることで好気条件における下水変質の進行度を制御できるわけである．**表8.1** に関連して重要なことは，構造的な変更を一つ行えば複数の物理化学反応に影響が及び，さらに逆方向の反応もまた影響を受けるといえることである．一つの例を挙げると，下水の流れを乱すと再曝気速度が増加するが，同時に硫化水素や悪臭物質の放散速度も大きくなる．したがって，嫌気状態に起因する負の影響を増大させることにつながる．

管渠内反応に与える温度の影響も重要である．管渠内反応には微生物に関するものと再曝気のような物理化学プロセスがあり，いずれも温度に依存する．異なるプロセスが相互に作用するので，特定の現象の温度依存性が，全体として必ずしも期待される効果を発揮しないことになる．例えば，好気状態での生物分解速度は温度が上がるにつれて速くなるが，その結果，分解速度は再曝気速度を大きく上まわってしまう（**表6.7**，**6.8** 参照）．温度上昇によって好気状態での微生物の活性が増大し，その結果，溶存酸素消費速度が大きくなる．しかし，再曝気速度は溶存酸素消費速度よりも小さい．以上のことから自然流下管渠で起こる現象を考えてみると，まず溶存酸素濃度の低下が，溶存酸素が律速となる状態を招く．その結果，主に速い加水分解性有機物（X_{S1}）の加水分解によって易生物分解性有機物（S_S）が生成することになる．発酵反応で生成する揮発性脂肪酸（VFA）は，溶存酸素濃度が一般的に高い冬期には見られない．したがって，しばしば，低温時より高温時において下水の生物分解性が高くなる．これは，通常，予測される結果とは異なる現象である．一方，X_{S1} の濃度について見ると，冬期には加水分解速度が小さいので濃度も高いと考えられる．これらの非常に動的で複雑な管渠内反応，反応が引き起こす水質変化，さらに反応が下流に位置する処理場における下水処理工程に及ぼす影響を定量的に評価するためには，複数の反応の相互作用を考慮する必要がある．

上述の温度依存性に関する簡単な例から，管渠における水質変化およびそれに伴う影響を検討するには，ツールとしてシミュレーションモデルが不可欠であるといえる．この点で，**第4章**から**第7章**で取り扱った，管渠内反応を予測する経験的モデルおよび理論モデルが有用である．

8.3 管渠内生物化学反応の予測ツール

8.3.1 下水の反応モデル

　管渠そのものあるいは管渠と処理場の相互作用を検討する場合，本書で述べてきた，いわゆる管渠内反応を扱う工学(管渠内反応工学)を適用できるが，そのためにはモデルが不可欠である．本書では，そのためのツールを提供するのみではなく，モデルのパラメータを決定するうえで必要な管渠内反応に関する研究成果を述べ，実用的な面から管渠内反応に関する基礎的な理解を得られるよう記述してきた．本書は管渠の設計に焦点を当てたものとなっている．しかし，管渠内反応に関する基礎的な知識なくして，反応形態や処理場などとの相互作用と影響を予測するためにモデルをツールとして用いることは意味がなく，誤った結論を出しかねない．

　本書は，下水管渠に関する微生物反応および化学反応工学を扱っている．したがって，晴天時の反応を強調し，主に物理プロセスに支配される雨天時のインパクトには言及していない．雨天時には，水理，堆積物や生物膜の剥離，固形物の流れ状況などの管渠内物理プロセスが重要になる．それゆえ，雨天時の状況が卓越する管渠ではまったく異なった手法をとらなければならない．ただし，管渠内の雨天時プロセスを検討するためには，晴天時に生じる堆積物の堆積も考慮する必要がある．

　簡単な経験式と複雑な理論モデルのどちらが好ましいかは，目的と利用できるデータが十分あるかどうか次第である．もちろん，理論モデルの方が望ましい．経験式を適用する場合，その式特有の情報が含まれているので注意を要する．つまり，その式が定義された地域外での適用にあたっては，適用の可否についての考察が必要である．理論モデルは，基礎的かつ理論的な側面から現象を記述し，通常，使用者に一体的なアプローチを提供する．モデルの背景にある理論を理解することによって，経験式では不可能な汎用的なアプローチが可能になる．同時に要求されることは，関連するシステムとその挙動について統合された理解をきちんとしていることであり，この理解なしではモデルが意味をなさない．複雑な理論モデルを用いる場合の危険性は，その複雑さが無視されることである．すなわち，モデルのパラメータが十分なデータなしで決定されるような時である．

図 6.10 および表 6.6 に示した理論は，管渠内反応として取り上げるのが妥当と思われる好気反応と嫌気反応を統合したものである．これを代表例として WATS モデル(Wastewater Aerobic/Anaerobic Transformations in Sewers)と呼ぶこととする(Hvitved-Jacobsen *et al.*, 1999)が，モデルの基礎となる種々の反応については継続して研究が進められている．したがって，管渠内反応の解明の進展により，モデルの詳細が変更されることもあり，扱う反応が拡張される場合もあろう．重要なことは，微生物反応，物理化学的な物質の交換や輸送過程を統合して理解することである．特に，生存している微生物の活性と支配的な微生物に関する考察が重要である．このように，モデルに含まれる種々の反応に関し基礎的な検討を加えていくことは，WATS モデルの理論を展開するうえで有益である．現在も継続して，モデルを構成する反応や成分，さらにプロセスに関する数学的記述を検討しており，今後の進展が期待される．

現在，WATS モデルは，晴天時の管渠内における炭素と硫黄の循環に関して下記の側面を対象としており，これらについてシミュレーション可能である(第5および6章を特に参照)．

・生物分解性の観点から見た下水中有機物(COD)の質変換
・下水中の溶存酸素収支
・硫化物生成
・好気・嫌気遷移状態での下水の反応

端的にいうと，WATS モデルは好気・嫌気状態における電子供与体と電子受容体の変化をシミュレーションするものである．

基本的に WATS モデルは決定論的書き方で表現されているが，しかし，パラメータの測定値のばらつきを考慮にいれるならば，簡単なモンテカルロ法による確率論的シミュレーションを取り入れることも可能である．

WATS モデルに，さらに晴天時の反応を追加していくことは，重要課題である．例を挙げると，無酸素状態での下水水質，硝酸塩，亜硝酸塩の変化，また，硫化水素の管渠内気相中への放散および管渠内壁面での酸化がある．

WATS モデルで雨天時の管渠内挙動を扱うためには，生物化学反応よりも固形物の堆積，侵食，輸送といった物理プロセスを重視するという方向に考え方を変えなければならない．ただし，水質面が不要というわけではなく，異なった現象の解析に必要とされる．好気状態で，雨水によって希釈された下水では，管渠

内で進行する反応はさほど重要でないと考えられるが，雨天時越流水が公共用水域に与えるインパクトを考察するうえで，生物膜や堆積物から剥離した固形物の生物分解性が重要となる(8.5 参照).

8.3.2 下水管渠内の水理

下水管渠内の水理学的挙動は，様々なレベルで記述できる．非定常・不等流の場合，サン・ブナンの式を適用すべきであるが，晴天時を対象として自然流下管渠を流下中の下水中反応の水質変化を予測するのであれば，マニングの式が適当であろう．微生物による下水の反応の予測そのものがある程度誤差を有しているので，あえて高度な水理モデルを用いる必要はないと考えられる．

上述のように，マニングの式と連続の式が管渠における定常・等流を解析する基本式として用いられる．

マニングの式：
$$U = MR^{2/3} s^{0.5} \tag{8.1}$$
ここで，

U = 下水流速 ($m\ s^{-1}$)
M = マニングの n 値 ($m^{1/3}\ s^{-1}$)
R = 径深 (m)（流水断面積／潤辺）
s = 管渠のこう配 ($m\ m^{-1}$)

連続の式：
$$Q = UA \tag{8.2}$$
ここで，

Q = 下水流量 ($m^3\ s^{-1}$)
A = 流水断面積 (m^2)

一般には，管渠内における晴天時の生物化学反応の予測には式(8.1)および(8.2)で十分である．

8.4 管渠と処理場の相互作用に関するモデルシミュレーション

8.4.1 管渠内生物化学反応のモデル化

管渠内での生物化学反応の観点から見れば，下水収集システムを圧送システム

と自然流下システムに区別することが一般的である．通常，圧送管渠では嫌気状態となり，自然流下管渠では好気状態となるからである．そのため，両者で異なった経験的モデルが研究されてきた．

これに対し，WATSモデルは，好気状態と嫌気状態を一体的に扱うものであり，好気状態と嫌気状態を一つのモデルで同時にシミュレーションできる．例えば，好気状態と嫌気状態が繰り返されるような自然流下管渠に対しても適用できる．しかし，前述したように，今後も多くの管渠内反応を付加していく必要がある．例として，無酸素状態での水質変化，硫化物の酸化や管渠内気相中への硫化水素の放散，管渠内壁面での硫化水素の酸化などの硫黄循環に関連する反応の拡充が挙げられる．現状では経験的モデルと理論モデルを組み合わせて用いる必要があろう．

一般的に，管渠内において生物分解性有機物は好気条件下では分解され，嫌気条件下では保存される．処理場で物理化学処理または機械的処理が適用される場合，管渠内で生物分解性有機物が除去される方が望ましい．これに対し，脱窒や生物学的りん除去などの高度な生物処理が行われる場合，COD成分のうち，生物分解性有機物が保存されることが重要である．

管渠における微生物による下水の質変換は，処理プロセスと統合することが可能である．言い換えれば，「下水処理」は，処理場の上流の管渠ですでに始まっているということである．以下に示す2例は，管渠と処理場の相互作用について異なった考え方を適用した例である．Costa do Estoril地域（ポルトガル）の例は，管渠内で溶解性およびコロイド状の有機基質を除去することで，処理場での物理化学処理（その後，処理水は沿岸域に放流される）の効率向上をねらったものである．逆に，Emscher地域（ドイツ）の遮集管渠の事例では，管渠内での易生物分解性有機物と速い加水分解性有機物の保存が重要であることを示す．この地域では，脱窒と生物学的りん除去を行った処理水をRhine川へ放流しているが，これらの有機物は，脱窒と生物学的りん除去の効率を向上させるからである．

これら2つの事例において管渠内反応のシミュレーションをWATSモデル（**表6.6**参照）を用いて行った．Costa do Estoril集水域での下水管渠流入下水のCOD成分は，Emscher集水域と同じと仮定した．したがって，2つの管渠で進行する反応を比較し，違いを検討することができる．

8.4.2 Costa do Estoril 下水道(ポルトガル)

　Costa do Estoril 下水道は，リスボン(ポルトガル)の西部に位置し，計画人口は約 72000 人である．下水道施設は，延長 26 km の自然流下遮集管渠，いくつかの重要な支管渠，9 箇所のポンプ場，地下処理場，水中配管された長距離放流管渠から構成されている(図 8.4 参照)．現在，処理場では，膜分離，消毒を含めて高度な物理化学処理の導入が進んでいる．内径 1.5 ～ 2.5 m の遮集管渠のこう配は平均して 0.0008 と小さく，最初の区間を除いて通常，嫌気状態となる．

　長距離に及ぶ遮集管渠は，管渠内が好気状態であれば，微生物によって物理化学処理に好ましいように水質を変化させることが可能であり，その目的に適している．易分解性有機物と速い加水分解性有機物の分解除去および遅生物分解性有機物(微生物)の増殖は，処理全般の効率向上に有効であるからである．遮集管渠内を好気状態にするためには，管渠内に複数の曝気施設を設置すればよい．**図 8.5** に，WATS モデルを用いて管渠における溶存酸素の変化を計算した結果を示す．この計算では，溶存酸素濃度が $0.5\ gO_2\ m^{-3}$ まで低下すると，飽和濃度の 70% まで曝気するとした．図から，合計 14 の曝気施設が必要であることがわかる．純酸素あるいは過酸化水素の注入を行えば，施設の数を減らすことができる．

　遮集管渠内における好気条件下での水質変化シミュレーション結果を**表 8.2** に

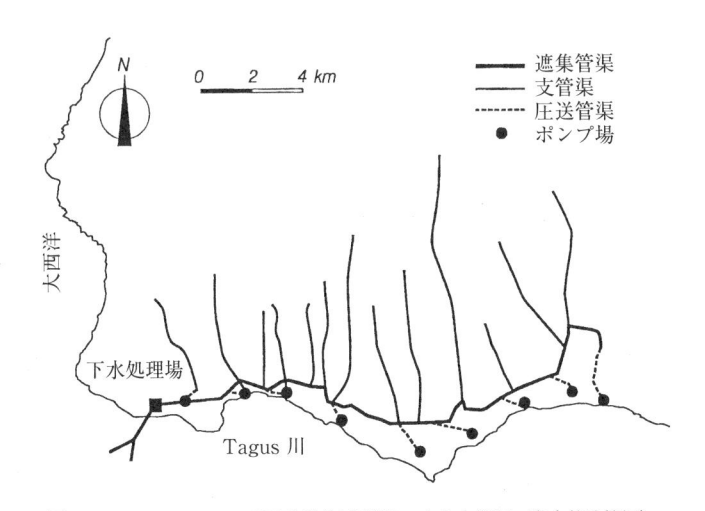

図 8.4　Costa do Estoril の下水道(遮集管渠，主な支管渠，海中放流管渠)

示す．管渠内処理の程度は，比較的容易に生物分解される有機物(易生物分解性有機物と速加水分解性有機物)と，残りのCOD成分である比較的遅い速度で生物分解される有機物の変化で評価できる．WATSモデルによって，現状の嫌気状態におけるシミュレーションを行ったところ，COD成分の顕著な変化は認められなかった．

表8.2から，全CODは，管渠内を流下中にある程度低減することがわかる．また，主として固形性有機物(従属栄養細菌)の増加によって遅生物分解性有機物あるいは非生物分解性COD成分が増加しているが，これらのCOD成分は物理化学処理で除去できる．最も重要な水質変化(好気状態での生物的物質変換)は，溶解性とコロイド状の易生物分解性COD成分の減少である．この成分は，処理場での物理化学処理では除去できず海洋に流出してしまうからである．

支線での下水の変質は，遮集管渠における水質予測に関連している．一般に，

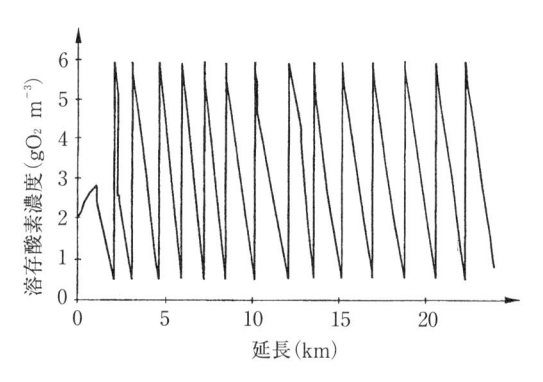

図8.5 Costa do Estorilの遮集自然流下管渠を曝気した場合の管渠内溶存酸素濃度変化．最上流の濃度を2 gO_2 m^{-3}，水温23℃とした

表8.2 Costa do Estoril遮集自然流下管渠(延長26 km)における好気水質変化のシミュレーション結果．容易に生物分解されるCOD成分と遅い速度で生物分解される(主として固形性)COD成分の変化

COD成分	管渠への流入水 (gCOD m^{-3})	処理場への流入水 (gCOD m^{-3})	変化 (gCOD m^{-3})	(%)
易生物分解性有機物	160	70	−90	−56
遅い速度で生物分解される有機物	440	480	40	9
全COD	600	550	−50	−8

遮集管渠に流入する支管渠のこう配は急で，多くの段差がある．このような支管渠では，下水は好気状態となり，従属栄養反応（細菌の増殖）が進む．Almeida (1999)によれば，現地調査結果は，表 8.2 と合致したと報告されている．

この例から，管渠内処理の可能性に関して，管渠内好気的微生物反応とそれに続く物理化学処理の間には密接な関連があることがわかる．汚染物質の低減の視点から見た場合，最終成果は最後処理の効率次第である．このことを評価するためには，最終処理場からの放流水における全 COD の除去率ではなく，問題となる COD 成分の放出量によらなければならない．

物理化学処理や機械的処理の前処理として管渠を利用する場合，曝気装置の設置が必要条件となるケースが多い．過去，多くの技術者が，管渠を処理施設として使用する場合，制約条件は微生物であると指摘してきたが，実はそうではなく酸素の供給が律速となる．したがって，活性汚泥の添加（あるいは循環）は，重要な論点ではない．電子受容体としての酸素を硝酸塩に変えることは可能であるが，反応速度が小さくなってしまう．

8.4.3 Emscher 遮集管渠（ドイツ）

ルール地方（ドイツ）にある Emscher 川は，Rhine 川（図 8.6 参照）の支流である．およそ 100 年前に起ったこの地域での重工業化のために，Emscher 川とその支流は，開渠の下水渠として計画的に整備されてきた．1950 年代に下水の生物処理が緊急課題となった時，Emscher 川河口に，Emscher 川とその支流の流域すべての下水を対象とした処理場の建設が決定された．

しかし，1980 年代の終わりになって，開渠方式の下水渠という考え方は，もはや悪臭低減，景観の改善，人口密集地域におけるリクリエーション地域の提供といったニーズに合わなくなってきた．そこで，開渠で下水を収集することを徐々にやめ，処理場を分散させて建設し，Emscher 川とその支流をできる限り自然の状態に戻すことが決められた．一連の改修のために，25 年間で 44 億ドルの投資が計画されている（Stemplewski *et al.*, 1999）．

Emscher 流域では，1995 年から 1997 年にかけて，主として事業所からの排水量の減少が原因で，下水量が 460 万人口相当量から 370 万人口相当量に大幅に減少した．その結果，下水処理場に求められる処理能力も当初計画より小さくてもよくなり，新たな処理場は不要となった（図 8.6 参照）．しかし，既設の 3 つの処

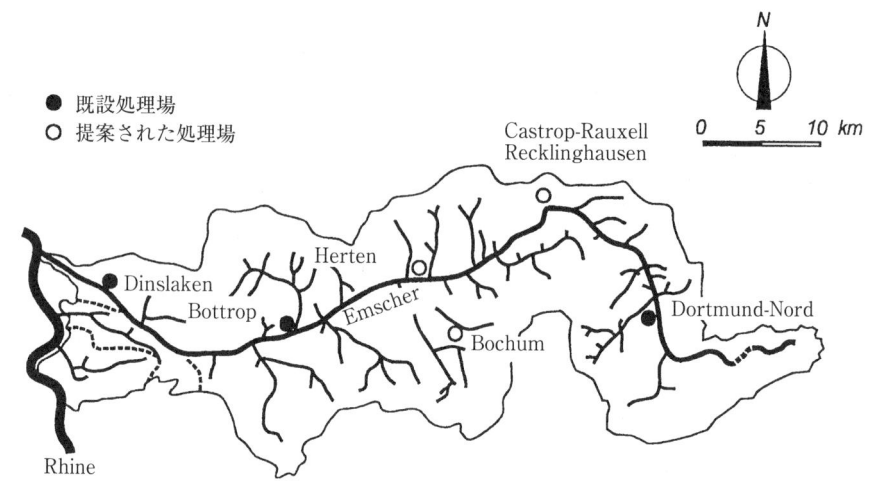

● 第8章 ● モデルの適用例—管渠内反応を考慮した管渠の統合的設計と運用

図 8.6 Emscher 川流域の生物および化学処理を行っている下水処理場(現施設と計画)

理場へ下水を輸送するために，約 50 km の遮集管渠を Emscher 川と平行して建設する必要がある．この管渠の目的は，流域の人口密集地域から下水を収集し，それをいまだに使用していない設備を持つ Bottrop と Dinslaken の2つの大規模処理場へ輸送することである．

本管渠に求められる機能として下記が設定された．
・永久的な固形物の堆積を生じないこと
・硫化物に起因する重大な問題を起こさないこと
・処理場での脱窒と生物学的りん除去を促進するため，管渠内で生物分解性の高い下水成分を保存すること

上記のうち，2番目と3番目が WATS モデルによるシミュレーションによって検討された．シミュレーションで用いたパラメータは，現地調査と将来本管渠へ流入する下水の OUR(酸素利用速度)測定結果から決定し，モデルのキャリブレーションを行った．パラメータの値については，**表 6.5**, **6.7**, **6.8** を参照されたい．自然流下管渠と圧送管渠の両方を考慮したいくつかのシナリオについてモデルシミュレーションを行った結果，適切に設計された自然流下管渠であれば硫化物に起因する問題を抑制でき，同時に容易に生物分解する COD 成分を保持できることがわかった(**図 8.7** 参照)．そのためには，固形物の沈殿を防ぎ，再曝気

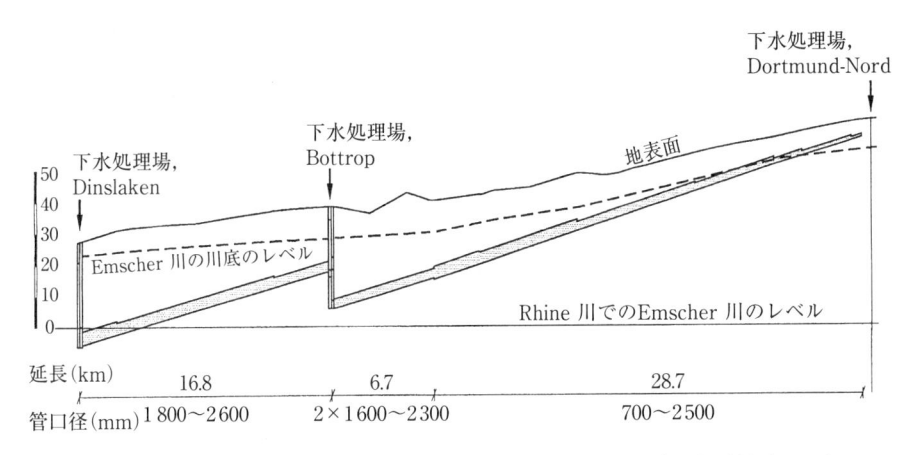

8.4 管渠と処理場の相互作用に関するモデルシミュレーション

図 8.7 Dortmund(ドルトムント)から Dinslaken への延長 50 km の遮集自然流下管渠(ドイツ). こう配は 0.13 % 以上. 遮集される晴天時日平均下水量の合計は 4.88 m^3 s^{-1}

を抑えるような水理面の設計が重要になってくる.

WATS モデルによるシミュレーションから,好気と嫌気の両反応が自然流下管渠内で進行することがわかった. 図 8.8 から,管渠内での溶存酸素濃度は低いことがわかる. 溶存酸素濃度は,再曝気と管渠内好気反応における微生物の酸素利用速度のバランスで決まる. 再曝気速度は,管渠のこう配と水理条件によって決まるが,本管渠の場合,再曝気速度は,好気微生物反応を制限するように小さく設計されている. 再曝気速度が小さいと,溶存酸素が律速とならない状態に比べ,下水中と生物膜中の好気性微生物の活性が低下する. それゆえ,容易に生物分解される COD 成分の分解量も少なくなる. このことは,Dinslaken および Bottrop の処理場のように窒素とりんの生物学的除去を行い,下水が処理場に到るまでに長距離の管渠を長時間かけて流下する場合に重要である. 温度にもよるが,容易に生物分解される有機基質量の日平均は,現状に比べ 2 つの処理場で約 25 % 増加すると推定される.

さらに,図 8.8 に示したシミュレーション結果から,自然流下管渠内の硫化水素濃度は非常に低いことがわかる. したがって,硫化水素に起因する問題は小さいものに限られるといえる. これまで,WATS モデルでは管渠内気相中への硫化水素の放散,硫化物の酸化,硫化物の固定・沈澱を扱っていなかったが,これらを考慮すると硫化水素濃度はさらに低下すると考えられ,図 8.8 に示した濃度

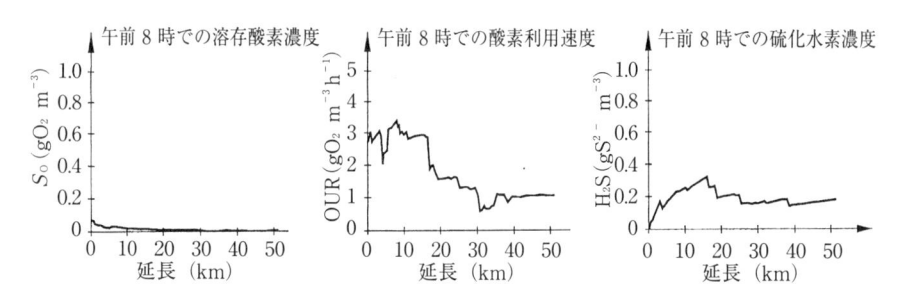

図 8.8 溶存酸素濃度，OUR，硫化水素濃度のモデルシミュレーション結果．管渠への流入下水の溶存酸素濃度を $2\,gO_2\,m^{-3}$ とした

は最大値といえる．この程度の濃度であれば，下水中に含まれる鉄塩による硫化物の固定化が不十分な場合でも，比較的簡単に抑制できる．

DortmundとDinslakenを結ぶ遮集管渠について複数のシナリオの比較，検討を行った結果について述べる．一例として自然流下管渠と圧送管渠における硫化物生成のシミュレーションを示す(図 8.9 参照)．圧送管渠での硫化物濃度は，自然流下管渠よりも高いことがわかる．これは，主に管渠内滞留時間，下水と接触している管渠内表面積と下水容量の比の違いによる．いずれの管渠でも上流部で硫化物濃度が最も高くなっているが，下水と接触している管渠内表面積と下水容量の比が大きいことが原因である．硫化物濃度は，硫化物を含まない管渠への流入水によって希釈されるため，管渠を流下するに従って低下する傾向にある．自然流下管渠での硫化物生成では，前述のように，硫化物濃度が過剰に予測されていることも考慮する必要がある．

特に長距離管渠で，溶存酸素濃度が低い状態では硫化水素の生成に留意する必要があるが，今回，検討した自然硫化管渠での硫化物問題は，重大ではなく抑制できると考えられた．本検討の結果，硫化物問題を抑制しつつ，容易に生物分解される有機物を管渠内で保持することが可能であるといえる．

Emscher川を周辺の自然の一部として魅力的で独自の価値を持った都市河川として再生することが求められている．50 kmに及ぶ遮集管渠は，これを微生物反応施設と考えれば，収集と既設処理場での処理の相互作用を改善する手段として重要な役割を果たし，費用と便益の視点から見れば，本管渠の建設は3つの処理場を新設するよりも安価である(図 8.6 参照)．直接的ではないが，生物反応

8.5 統合的かつ持続可能な観点から見た管渠内生物化学反応の展望

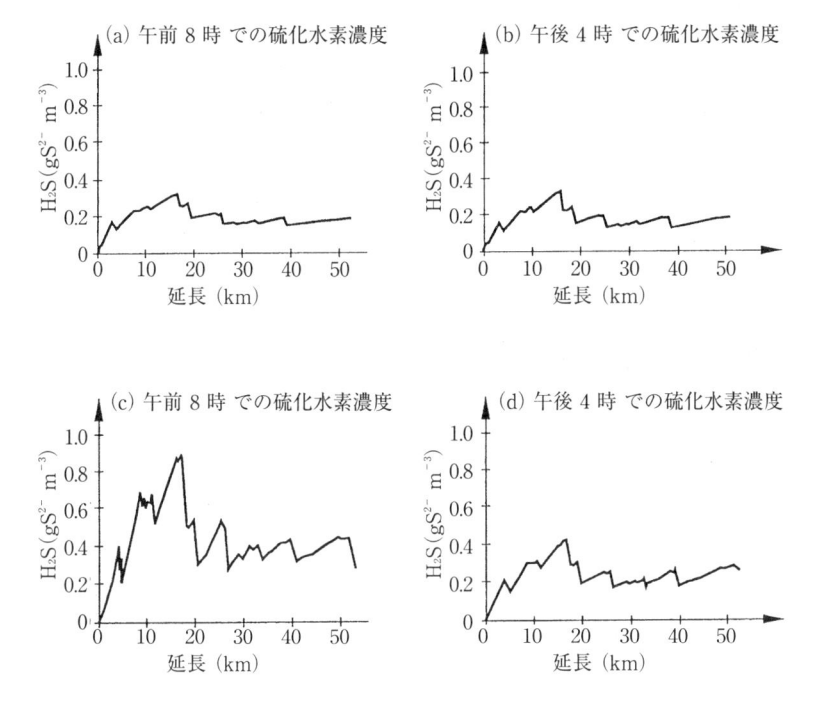

図8.9 自然流下管渠[(a), (b)]および圧送管渠[(c), (d)]での硫化水素のシミュレーション結果．いずれも Dortmund から Dinslaken への管渠として現実的な計画である

槽としての本管渠は Emscher 流域の生態とリクリエーションを改善するうえで不可欠な役割を果たすといえよう．

8.5 統合的かつ持続可能な観点から見た管渠内生物化学反応の展望

8.5.1 下水道システムにおける生物化学反応

本書は下水管渠内生物化学反応を扱ったものであるが，下水道システムは管渠を含めた複数のシステムから構成されている．したがって，本書には管渠以外のシステムに関する展望も含んでいる．その意味では，「管渠内生物化学反応」の本ではなく「下水道における生物化学反応」とすることも考えられた．そこで，一般的なレベルではそのような姿勢で執筆したが，具体的な例までは挙げなかった．

● 第8章 ● モデルの適用例—管渠内反応を考慮した管渠の統合的設計と運用

本書の最後にあたり，本書で扱った基本的知識は管渠に限定されるものではないということを指摘しておきたい．下水は，管渠や開水路のみに存在するわけではなく，多くの国々で様々な種類の処理槽にも当然存在する．下水中の生物化学反応を考慮すれば，処理システムの改良に関するさらなる展望が見えてくる．

本書において，下水中微生物反応と活性汚泥中微生物反応では，そのふるまいが異なると強調してきた．微生物反応と物理化学反応を考えた場合，下水はあくまで下水としてとらえ，活性汚泥は活性汚泥とみなすことが重要である．

8.5.2 管渠内生物化学反応と雨天時流出水

本書では，雨天時の反応は扱わなかった．それは，雨天時の反応は晴天時とは異なる考え方に基づくべきものであり，挙動も異なるからである．晴天時の管渠における下水輸送では，物理プロセスではなく，微生物および物理化学反応が支配的である．合流式下水管渠を越流時の汚濁負荷の面から扱う場合，降雨とその流出特性や管渠内固形物の特性に加えて，晴天時の固形物沈澱と侵食，高流量時の固形物の流動といった物理プロセスが中心となる．したがって，晴天時と雨天時の管渠内の挙動を表すためにはまったく異なった方法論が必要である．

雨天時の管渠内挙動にとり最も重要な水質面での課題は，雨天時越流水（CSO）とそれが公共用水域に与えるインパクトである．雨水流出によって，雨に含まれている汚濁物質と地表の汚濁物質が管渠内に運ばれる．それに加え，CSOには下水中の汚濁物質と管渠内に堆積していた固形物が含まれる．

雨天時の管渠内では物理プロセスが支配的であることは，微生物および物理化学反応を考慮する必要がないということではない．しかし，雨天時の微生物および物理化学反応は晴天時とは異なっており，管渠を流下中の下水成分の変化はさほど重要ではない．ただ，以下の微生物反応は考慮する必要がある．

・降雨の前の晴天時における生物膜の成長状況
・生物膜と堆積物から剥ぎ取られた固形物の生物分解性

晴天時における管渠内の従属栄養微生物に関する反応に，上記の2つの視点を取り入れることができる．雨天時においては，管渠内微生物反応はさほど重要ではない．しかし，CSOによる公共用水域へのインパクトを評価する場合，重要になる．CSOによるインパクトとは有機物の生物分解に関連するものである．例えば酸素不足または，水域における従属栄養微生物による生物膜の成長が挙げ

8.5 統合的かつ持続可能な観点から見た管渠内生物化学反応の展望

られる．これまで，溶解性および固形性 COD 成分に関連して，CSO によるインパクトを議論するには限界があった．溶解性成分には，不活性，易生物分解性，速い加水分解性といった異なる生物分解性の有機物が含まれる．また，固形性成分は，吸着性能，沈降性，生物分解性の面で異なる種類から構成されている (Vollertsen *et al.*, 1999)．微生物の増殖，増殖に伴う基質消費といった基本的な微生物の特性は，雨天時の検討では考慮されなかった．さらに，現在，管渠から公共用水域へ吐き出される負荷に基づいた検討がなされているのみであり，固形物の侵食と流出現象の考察にまでは到っていない．

雨天時越流水によるインパクトの評価にあたり，物理的および微生物的特性と反応を考慮した新たな考え方が必要である．従属栄養微生物による下水変質に関しては，集中的な調査・研究から，堆積物から生じた浮遊粒子は**図5.5**に示した下水反応の理論に従うことがわかっている (Vollertsen and Hvitved-Jacobsen, 1998；Vollertsen and Hvitved-Jacobsen, 1999；Vollertsen *et al.*, 1999)．このことから，管渠内下水反応を対象に開発されたモデルが，公共用水域に排出された越流水の反応にも適用可能であることがわかる．また，本書で述べてきた理論が管渠という範囲に限定せず，公共用水域にも有効であるといえる．**図8.10**に，

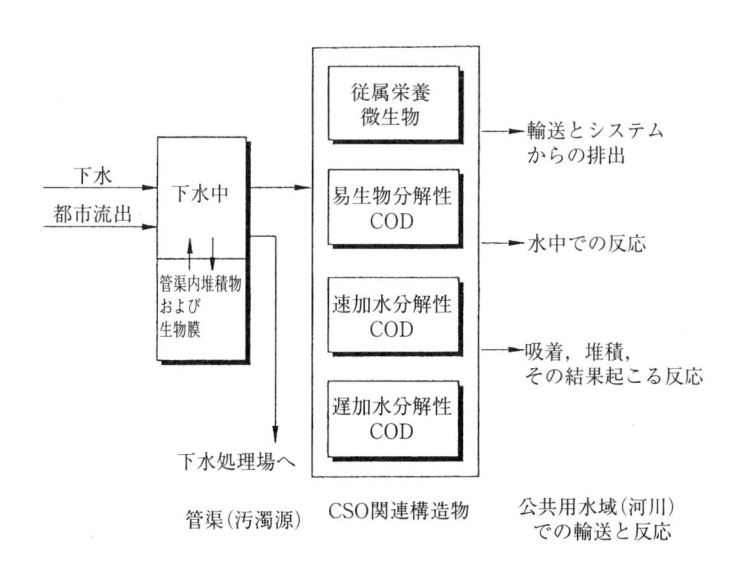

図8.10 公共用水域(雨天時越流水の受水域)における汚濁発生源，輸送経路，反応の構造

下水の輸送と変質を統合して表した枠組みを示す．

図 8.10 に示した考え方を実行するうえで，管渠内固形物が形成される過程を適切に表すことが重要である．そのためには，堆積物と生物膜の掃流，管渠と越流施設での固形物の流動，最終的な分解，公共用水域での特定物質の物理化学的吸着または沈澱など，多くの事象を解明しなけばならない．複雑な管渠内固形物の挙動に関する実験的知見を得るには，総合的で計画的な現地調査によらなければならない．

雨天時のプロセスは非常に変化しやすいので，水質への影響に関する決定論的で簡便なモデルは適用できないであろう．モデル構築の観点からいえば，適切な結果を得るためには確率論的なモデルの適用が現実的な解決策である．さらに，起こり得る重大な雨天時越流水の影響の発生を極値として統計的に予測し，その影響を水域の水質基準と比較検討する必要があるが，そのためにはモデルに雨の履歴をインプットしなければならない．水質面を含めた雨天時越流水への対応を検討するうえで，このアプローチが最も重要な点である．

8.5.3　下水管渠内生物化学反応と持続可能な都市域下水管理

今日，我々が取り組んでいる都市域の水管理は，本質的には 1800 年代にさかのぼる．ヨーロッパや米国における産業の発展期を通じて都市が成長して大きくなり，その結果，必要な水が増大し下水量も増えた．都市域の水管理上，このような現象に対処するため，技術的な解決策が求められるようになった．大規模な水供給システムと下水収集システムは，都市への水供給と下水排除の管渠システムとして技術的に開発されてきたものといえる．

現在，持続可能性が都市における水管理にとって新たな課題となっている．過去，10 年間，都市の大規模管渠システム(すなわち，下水管渠ネットワーク)で汚水を収集し，そして下水処理を行うことは，持続可能な汚水の管理方法ではないといわれてきた．持続可能な汚水処理が小規模システムによる現地処理によって達成されるのであれば，都市の下水を管理するうえで現行の集約型システムを続けていくことは難しい．しかし，小規模システムがより持続可能であるのは，それがすべての面で大規模システムに勝っている場合である．この点，著者は小規模システムと大規模システムの比較が常に正しく行われているとはいえないと考えている．

8.5 統合的かつ持続可能な観点から見た管渠内生物化学反応の展望

　都市においては水資源を消費し，そして汚濁するということが行われている．したがって，都市における下水管理を持続可能な方法で行うことは基本的に難しいということを理解しなければならない．にもかかわらず，都市における水循環の背後にある集中化という概念は今後も確実に生き続けるので，持続可能な都市社会資本の整備を真剣に考える必要がある．

　一般的な技術開発と考えられる都市下水システムの継続的な改良と高度化を除くと，持続可能性の向上に寄与した技術的解決策はそれほど多くない．家庭および事業所において，水消費を減らし，効率的に水を使おうという試みは，高度な衛生水準が保てるのであれば持続可能という面から見ると正しい考え方であろう．人々の考え方と姿勢が変わり，多くの節水技術が開発されたことで，この動きが進んできた．しかし，水使用量が減り，浸入水を低減するための下水管渠の改築が進めば，逆に管渠にとって悪影響がでてくると考えられる．例えば，自然流下管渠で固形沈澱物が増えること，圧送管渠での嫌気滞留時間が長くなることが挙げられる．

　将来の下水管渠ネットワークの開発に向けて，構造物の開発ではなく，技術的な持続可能な解決策を見出すために，計画，設計，維持管理に携わる技術者のなすべきことは多い．著者自身の意見では，持続可能性を向上させていくうえで，都市における下水関連の社会資本の役割を広げ，統合していくこと（下水システム内部でのサブシステムの統合および下水システムと他システムとの統合）が欠かせない視点である．管渠は生物反応槽（バイオリアクター）であるという考え方は，管渠と処理場間の微生物の相互作用を統合して扱うことを全体の目的としている．さらに，管渠と周辺環境との相互作用にも適用できるものである．この視点から見ると，管渠内生物化学反応は持続可能性に貢献できる方法論である．下水を収集するための解決策として適用されることが多いハード技術に対し，反応という考え方を導入することにより，管渠に他のシステムと統合された反応装置という新たな価値を与えることができる．これは，今日の管渠管理者にとって新しいアプローチである．おそらく，読者はすでにこの感想を持たれたであろう．

　管渠内生物化学反応の考え方による持続可能性向上へのアプローチを簡単に表せば，「エンド・オブ・パイプ処理」から「管渠・処理場統合処理」への転換といえる．もちろん，これが都市下水システムにとって持続可能性向上の唯一の解決法ではないが，有効な考え方である．管渠内生物化学反応の考え方の導入により，

晴天時の管渠性能に関して，これまでよりも多くの検討すべき課題が明らかになってくることは間違いない．

8.6 参考文献

Almeida, M. do C. (1999), Pollutant transformation processes in sewers under aerobic dry weather flow conditions, Ph.D. dissertation, Imperial College of Science, UK, p. 422.

Hvitved-Jacobsen, T., J. Vollertsen and N. Tanaka (1999), Wastewater quality changes during transport in sewers — an integrated aerobic and anaerobic model concept for carbon and sulfur microbial transformations, *Water Sci. Tech.*, 39(2), 242–249.

Stemplewski, J., S. Schlegel, A. Stein, W. Geisler, K.-G. Schmelz, T. Hvitved-Jacobsen and J. Vollertsen (1999), Restructuring the Emscher system, *Proceedings from the 11th EWPCA (European Water Pollution Control Association) Symposium on Sewerage Systems — Cost and Sustainable Solutions,* May 4–6, 1999, Munich, Germany, p. 14.

Vollertsen, J. and T. Hvitved-Jacobsen (1998), Aerobic microbial transformations of resuspended sediments in combined sewers — a conceptual model, *Water Sci. Tech.*, 37(1), 69–76.

Vollertsen, J. and T. Hvitved-Jacobsen (1999), Stoichiometric and kinetic model parameters for microbial transformations of suspended solids in combined sewer systems, *Water Res.*, 33(14), 3127–3141.

Vollertsen, J., T. Hvitved-Jacobsen, I. McGregor and R. Ashley (1999), Aerobic microbial transformations of pipe and silt trap sediments from combined sewers, *Water Sci. Tech.*, 39(2), 234–241.

付録 A

記　号

　ここでは，下水管渠内微生物反応の理論的記述に関する成分，パラメータ，書式について示す．ここに示したものは，好気状態と嫌気状態の両方に用いられる（第 5, 6 章参照）．

成　分

溶解性成分

S_A	発酵生成物 $(gCOD\ m^{-3})$
S_{ALK}	アルカリ度 $(mol\ HCO_3\ m^{-3})$
S_F	発酵可能な易生物分解性有機物 $(gCOD\ m^{-3})$
S_O	溶存酸素 $(gO_2\ m^{-3})$
S_{OS}	溶存酸素の飽和濃度 $(gO_2\ m^{-3})$
S_S	易生物分解性有機物 $(gCOD\ m^{-3})$
S_{H_2S}	全硫化物 $(gS\ m^{-3})$

粒子状成分

X_B	従属栄養微生物 $(gCOD\ m^{-3}$ あるいは $gCOD\ m^{-2})$
	・ X_{Bf}　生物膜中従属栄養微生物 $(gCOD\ m^{-2})$
	・ X_{Bw}　下水中従属栄養微生物 $(gCOD\ m^{-3})$
X_M	メタン生成微生物 $(gCOD\ m^{-3})$
X_{Sn}	加水分解性有機物，区分 n $(gCOD\ m^{-3})$
	・ $n=1$：速分解性, $n=2$：遅分解性
	・ $n=1$：速分解性, $n=2$：中速の分解性, $n=3$：遅分解性

気体成分

S_{CH_4}	メタン $(gCOD\ m^{-3})$

●付録A●
化学量論と動力学パラメータ

k_{hn}	区分 n の最大比加水分解速度(d^{-1}) ・$n=1$：速分解性，$n=2$：遅分解性 ・$n=1$：速分解性，$n=2$：中速の分解性，$n=3$：遅分解性
k_{H_2S}	硫化水素生成速度定数(h^{-1})
$k_{1/2}$	1/2次反応速度定数($gO_2^{0.5} m^{-0.5} d^{-1}$)
K_{fe}	発酵の飽和定数($gCOD\ m^{-3}$) ・K_{fef} 生物膜中 ・K_{few} 下水中
K_A	発酵生成物の飽和定数($gCOD\ m^{-3}$) ・K_{Af} 生物膜中 ・K_{Aw} 下水中
K_{ALK}	アルカリ度の飽和定数($molHCO_3^-\ m^{-3}$)
K_F	発酵可能な易生物分解性有機物の飽和定数($gCOD\ m^{-3}$) ・K_{Ff} 生物膜中 ・K_{Fw} 下水中
K_O	溶存酸素の飽和定数($gO_2\ m^{-3}$)
K_S	易生物分解性有機物の飽和定数($gCOD\ m^{-3}$) ・K_{Sf} 生物膜中 ・K_{Sw} 下水中
K_{Xn}	加水分解性有機物の飽和定数，区分 n($gCOD\ gCOD^{-1}$) ・$n=1$：速分解性，$n=2$：遅分解性 ・$n=1$：速分解性，$n=2$：中速の分解性，$n=3$：遅分解性
q_{fe}	発酵速度定数(d^{-1}) ・q_{fef} 生物膜中 ・q_{few} 下水中
q_m	自己維持エネルギー要求速度定数(d^{-1})
Y_H	従属栄養微生物の収率[$gCOD$, 微生物($gCOD$, 有機物)$^{-1}$] ・Y_{Hf} 生物膜中 ・Y_{Hw} 下水中
Y_M	メタン生成微生物の収率[$gCOD$, biomass($gCOD$, 有機物)$^{-1}$] ・Y_{Mf} 生物膜中 ・Y_{Mw} 下水中
μ_H	従属栄養微生物の最大比増殖速度定数(d^{-1})
μ_M	メタン生成微生物の最大比増殖速度定数(d^{-1})
ε	生物膜中微生物の効率係数($-$) ・ε_A 好気状態 ・ε_{An} 嫌気状態
η_{fe}	嫌気状態での加水分解効率定数($-$)

記　号

水理・下水管諸元

A/V	生物膜表面積と下水容積の比，径深の逆数(m^{-1})
Fr	$u(gd_m)^{-0.5}$，フルード数($-$)
g	重力加速度($m\ s^{-2}$)
d_m*	水理学的水深(m)
K_La	総括酸素移動容量係数(s^{-1}, h^{-1} あるいは d^{-1})
R**	径深(m)
s	こう配($m\ m^{-1}$)
u	平均流速(ms^{-1})

*　断面の水面積を水面幅で割ったもの
**　断面の水面積を潤辺で割ったもの

その他のパラメータ

T	温度(℃)
t	時間[s(秒), h(時間)あるいは d(日)]
α	温度係数($-$) ・a_f 生物膜中 ・a_r 再曝気 ・a_s 硫化物生成 ・a_w 下水中

●付録A●

単位の書式

乗法(掛算)を表す記号を省略する場合,スペースを挿入する.
例: $gCOD/m^3$ または $gCOD\ m^{-3}$

記号

S	溶解性成分
X	粒子状成分
K	飽和定数
k	速度定数

その他

f	生物膜
H	従属栄養
h	加水分解
M	メタン生成
n	加水分解性有機物の区分 ・$n=1$:速分解性,$n=2$:遅分解性 ・$n=1$:速分解性,$n=2$:中速の分解性,$n=3$:遅分解性
r	再曝気
s	硫化物生成
w	下水

あとがき

　本書の原タイトルは「Sewer Processes: Microbial and Chemical Process Engineering of Sewer Networks」です．このタイトルを見ても意味がわかりにくいのではないかと思います．これはここで使われている英語の processes が日本語で表記した場合のプロセス(過程)とはやや意味が違っていることが原因です．ここでは processes は物理的な反応や化学的な反応の一連の変化を受けることを表していますし，複数形である点にも注意が必要です．したがって，この本のタイトルを「下水道管渠内反応－生物・化学的処理施設として」とすることにしました．

　International Water Association(IWA；国際水協会)のスペシャリスト・グループに都市排水(Urban Drainage)があります．その中のワーキング・グループとして Sewer Systems and Processes というグループが活躍しています．グループ内では主として管渠内での堆積と掃流を研究している人たちと，管渠内での下水の生物的・化学的な反応を研究している人たちがいます．原著者の Thorkild Hyvitved-Jacobsen 教授は，生物的・化学的反応について研究している中心的(執筆当時は，ワーキング・グループのチェアマンを勤めていた)メンバーです．

　私は，この本を，田中直也氏(翻訳者の一人)から発刊後すぐにいただきました．田中直也氏は，1995 年 10 月から 1998 年 10 月まで著者のもとで，「下水道管渠内好気・嫌気プロセスとその相互作用」の研究を行っています．その成果は著書の中に盛り込まれておりますし，研究成果をもとに学位も授与されています．

　原著をもらってから通勤電車の中で引きつけられるように読みました．今まで下水道管渠内で生じる生物・化学的反応についてこの本ほど詳しくかつ基礎にまで踏み込んで体系的にまとめられたものに，出会ったことがありませんでした．読み進むうちにぜひ日本の多くの方に読んでもらいたいと考えるようになり，田中直也氏や管渠内での下水の生物・化学的な変化について関心を持っている仲間に呼びかけて翻訳をすることにしました．全員仕事が多忙なので，翻訳は土日や

正月休みに行うことになり，さらには訳文を何度も推敲を重ねたために翻訳完了に 10 ヶ月近くかかってしまいました．

　下水道管渠内での生物・化学的変化は下水道管渠にとって様々な問題を生じさせますが，併せて処理施設に対してもプラス面・マイナス面の両方の作用を及ぼします．ぜひこの先進的な著作により今まであまり認識されてこなかった管渠での下水変化について理解を深めていただきたいと思います．

　最後になりましたが，この翻訳書の出版に当たっては，出版の引き受け，原著の版元との翻訳出版の交渉および校正等，小巻慎編集部長に大変お世話になりました．特に版元との交渉は大変難航したと聞いています．ここに記してご苦労に感謝申し上げます．

平成 16 年 3 月

訳者を代表して　田 中 修 司

索　引

【あ】

亜硝酸塩　116
圧送管渠　124, 126, 132, 204
アミノ酸　49
アルカリ剤　149
アレニウスの式　36
アンモニア　75

【い】

硫黄サイクル　97
硫黄の循環　80, 125, 187
異化作用　13, 15
易生物分解性　2, 9
易生物分解性成分　97
易生物分解性有機物　47, 53, 98, 100, 103, 123, 176, 189, 191
1次反応　27, 32, 95
1/2次反応　33, 104, 117
EPS　52, 57

【う】

雨水管渠　6
雨天時越流水　212
雨天時流出水　212

【え】

ASM　41
ASM2　53, 55
液相中硫化物　83
SS　47
NUR　115, 116

塩素　150
エンド・オブ・パイプ処理　215

【お】

汚水管渠　6
オゾン　150
汚泥フロック　98
OUR　43, 55, 99, 115, 167, 189
OUR測定装置　170
温度依存性　36, 131, 200

【か】

化学動力学　26
化学反応速度　36
過酸化水素　150
加水分解　34, 46, 106, 109
加水分解性有機物　47
　──の分類　54
加水分解速度定数　107
活性汚泥法　97
活性汚泥モデル　41, 47, 52, 97, 103
活性従属栄養細菌　91
管渠・処理場統合処理　215
管渠内表面積　132
還元反応　15
管内反応理論　99

【き，く】

気液間の移動現象　66
気液の平衡　66, 69
基質制限　180

223

基質非制限　177
揮発性脂肪酸　43, 49, 76, 188
揮発性有機化合物　65, 75
ギブスの自由エネルギー　15
均一系反応　26
金属腐食　142

空気注入　146

【け】
径深　144
下水管渠　3
下水管渠堆積物　59
下水管渠内反応　8
下水管渠ネットワーク　7, 8, 214
下水の分類　41
下水の有機成分　49
下水容積　132
嫌気加水分解　151, 189
嫌気性従属栄養微生物　43
嫌気性状態　2
嫌気反応　6
嫌気保持時間　132
現地調査　166

【こ】
好気・嫌気統合管渠内生物化学反応モデル
　　　158
好気・嫌気統合モデル　153
好気・嫌気統合理論　154
好気条件　2
好気性従属栄養微生物　42
酵素　46
合流管渠　7, 59

固形性生物非分解性有機物　53
固形性有機物　47
固形物　48, 58
Colebrook and White の式　93
コンクリート腐食　139
コンクリート腐食速度　140

【さ】
最外殻電子軌道　20
最大比増殖速度　99, 176, 179
再曝気　6, 9, 65, 75, 83, 84, 86, 91, 93, 109, 172,
　　　199
　　──の測定　172
再曝気速度　108
再曝気量　93
細胞外酵素　46
細胞外ポリマー物質　52, 56
酢酸　21
酸化還元反応　13, 15, 17
　　──の収支　22
酸化数　18
酸化度　18
酸化反応　15
酸素移動係数の測定　172
酸素移動速度　84
酸素供給速度　93
酸素消費　178
酸素利用速度　42, 55, 99, 115, 167
酸素溶解度　69, 83

【し】
CSO　212
COD 成分の決定方法　181
自己維持エネルギー要求　99, 101, 103, 109

自己維持エネルギー要求速度定数　176
脂質　49
自然流下管渠　6, 126, 197, 199, 204
実験施設　165
脂肪　49
シミュレーション　158, 174, 202, 208
臭気　65, 173
　——の測定　173
臭気化合物　75, 78
臭気測定方法　81
臭気物質　75
臭気レベル　82
従属栄養細菌　6, 42, 96, 97
従属栄養微生物　9, 97
従属栄養微生物収率　107, 176
純酸素注入　147
硝酸塩　9, 14, 115, 116, 117
硝酸塩添加　147
硝酸塩利用速度　115
試料採取　167
試料取扱い　167
浸透理論　71

【す】
水温　131
水理学的水深　85
スライム　56

【せ】
生物学的りん除去　123, 204, 208
生物分解性有機物　131
生物膜　8, 31, 40, 56, 117, 126, 144, 172
　——の剥離　58
生物膜リアクター　164

z式　136
ゼロ次反応　27, 32, 117
潜在的臭気物質　81

【そ】
総括酸素移動容量係数　84
総括物質移動係数　74, 79
相対平衡揮発定数　67

【た, ち】
対数増殖　28
堆積物　8, 40
滞留時間　6
脱窒　123, 204, 208
段差部　87
炭水化物　49
タンパク質　49
遅生物分解性有機物　53
沈澱処理　40

【て, と】
DO 物質収支　109
電気当量　22
電気平衡　21
電子殻　18
電子供与体　9, 13, 15, 17, 22, 25, 29, 32, 40, 41, 91
電子受容体　9, 14, 15, 17, 23, 24, 25, 29, 32, 40, 91, 93, 96, 196
同化作用　13
統合的プロセス設計　196

225

【な，に】

内生呼吸　29

2重境膜理論　71

【は】

発酵　43, 151
パラメータの決定　163
半管状態　57
半管流　93
反応速度　36

【ひ】

微生物反応速度　36
微生物反応理論　95
非満管　6
表面更新理論　71

【ふ】

VFAs　43, 49, 76, 188
VOCs　65, 75
フィックの第一拡散方程式　30
不均一系反応　33, 151
腐食速度　140
物理化学反応速度　36
フミン物質　49, 57
浮遊物質　47
分画　99
分子拡散係数　79

【へ，ほ】

平衡(気液の)　66, 69
平衡定数　69
平衡分配　71

pH　131
ヘンリー定数　67, 74, 83
ヘンリーの法則　67

ポリヒドロキシアルカノエート　53

【ま，み，む】

マトリックス表示　108
マニングの式　203

ミカエリス-メンテン　29
ミカエリス-メンテン式　30

無酸素性従属栄養微生物　42

【め】

メタン生成　151
メタン生成細菌　43
メタン発酵　43, 61
メルカプタン　76

【も】

モデルキャリブレーション　163, 174, 183
モデルパラメータ　175, 183
Monod(モノー)曲線　30
Monod(モノー)式　29, 30, 103, 110

【ゆ，よ】

有機物の嫌気変化　152
溶解性生物非分解性有機物　53
溶解性有機物　47
溶存酸素　14, 197
　――の測定　171

溶存酸素消費速度　198

【り，れ】
硫化水素　9, 65, 69, 75, 125
　——の生成　127, 128
　——の放散　138, 187
硫化水素濃度　82
硫化水素発生　82
硫化物　123, 189
　——の化学的沈澱法　148
　——の酸化　187
　——の生成　129
　——の生成予測　135
　——の抑制　143, 146, 149
硫化物除去　137

硫化物生成速度　133, 189
硫化物対策　145
硫化物濃度　132
硫化物問題　123, 130
硫酸塩　131
硫酸塩還元　151
硫酸塩還元細菌　43, 152
硫酸呼吸　43
流速　132
りん蓄積細菌　53

連続の式　203

【わ】
WATSモデル　202, 204, 205, 208

227

翻訳者経歴(五十音順)(2004年3月現在)

越智　孝敏
　　昭和62年　東北大学 大学院工学研究科土木工学専攻修士課修了
　　株式会社クボタ　鉄管研究部担当課長

田中　修司
　　昭和52年　九州大学 工学部水工土木科卒業
　　財団法人下水道新技術推進機構　研究第一部長
　　技術士(水道部門)

田中　直也
　　昭和58年　京都大学農学部 農業工学科卒業
　　平成10年　オールボー大学 大学院環境工学専攻博士課程修了
　　株式会社クボタ　鉄管事業推進部課長
　　Ph.D., 技術士(水道部門)

三品　文雄
　　昭和50年　大阪市立大学 工学部土木工学科卒業
　　日本下水道事業団　技術開発部総括主任研究員
　　工学博士, 技術士(水道部門)

森田　弘昭
　　昭和58年　東北大学 大学院工学研究科土木工学専攻修士課程修了
　　国土交通省　都市・地域整備局下水道部下水道事業課町村下水道対策官
　　工学博士, 技術士(水道部門)

下水道管渠内反応−生物・化学的処理施設として	定価はカバーに表示してあります
2004年5月25日　1版1刷　発行	ISBN 4-7655-3194-5 C3051

訳　者　越　智　孝　敏
　　　　田　中　修　司
　　　　田　中　直　也
　　　　三　品　文　雄
　　　　森　田　弘　昭

発行者　長　　　祥　隆

日本書籍出版協会会員
自然科学書協会会員
工　学　書　協　会　会　員
土木・建築書協会会員

Printed in Japan

発行所　技報堂出版株式会社
〒102-0075　東京都千代田区三番町8−7
（第25興和ビル）
電話　営業（03）(5215) 3165
　　　編集（03）(5215) 3161
FAX（03）(5215) 3233
振　替　口　座　　00140−4−10
http://www.gihodoshuppan.co.jp/

Ⓒ Takatoshi Ochi, Shuji Tanaka, Naoya Tanaka, Fumio Mishina, Hiroaki Morita, 2004

装幀　セイビ　印刷・製本　シナノ

落丁・乱丁はお取り替えいたします．
本書の無断複写は，著作権法上での例外を除き，禁じられています．

●小社刊行図書のご案内●

産業廃水処理のための嫌気性バイオテクノロジー

R.E.Speece 著／松井三郎・高島正信監訳
A5・490頁・定価7,560円　ISBN：4-7655-3160-0

嫌気性微生物処理は，好気性処理に比べ，反応が遅く，適用範囲が限られるとされてきたが，研究開発のめざましい進展がその誤解を解いただけでなく，環境問題との関わりから，むしろ優れていると考えられるようになってきている。本書は，その嫌気性微生物処理の理論と実際とを統合的に解説した書である。処理対象として浮遊物質濃度の低いコロイド状の基質を想定し，その処理に関わるこの20年間の膨大な研究成果，技術的蓄積を整理，集約し，体系づけて論じている。原書名は，Anaerobic Biotechnology for Industrial Wastewaters.【目次】1.序論　2.世界的観点から見た生物学的処理　3.嫌気性処理の原理　4.運転操作上の留意点　5.トリータビリティーの評価方法　6.バイオマス固定化法　7.リアクター型式の比較　8.重炭酸塩アルカリ度　9.微量金属　10.毒性影響　11.化物生成　12.難分解性有機物質　練習問題解答

活性汚泥のバルキングと生物発泡の制御

J.Wanner 著／河野哲郎・柴田雅秀・深瀬哲朗・安井英斉訳
A5・336頁・定価5,040円　ISBN：4-7655-3169-4

活性汚泥全般の基礎知識をコンパクトに理解することができるよう，活性汚泥法および活性汚泥の固液分離障害に関する技術的側面と微生物学の基礎知識，生物学的過程について解説した後，著者が提唱している糸状微生物の2つの選択原理（キネティックセレクションとメタボリックセレクション）に基づいて複雑な活性汚泥のバルキングと生物発泡の問題を整理し，具体的な制御法とその理論的背景を論じている。また，日本でも将来的に問題になりそうなNやPなどの栄養塩類除去活性汚泥システムでのバルキングや生物発泡の問題についても詳細に記述している。カラー口絵4頁。原書名は，Activated Sludge Bulking and Foaming Control.【目次】1.活性汚泥法とバルキング制御法の開発経緯　2.活性汚泥の生化学と微生物学の基礎　3.活性汚泥処理における固液分離障害　4.活性汚泥中の糸状微生物　5.糸状性バルキングの制御　6.糸状微生物由来の発泡制御

コンポスト化技術
－廃棄物有効利用のテクノロジー－

藤田賢二著　A5・196頁・定価3,990円　ISBN：4-7655-3131-7

種々の有機性ゴミをコンポスト(堆肥)化する技術は，資源のリサイクル，環境汚染の面で優れた廃棄物処理法である。その技術の研究は，着実に進歩しつつあるも，完成途上にある。【目次】1.概説　2.発酵槽の諸形式　3.コンポスト化の理論　4.発酵速度に影響を及ぼす諸因子　5.主発酵槽の設計　6.周辺装置　7.施設の計画と設計　8.コンポスト(実験法)　9.コンポストの品質　付1.コンポスト化過程のシミュレーション　付2.プラント(実例)フローシート集

技報堂出版　TEL 編集03(5215)3161　営業03(5215)3165
FAX 03(5215)3233